● 使用渐变色作为背景

● 制作典雅的个人主页

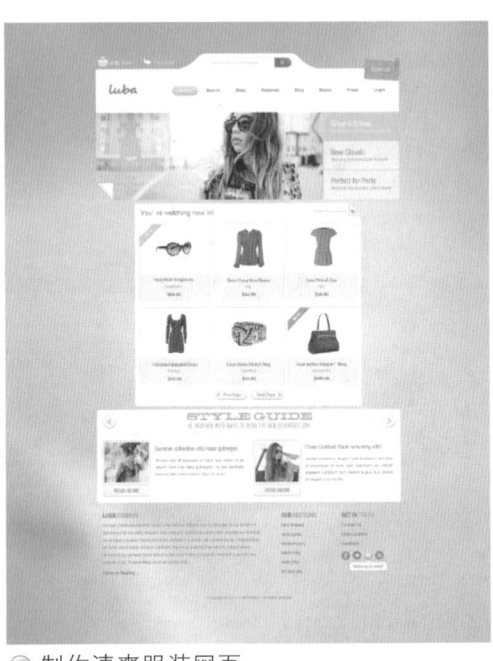

● 制作清爽服装网页

● 使用图片作为背景

● 使用纯色作为背景

精彩案例欣赏

● 设计书籍类网站

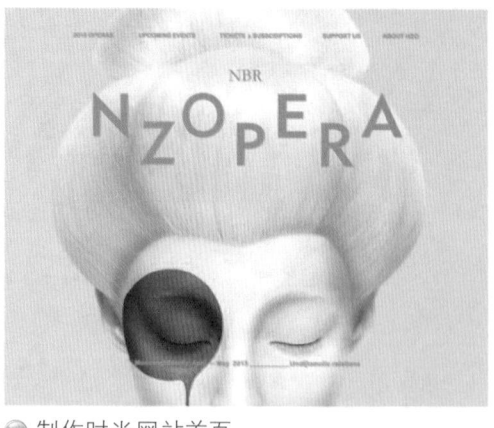
● 制作时尚网站首页

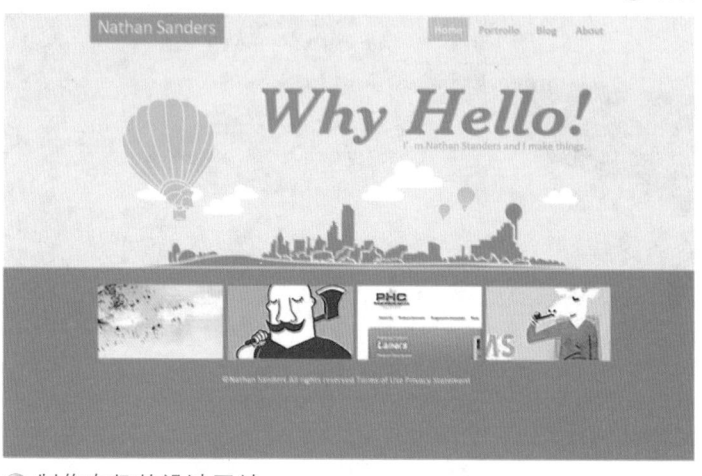
● 制作有趣的设计网站

● 制作个性的艺术网站

● 制作活跃的美食网页

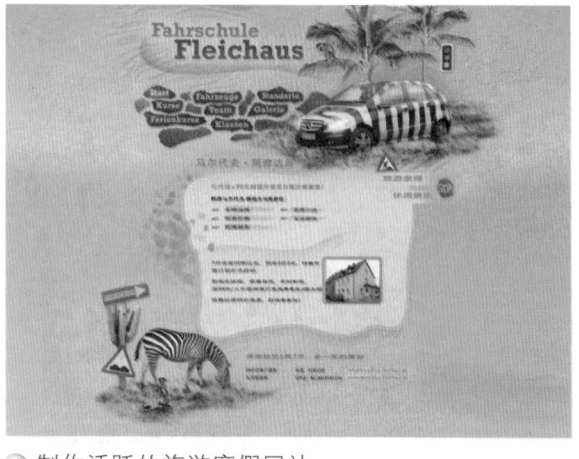
● 制作活跃的旅游度假网站

● 制作悠闲的韩食网站

● 制作精致的美食网站

● 制作工作室网站

● 制作广告类网站

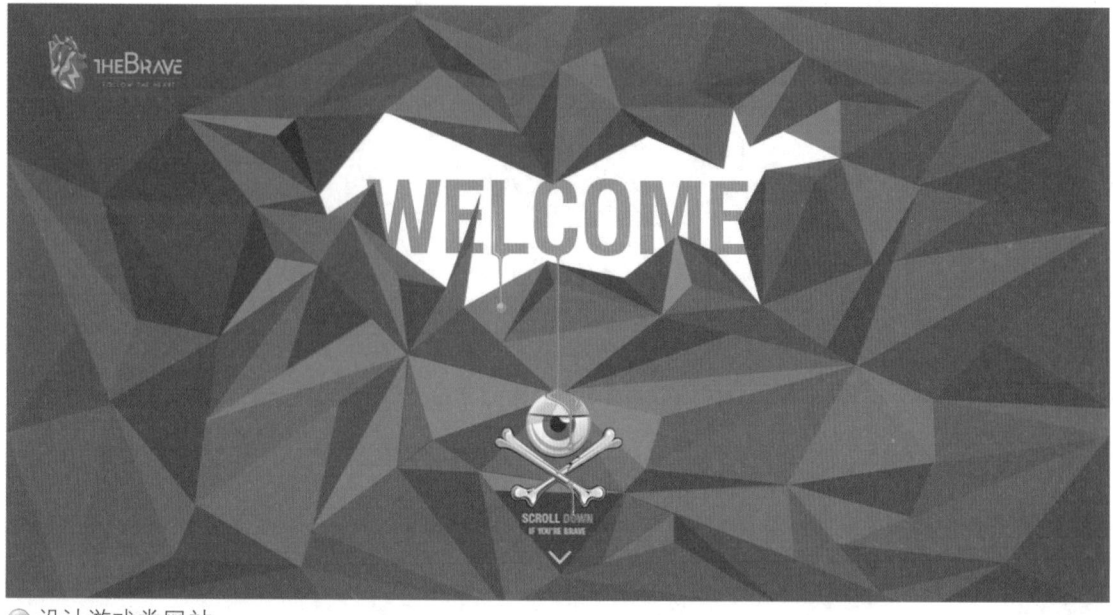

● 设计游戏类网站

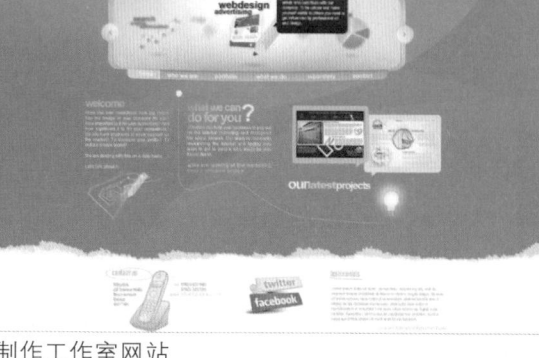

● 制作广告类网站

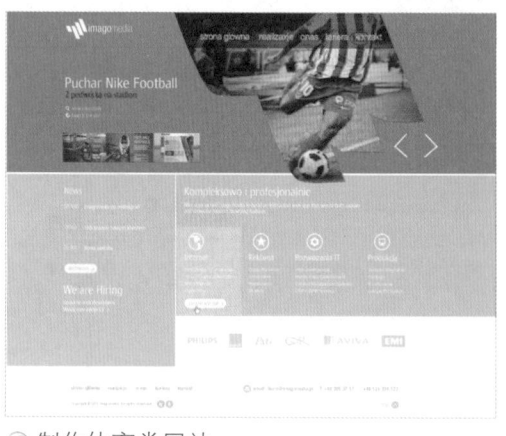

● 制作体育类网站

● 制作工作室网站

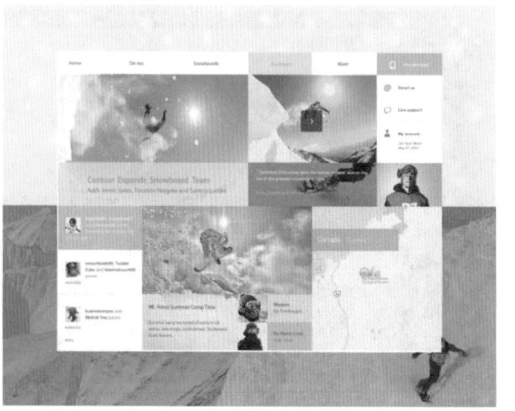

● 设计滑雪网站

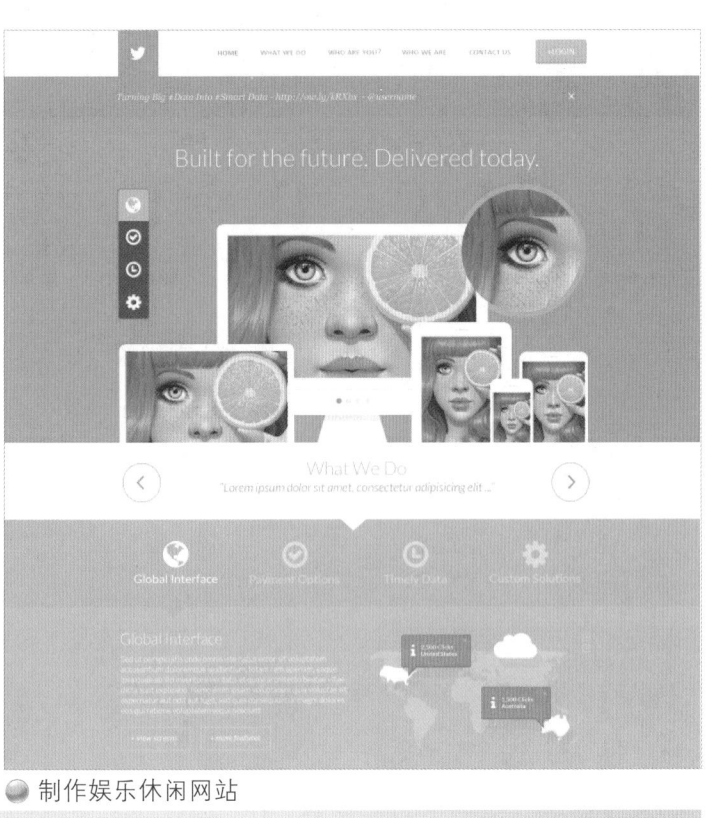

● 制作食品类网站

● 制作华丽的电子产品网页　　　● 制作娱乐休闲网站

● 制作精致的饮料网页

配套资源

全书所有操作实例均配有操作过程演示，共 50 个近 230 分钟视频
（扫一扫封底的二维码即可下载内容）

全书共包括 50 个操作实例，读者可以全面掌握使用 Photoshop CS6 进行网页配色的操作技巧。

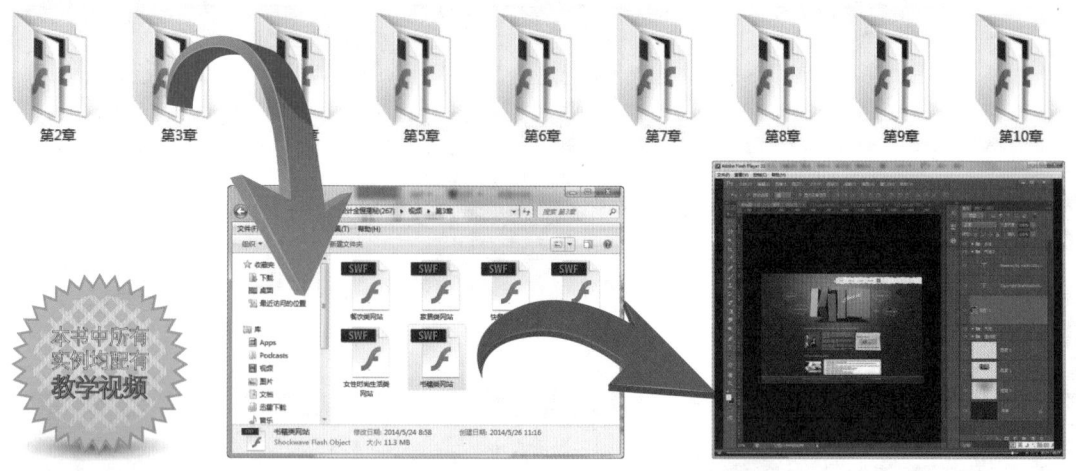

第2章　　第3章　　　　　　第5章　　第6章　　第7章　　第8章　　第9章　　第10章

本书中所有实例均配有**教学视频**

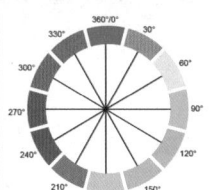

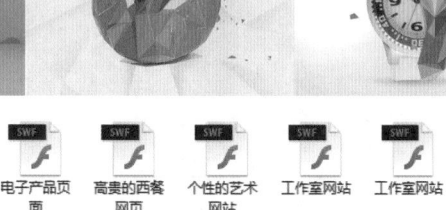

配套资源中提供的视频为 SWF 格式，这种格式的优点是体积小，播放快，可操控。除了可以使用 Flash Player 播放外，还可以使用暴风影音、快播等多种播放器播放。

保险类网站	餐饮类网站	典雅的个人主页	电子产品页面	高贵的西餐网页	个性的艺术网站	工作室网站	工作室网站
广告类网站	广告类网站	豪华的汽车网页	华丽的电子产品网页	滑雪网站	化妆品网站	活跃的旅游度假网站	活跃的美食网页
家居类网站	家居类网站	精致的美食网站	精致的饮料网页	快餐类网站	美容护肤类网站	明艳的商务网站	女性时尚生活类网站
漂亮的卡通甜点网页	亲切的产品宣传网页	清凉的绿色食品网站	清爽的甜点页面	清爽服装网站	清爽漂亮的页面	时尚的时装网页	时尚图片网站
时尚网站首页	食品类网站	使用纯色作为背景	使用渐变色作为背景	使用图片作为背景	书籍类网站	搜索引擎页面	体育类网站
温馨的电影动画网页	休闲类网站	饮品类网站	饮食类网站	优雅的手机页面	悠闲的韩食网站	游戏类网站	游戏类网站
有趣的设计网站	质朴的网络花店网页						

网页设计殿堂之路

张晓景 编著

Photoshop网页风格与配色设计全程揭秘

清華大學出版社
北京

内 容 简 介

本书以目前最受欢迎的平面设计软件Photoshop为设计工具，对网页设计的配色技巧和原理进行了全面、细致的剖析。

本书首先从理论方面介绍了网页配色的一些基础知识，包括色彩基础知识、色彩的搭配和网页色彩的选择标准等内容。然后着重选择了7种常用的色系，并分别对它们的色彩意象进行详细的分析，结合配色具体实例的强化，使读者在掌握软件功能的同时能够迅速提高网页配色效率，极大地提高了从业素质。

本书结构清晰、由简到难，实例精美实用、分解详细，文字阐述通俗易懂，与实践结合非常密切，具有很强的实用性，是一本网页设计配色知识的学习宝典。

图书在版编目(CIP)数据

Photoshop网页风格与配色设计全程揭秘/张晓景 编著. —北京：清华大学出版社，2014（2019.8重印）
（网页设计殿堂之路）

ISBN 978-7-302-36012-4

Ⅰ.①P⋯ Ⅱ.①张⋯ Ⅲ.①图像处理软件 Ⅳ.①TP391.41

中国版本图书馆CIP数据核字(2014)第065914号

责任编辑：李 磊
封面设计：王 晨
责任校对：曹 阳
责任印制：刘祎淼

出版发行：清华大学出版社
    网　　　址：http://www.tup.com.cn，http://www.wqbook.com
    地　　　址：北京清华大学学研大厦A座　　　　邮　　编：100084
    社 总 机：010-62770175　　　　邮　　购：010-62786544
    投稿与读者服务：010-62776969，c-service@tup.tsinghua.edu.cn
    质 量 反 馈：010-62772015，zhiliang@tup.tsinghua.edu.cn
印 装 者：三河市铭诚印务有限公司
经　　销：全国新华书店
开　　本：190mm×260mm　　印　张：17.25　彩　插：4　字　数：420千字
版　　次：2014年10月第1版　　　　　　　　印　次：2019年8月第4次印刷
定　　价：89.00元

产品编号：059417-03

在如今这个互联网飞速发展的时代，网络已经成为人们生活中不可或缺的一部分。同时网站的建设也开始被众多的企事业单位所重视，这就为网页设计人员提供了很大的发展空间。而作为从事相关工作的人员则必须要掌握必要的操作技能，以满足工作的需要。

作为目前较为流行的网页设计软件——Photoshop，凭借着其强大的功能和易学易用的特性深受广大设计人员的喜爱。

本书内容

本书首先介绍了一些与网页设计配色相关的色彩知识，包括色彩的属性和联想、色彩搭配的原则、网页中色彩应用的基本规则和各种不同风格网站的分析等内容，使读者对网页配色有大致的了解。

第 1 章主要介绍网页配色的基础知识，包括色彩的基础知识、色彩的搭配原则、网页色彩的选择标准和网页中的色彩应用规则等内容。

第 2 章主要介绍配色与网页风格的关系，包括网页的背景颜色、网页文本颜色、网站图片的色系、网页中线条与图形的应用，以及常见的网站风格分析等。

接下来主要对红色系、橙色系、黄色系、绿色系、蓝色系、紫色系和无彩色系 7 种常见色系进行了具体的分析。每个色系都会选取最具代表性的 5~6 种具体颜色进行分析，并通过具体的配色实例深化配色原理。

第 3 章主要对红色系进行了详细的介绍，包括正红、深红色、朱红色、玫瑰红、紫红色和宝石红 6 种颜色。

第 4 章主要对橙色系进行了详细的介绍，包括正橙色、太阳橙、杏黄色、浅土色、咖啡色和棕色 6 种颜色。

第 5 章主要对黄色系进行了详细的介绍，包括鲜黄色、含羞草、铬黄、香槟黄和淡黄色 5 种颜色。

第 6 章主要对绿色系进行了详细的介绍，包括苹果绿、翡翠绿、黄绿色、浓绿色、浅绿色和孔雀绿 6 种颜色。

第 7 章主要对蓝色系进行了详细的介绍，包括天蓝色、水蓝色、深蓝色、浅蓝色、蔚蓝色和深青色 6 种颜色。

第 8 章主要对紫色系进行了详细的介绍，包括丁香紫、紫色、深紫色、菖蒲色和浅莲灰 5 种颜色。

第 9 章主要对无彩色系进行了详细的介绍，包括白色、蓝灰色、中灰色、浅灰色和黑色 5 种颜色。

最后主要介绍了几款操作较为简单、配色比较专业的配色软件，帮助用户科学有效地进行配色，以提高工作效率。

第 10 章主要对两款市面上较为常用的配色软件——ColorKey Xp 和 Adobe Kuler 的操作流程和配色方式进行了详细的讲解。其中 Adobe Kuler 是和 Photoshop 绑定在一起的，用户可以方便地使用 Kuler 查看在线的配色方案，或者自定义配色方案，并将自己的方案上传到网络上，供其他人下载或交流使用。

本书特点

本书以 Photoshop CS6 进行讲解，全面细致地讲解了网页设计配色相关的知识和技巧，对于网页设计初学者来讲，是一本难得的实用型自学教程。

• 紧扣主题

本书全部章节均围绕着网页设计与配色的主题进行展开，所制作的实例也均与配色相关，书中实例效果精美，并且内容实用性较强。

• 易学易用

书中采用基础知识与实例相结合的书写方式，使读者在学习后立即通过实例对学习的内容进行巩固，使学习的成果达到最大化。

本书作者

本书由张晓景编著，另外李晓斌、解晓丽、孙慧、程雪翮、王媛媛、胡丹丹、刘明秀、陈燕、王素梅、杨越、王巍、范明、刘强、贺春香、王延楠、于海波、肖阁、张航、罗廷兰等人也参与了编写工作。本书在写作过程中力求严谨，由于水平有限，疏漏之处在所难免，望广大读者批评指正。

编　者

第 1 章 网页配色基础知识

自然界中的色彩数以万计，色彩赋予我们更加绚丽多彩的视觉感受和丰富的情感，那么色彩究竟是如何产生的？网页设计又应该如何合理配色呢？

1.1 色彩基础知识

白色的太阳光中可以分解出所有颜色的可见光，每种颜色都有着不同的色彩意象。

1.1.1 色彩学

17 世纪末期，英国科学家牛顿进行了著名的色散实验，他发现白色的太阳光经过三棱镜的折射后，会显现一条美丽的彩虹，颜色依次为红、橙、黄、绿、青、蓝和紫 7 种颜色。

这 7 种颜色之间的全部颜色就是太阳光中可见光的范围。我们可以从白色的太阳光中分解出不同的颜色，这些颜色是通过波长标示的，波长越短的颜色穿透力越强，可见光中波长最短的颜色是红色。反之，波长越长的颜色穿透力越弱，可见光中波长最长的颜色为紫色。当所有的颜色混合到一起时，会重新得到白色。

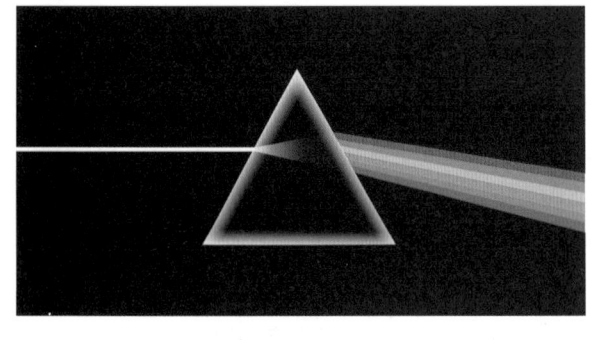

1.1.2 色彩传达的意义

在探究色彩的科学本质和使用技巧时，我们发现人的感官在色彩的运用上有着很重要的作用，不同的色彩往往能够引发强烈的心理共鸣，这就是色彩传达的意义。在选择一种颜色时，设计师需要考虑这种颜色是否能够引起恰当的反应。

● **色彩的生理反应**

不同的色彩能够引起人不同的生理反应。例如看到红

本章知识点

☑ 色彩传达的意义

☑ 色彩的属性

☑ 色彩的联想

☑ 网页色彩的选择标准

☑ 网页中的留白艺术

色会使人感觉刺激暴躁，从而表现出心跳加速、呼吸急促的心理特征。而相反的，看到蓝色则会让人感到沉静舒适，从而表现出心态平和放松。对这些最基本的知识有所了解后，我们就可以非常清楚地知道什么类型的网站更适合哪些颜色，例如红色不适合科学严谨的网站，因为很难使人平静下来；蓝色不适合食品类网站，因为它会抑制食欲。

● 色彩的象征

我们每时每刻都在和不同的颜色打着交道，群体生活习性使得大部分人对一些常见事物的颜色形成了相同的心理感受，这就奠定了科学使用颜色的可行性。任何对颜色的心理联想都有正反两面，下面是一些常见色彩的象征意义。

红色：热情、张扬、高调、艳丽、侵略、暴力、血腥。通常被用于标示、警告或禁止一类的含义。

黄色：温暖、亲切、光明、疾病、懦弱。特别适合用于食品或儿童类网站。

绿色：希望、生机、成长、环保、嫉妒。经常被用于标示与财政有关的事物。

蓝色：沉静、科学、严谨、冰凉、保守、冷漠、忧郁。被大量应用于科技类的网站。

紫色：高贵、浪漫、华丽、忠诚、神秘、稀有、憋闷、恐怖、死亡。很多科幻片和灾难片都乐于用青紫色来渲染恐怖和末日的情景。

白色：纯洁、天真、和平、洁净、冷淡、贫乏、空虚。白色在中国代表死亡。

黑色：稳重、高端、精致、现代感、黑暗、死亡、邪恶。很多大牌网站很喜欢使用黑色表现企业的高端和产品的品质感。

灰色：柔和、中庸、调和、模糊、犹豫。这是一种稳重、高雅的色彩。

1.1.3　色彩的属性

我们可以通过对 3 个属性进行描述来标示不同的颜色，它们分别为色相、纯度和明度。颜色可以分为无彩色和有彩色两大类。

● 色彩的三属性

色相是指颜色的相貌，是区别不同颜色最主要的属性，如红、橙、黄、绿、青、蓝、紫。

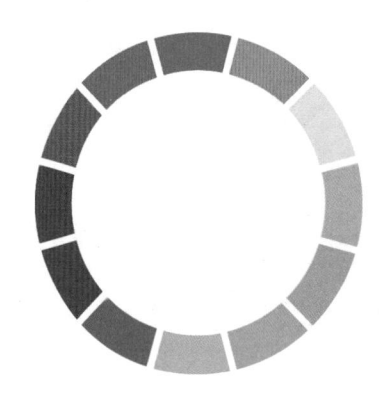

纯度是指色彩的艳丽程度，黑、白、灰等无彩色不具备"纯度"属性。所有颜色中纯度最高得到红、橙、黄、绿、青、蓝、紫等基本色相，纯度最低均得到黑、白、灰等无彩色。

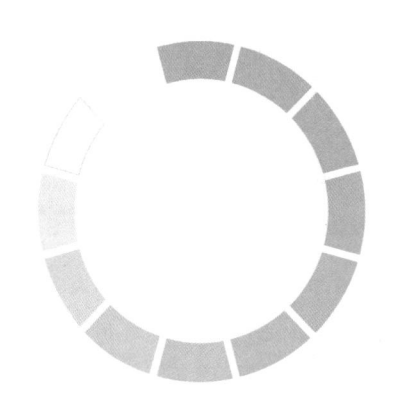

明度是指色彩的明暗程度。无彩色中白色的明度最高，黑色的明度最低。有彩色中黄色的明度最高，紫色的明度最低。将所有有彩色的明度提至最高均得到白色，将所有有彩色的明度降至最低均得到黑色。

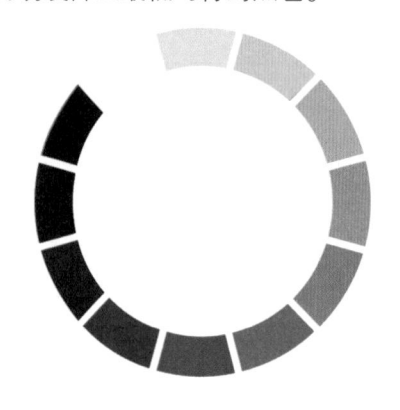

● **色彩的分类**

色彩主要可以分为有彩色和无彩色两大类。无彩色是指黑色和白色，以及各种不同程度的灰色。无彩色不具备色彩三属性中的"色相"属性，所以也就无所谓"纯度"，它们只是不同明度的具体体现。

有彩色是指具备全部三个色彩属性的颜色，例如红、橙、黄、绿、青、蓝、紫等。

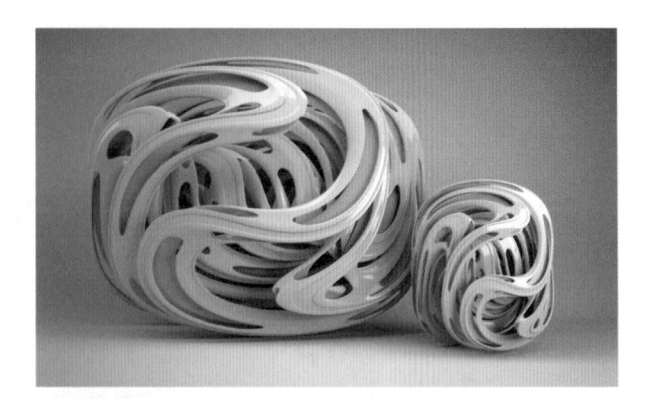

无彩色不具备"色相"和"纯度"属性，所以很难断定它们到底属于冷色还是暖色。

事实上，当黑、白、灰与冷色搭配在一起时，也会显得严谨理智；当它们与暖色搭配在一起时同样会显得温暖柔和。因此人们将黑、白、灰归类为中性色，并使用它们来调和过于跳跃和对立的颜色，从而使配色更协调。

1.1.4 色彩的联想

当看到一种颜色时，人们总是会下意识地联想到生活中常见的同类颜色的事物，并将当时的心理感受移植给相应的色彩，这就是色彩的联想。下面是一些常见颜色的具象联想和抽象联想摘录。

色 彩	具 象 联 想	抽 象 联 想
红 色	太阳、火焰、花朵、鲜血、樱桃、草莓、辣椒、彼岸花……	热情、兴奋、勇气、个性张扬、暴躁、残忍、血腥……
橙 色	橘子、橙子、晚霞、夕阳、果汁……	温暖、积极向上、活泼……
黄 色	向日葵、阳光、香蕉、柠檬、花朵、黄金……	温馨、幸福健康、活泼好动、明亮、病态、懦弱……
绿 色	树叶、小草、蔬菜、植物、邮箱……	生机勃勃、健康、希望、新鲜、环保、年轻……
青 色	天空、大海、湖泊、水……	轻松惬意、空旷清新、自由、清爽凉爽、神圣……
蓝 色	天空、制服、海洋、湖泊……	冰冷、严肃、规则制度、冷静、庄重、深沉……

（续表）

紫　色	葡萄、茄子、薰衣草、紫藤花、花朵、紫陀螺……	华丽、高贵、神秘、浪漫、压抑、恐怖、死亡……
黑　色	头发、夜晚、墨水、乌鸦、禁闭室……	精致、神秘、高端、压抑、厚重、邪恶、绝望、孤独……
白　色	云朵、棉花、白纸、羊毛、雪、婚纱、牛奶、斑马线……	洁净、纯洁、柔和、正义、冰冷、空虚、空白、死亡……
灰　色	金属、阴天、水泥、烟雾……	朴素、模糊、滞重、消极、阴沉、优柔寡断……

1.1.5　RGB 和 HSB

RGB 和 HSB 都属于颜色模式中的一种，颜色模式是用来标示不同颜色的算法。比较常用的颜色模式有 RGB、CMYK、Lab、HSB 和灰度模式等，其中与网页设计有关的颜色模式有 RGB 和 HSB。

● RGB 模式

RGB 模式通过光的三原色: 红(Red)、绿(Green)、蓝（Blue）来表示不同的颜色。

原色是指无法由其他颜色相互混合得到的颜色，但原色与原色相互以不同的比例混合却可以得到几乎所有的颜色。因为在自然界中肉眼所能看到的任何色彩都可以由红、绿、蓝这三种色彩混合叠加而成，因此也称 RGB 模式为加色模式。

光的三原色

● HSB 模式

HSB 模式中的 H、S、B 分别表示色相（Hue）、纯度（Saturation）和明度（Brightness），正是色彩的三属性，这是一种从视觉角度定义颜色的色彩模式。用户可以在 Photoshop 中使用 HSB 模式拾取颜色，但无法以 HSB 模式创建和编辑图像。

色相 H：在 0~360° 的标准色轮上，色相是按位置度量的，如红色的"色相"为 0°，绿色的"色相"为 120°，蓝色的"色相"为 240°。

纯度 S：表示色相中彩色成分所占的比例，通常用从 0%（灰色）~100%（完全饱和）的百分比来度量。

明度 B：是指颜色的明暗程度，通常用从 0%（黑）~100%（白）的百分比来度量。

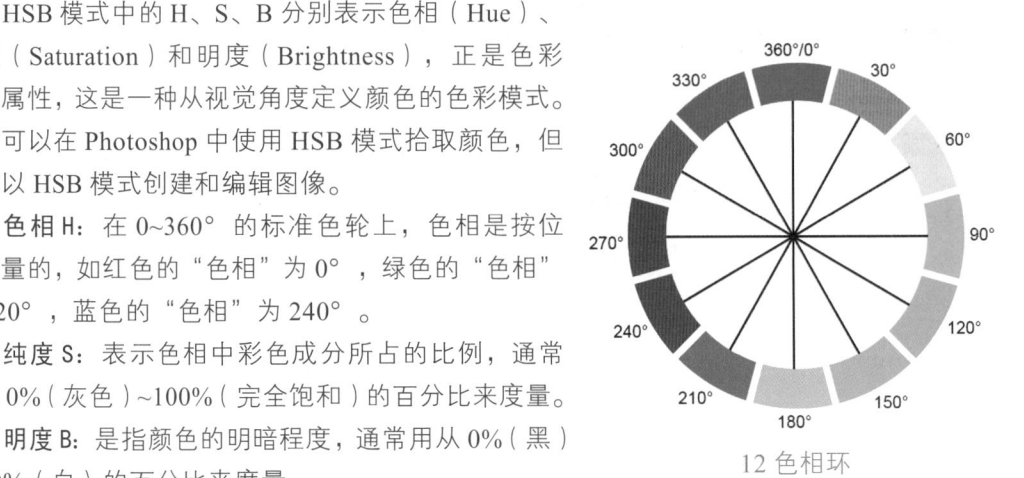

12 色相环

1.1.6　网页安全色

网页中颜色的具体显示效果会根据用户屏幕的不同而不同，所以即使为自己的网页选用最完善的配色方案，也很难控制页面在每个浏览者屏幕上的具体显示效果。

为了解决不同显示器颜色显示效果不统一的问题，人们定义了一组在所有浏览器中都类似的Web 安全颜色。

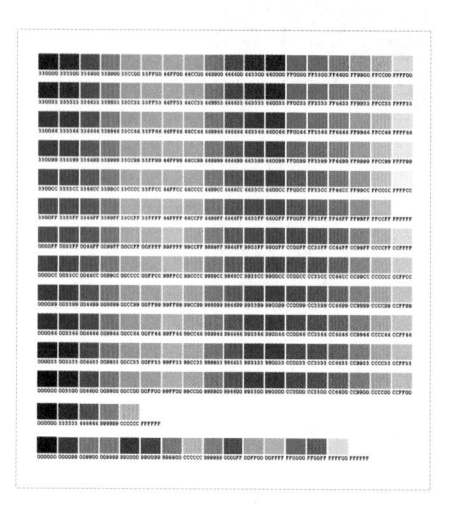

Web 安全色使用 16 进制值 00、33、66、99、CC 和 FF 来表达三原色中的每一种。可能的输出结果包括 6 种红色调、6 种绿色调和 6 种蓝色调，6×6×6=216，这 216 种颜色就是网页安全色。这些颜色可以被放心地应用于网页，而不必担心颜色在显示器上的显示差异。

1.2　色彩的搭配

色彩的搭配对于网页设计非常重要，除了频繁的练手之外，踏踏实实试着去感悟和理解每种色彩也是很重要的，而这种对细节的感受往往只可意会无法言传。

1.2.1　色彩搭配的基础

对比在配色中是一个无处不在的概念，只要将两种或两种以上的颜色放在一起，它们就会产生对比。当两种颜色同时被放置在一个空间中时，这两种颜色会各自走向各自色彩效果的极端。例如将红色和绿色放在一起，红色看起来更红，绿色看起来更绿。

对比分为多种形式，例如色相对比、明度对比和纯度对比，其中色相对比是效果最明显的。各种高纯度的色块相互搭配往往能够对人的视觉产生强烈的刺激，很容易给人带来心理上的满足感。

上图中两款页面的版式和配色都不差，但毫无疑问后面的页面更容易吸引浏览者，因为黄色比灰色要艳丽很多，更容易使用户从视觉上感到满足。

　　除了色彩本身的对比之外，色块的大小、形状和所处的位置也会对色彩搭配的整体效果产生很大的影响。

● **色彩的大小和形状**

　　如果两种色彩的面积相同，那么这两种颜色的对比就会十分强烈显眼，相互为竞争的关系。当两种色彩的面积不等时，小面积的色块就会成为大面积色块的补充，相互为对应或呼应的关系。有一个很形象的说法：万绿丛中一点红。如果在一大片绿叶中间放一朵小红花，整个画面会显得主题明确，协调美观。而如果给一个模特穿上红上衣、绿裙子，整个画面就会糟糕无比。

顶　　踩

　　此外，不同形状的色块也会呈现出不同的视觉效果。一般来说，直线和矩形会传达出一种严谨科学、中规中矩的感觉，而曲线和弧形则会传达出随性洒脱、个性张扬的感觉。正确使用线条和形状可令页面效果更丰富立体。

● **色彩的位置**

　　色块在页面中所处的位置不同，构成的画面效果也会有很大的差别。色块的位置和大小往往是联系在一起的，例如在网页设计中，人们总会有意识地使页面中的色块不过于对称。如果页面的左边有一块红色，那么右边的水平位置最好不要再安排另一块同样大小同样形状的红色，因为这会导致版式过于对称，使画面过于静止。当然如果有意使用完全对称的布局方式，那就另当别论。

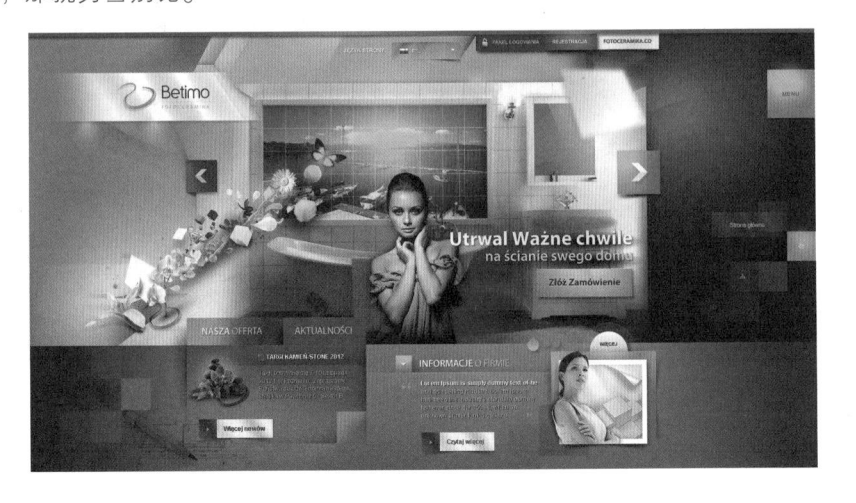

1.2.2　色彩搭配的原则

专业美术院校中经常会流传这样一句话：素描靠功夫，配色靠天赋。虽然这句话让人很不舒服，但也有一定的道理。尽管我们可以在网上搜罗到铺天盖地的所谓配色原理、配色宝典和配色技巧，然而配色本身是无法被量化的，可能需要有良师的点拨，艺术氛围的熏陶，大量借鉴和总结成功的作品，以及勤奋的练手才能不断提高。

总体来说，色彩搭配需要遵循以下 5 个原则：整体色调统一、配色要有重点色、配色的平衡、配色的节奏和对比色的调和。

◉ 整体色调统一

整体色调协调统一和重点突出是任何设计都适用的原则，这可以使作品更加专业和美观。在着手设计页面之前，应该先确定主色调，主色将会占据页面中很大的面积，其他的辅助性颜色都应该以主色为基准进行搭配。

页面的整体色调应该根据企业的性质和想要表现出的具体风格来确定。若选择暖色作为主色调，那么整体页面效果也会显得温馨亲和；若选择冷色作为主色调，那么页面效果会呈现清爽理智的感觉；明度高的颜色会使页面效果看起来更加轻松活泼，而明度低的颜色则会强调低调沉稳的意象。

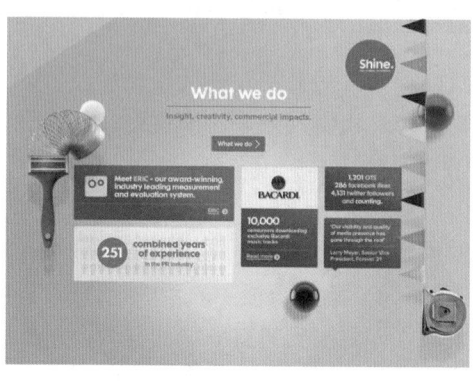

◉ 配色要有重点色

配色时，我们可以将一种颜色作为整个页面的重点色，这个颜色可以被运用到焦点图、Banner，或者页面中其他相对重要的元素，使之成为整个页面的聚焦点。

重点色不等同于背景色，重点色的选择应该满足以下条件：（1）比页面中的其他颜色更强烈显眼；（2）与其他颜色形成鲜明的对比；（3）应该小面积使用。

● 配色的平衡

配色的平衡主要是指颜色的强弱、轻重和浓淡的关系。一般来说，同类色的搭配往往能够很好地实现平衡性和协调性。而高纯度的互补色或对比色，例如红色和绿色，很容易给人的视觉带来过度强烈的刺激。如果能够缩小其中一种颜色的面积，或者使用黑、白、灰等中性色进行调和和过渡，那么画面将会变得协调而稳定。

另一方面是关于明度的平衡关系。高明度的颜色显得更明亮，可以强化空间感和活跃感；低明度的颜色则会过多地强化稳重低调的感觉。如果将明亮的颜色放在较暗的颜色上面，页面整体效果会显得很稳定。将较暗的颜色放在明亮的颜色上方，则会产生一种动感，页面效果会很开阔。

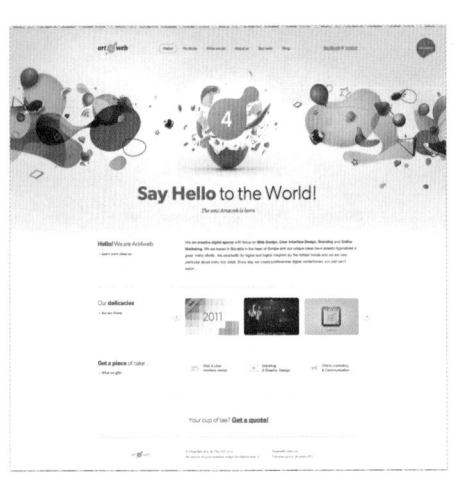

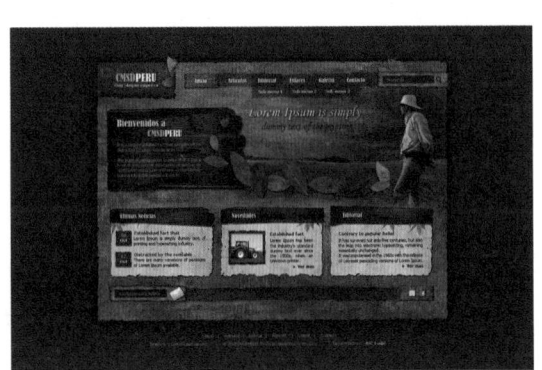

● 配色的节奏

将同一种颜色反复使用，并以不同的形式进行排列时，就会产生节奏感。色彩的节奏通常与色块的形状、大小、质感和摆放位置有很大的关系。

由于逐渐改变色相、纯度和明度，页面中的颜色会产生有规则的变化，就会产生阶调的节奏。按照色相、强弱和明暗等因素反复安排色彩，就会产生反复的节奏。

如果页面中的色块很多，合理安排颜色的节奏是非常重要的。

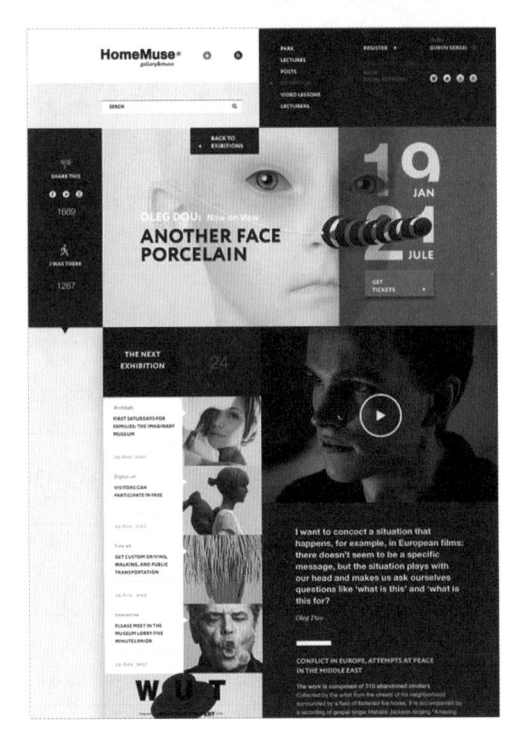

● **对比色的调和**

当页面中包含两个或两个以上的对比色时，就需要对它们进行调和，否则页面整体色调就会失衡。

通常我们可以使用 3 种方法来一步步调和对比色：（1）拉开两种颜色的面积，降低两种颜色的纯度，使色感减弱。（2）在页面中添加两种颜色之间的颜色，引导颜色在色相上逐渐过渡。（3）在页面中添加黑、白、灰等中性色，进一步削弱对立感。

我们以右边的页面为例进行解析。页面中的绿色和红色为对比色，首先降低两种颜色的纯度，使它们在色感上更温和。接着加入相同纯度的黄色（因为红色和绿色中都包含黄色），最后在背景中加入大片的浅灰色，颜色调和完成。

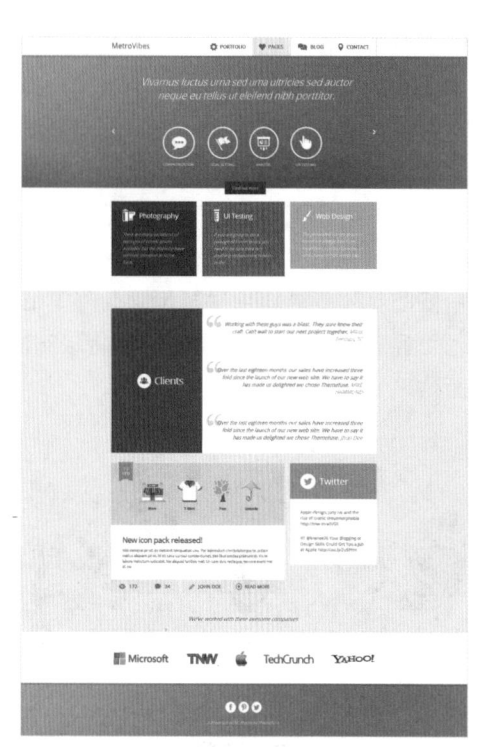

1.3 网页色彩的选择标准

网页的配色方案是在制作页面之前就应该完成的工作，科学合理地选择网页的主色调和辅助色可以保证页面的视觉印象和视觉气氛不出太大的偏差。我们可以根据企业所处的行业、浏览者的差异偏好和色彩个性等因素选择配色方案。

1.3.1 根据行业选择配色方案

每个行业都有其适合的代表性颜色，例如看到医院就自然联想到白色和蓝色，看到邮局就联想到绿色，看到女性化妆品就马上联系到粉红色和紫色等柔美的颜色 …… 我们也可以将这些颜色移植到网页上，以更快地建立品牌形象。

色 系	代 表 行 业
红色系	餐饮行业、服装百货、服务行业、宗教、数码家电、化妆品
橙色系	娱乐行业、餐饮行业、建筑行业、服装百货、工作室
黄色系	儿童、餐饮行业、房产家居、楼盘、饮食营养、工作室、农业
绿色系	教育培训、水果蔬菜、工业设计、印刷出版、交通旅游、医疗保健、环境保护、音乐、园林、农业

（续表）

蓝色系	教育培训、公司企业、进出口贸易、航空、冷饮、旅游、航海、工业化工、新闻媒体、生物科技、财经证券
紫色系	女性用品、化妆品、美容保养、爱情婚姻、社区论坛、奢侈品
粉红色系	女性用品、化妆品、美容保养、爱情婚姻
棕色系	电子杂志、博客日记、建筑装潢、工业设计、企业顾问、宠物玩具、运输交通、律师
黑色系	宇宙探索、电影动画、艺术、时尚、赛车跑车、摄影
白色系	财经证券、金融保险、银行、电子机械、医疗保健、电子商务、公司企业、自然科学、生物科技

1.3.2 根据浏览者的差异选择配色方案

一款新产品在生产之前必然就已经确定了目标群体，并根据不同的标准将目标群体进行细分，分别研究不同细分群体的偏好，以有效制定营销策略和宣传推广方案，其中不同用户群的颜色偏好就是重要的一环。我们可以根据性别、年龄段，以及国家和地区来区分不同的用户群。

● 不同性别人群对色彩的偏好

性别＼色彩偏好	色 相 偏 好		色 调 偏 好	
男 性	蓝色 深蓝色 棕色 白色 黑色 灰色		深色调 暗色调 钝色调	
女 性	粉红色 红色 紫色 紫红色 橙色 黄色		粉色调 亮色调 艳色调	

● 不同年龄段人群对色彩的偏好

年龄段 色彩偏好	0~12 岁（儿童）	13~20 岁（青少年）	21~35 岁（青年）	36~50 岁（中年）
色彩选择	红色、黄色、绿色等明亮温暖的颜色	红色、橙色、黄色和青色等高纯度高明度的颜色	纯度和明度适中的颜色，还有中性色	低纯度低明度的颜色，稳重低调的颜色

● 不同国家和地区对色彩的偏好

色彩偏好 国家地区	喜欢的颜色	厌恶的颜色
中 国	红色、黄色、蓝色等明艳的颜色	黑色、白色、灰色等黯淡的颜色
法 国	灰色、白色、粉红色	黄色、墨绿色
德 国	红色、橙色、黄色等温暖明艳的颜色	深蓝色、茶色、黑色
马来西亚	红色、绿色	黄色
新加坡	红色、绿色	黄色
日 本	黑色、紫色、红色	绿色
泰 国	红色、黄色	黑色、橄榄绿

（续表）

伊拉克	红色、蓝色			黑色、橄榄绿		
埃及	绿色			蓝色		
阿根廷	红色、黄色、绿色			黑色、紫色、紫褐色		
墨西哥	白色、绿色			紫色、黄色		

1.3.3　根据色彩个性选择配色方案

　　个性色彩是根据出生日推算出的适合个人的色彩，类似于幸运色。个性色彩分析虽然并没有什么科学依据，但却在日本活跃了 20 多年。

　　个性色彩基于人们的出生日进行推算，根据出生日算出自己的诞生数，然后就能对照出相应的色彩。诞生数分为 1~9，我们可以将诞生日直接相加，直至得到个位数，就算出了诞生数。例如 21 日出生，那么诞生数为 3（2+1=3）。如果 28 日出生，那么诞生数为 1（2+8=10，1+0=1）。

诞 生 数	出 生 日	主 色		辅 色 系	
1	1、10、19、28	黄色		绿色系、蓝色系、黄色系	
2	2、11、29	深蓝色		黄色系红色系	
3	3、12、21、30	红色		灰色系绿色系	
4	4、13、22、31	橙色		蓝色系绿色系	
5	5、14、23	蓝色		蓝色系、绿色系、红色系	

（续表）

6	6、15、24	浅绿色		灰色系 黄色系	
7	7、16、25	深绿色		红色系 橙色系	
8	8、17、26	粉蓝色		黄色系、红色系、 蓝色系	
9	9、18、27	灰色		红色系 绿色系	

1.3.4 根据星座选择配色方案

颜色是人们对客观世界的一种感知，无论是在大自然里或社会生活中，都存在着各种各样的颜色。所说的"绚丽世界"、"五彩人生"，都说明人们的实际生活与颜色密切相关，人们生活在色彩之中。

颜色并没有好坏之分，所有的颜色都会在不同的情境中，产生正面或负面的效果，而且引起的反应也会因不同人的星座，而有程度上的差异。

星座色彩分析虽然并不具有什么科学依据，也从未获得过学术上的验证，在色彩学上也没有相关的理论描述，但在日本却活跃了许多年，并被人们广泛应用。因此，我们也可以将其作为选择颜色时的一种参考方法。

星 座	代 表 颜 色	常 用 辅 助	性 格 解 析	
白羊座 3/21 ~ 4/19	绿色	绿色系 黄色系 橙色系		白羊座热爱冒险，绿色有助于强调积极正面的心理，搭配金色和橙色可强化安全感
金牛座 4/20 ~ 5/20	紫色 桃红色	紫色系 红色系 黄色系		金牛座诚恳厚道，个性固执，桃红色能够补足活力与动力，搭配紫色来引导心灵成长
双子座 5/21 ~ 6/21	蓝色	蓝色系 绿色系 黄色系		双子座聪颖灵敏、好奇心旺盛，蓝色能很好地表现轻快活泼而不失理性的性格

（续表）

巨蟹座 6/22 ~ 7/22	黄色		蓝色系 绿色系 黄色系		向来注重生活的巨蟹会花上很多时间来经营生活，选择平和温暖的黄色最合适不过了
狮子座 7/23 ~ 8/22	黄绿色 橙色		橙色系 绿色系 红色系		狮子座具有领袖气质，追求耀眼出众的生活，但如果过度强调自我反而会让周围的人感到有负担。使用黄绿色、橙色等温暖柔和的色彩，有助于培养谦逊的心态
处女座 8/23 ~ 9/22	橙色 水蓝色		蓝色系 黄色系 绿色系		讲求完美主义的处女座有时过于制式化，热情的橙色可以使处女座卸下沉重的包袱，导向随性的生活态度；而水蓝色则意味着丢掉性格中的坚硬刻板，增添更多的柔软
天秤座 9/23 ~ 10/22	红色 冰蓝色		红色系 绿色系 黄色系		天秤座一向给人气质出众的优雅印象，他们在营造气氛时会过度小心，拿不定主意，使用一些深蓝色能够帮助他们加快脚步，加强判断力
天蝎座 10/23 ~ 11/21	粉红色		红色系 黄色系 蓝色系		自主意识强的天蝎座，带有很强烈的保护色彩，选择粉色可以放松心情，使压力得到缓解
射手座 11/22 ~ 12/21	咖啡色 海蓝色		橙色系 红色系 绿色系		射手座喜爱无拘无束的生活，使用较朴实的咖啡色调可以使射手专注力集中。而海水蓝不但符合射手的自由风格，更多了一份安全感

（续表）

摩羯座 12/22 ～ 1/19	黄色 桃红色		黄色系 红色系 蓝色系		韧性很强的摩羯座有着太过郁闷的个性，凡事顾虑太多，常常搞得自己紧张兮兮。在色彩上选用黄色、桃红色可以抚慰身心并刺激活力
水瓶座 1/20 ～ 2/18	咖啡色		黄色系 红色系 橙色系		同样喜爱自由的水瓶更多了一种冷眼旁观的特质，选用咖啡色系这种务实稳重的颜色，可以让水瓶比较容易接受现实面、参与感
双鱼座 2/19 ～ 3/20	紫蓝色 蓝绿色		蓝色系 紫色系 黄色系		浪漫、爱幻想是双鱼座最大的特点，色彩的运用上，要使用具有安定人心和情绪的蓝紫色，沉稳一点的蓝绿色来稳定双鱼不够稳重的地方

1.3.5 根据季节选择配色方案

人本来就会因为明亮的光线感到活力，天色一旦变黑，我们就会结束一天的工作并进入睡眠状态，就像植物沐浴在阳光下成长一样，只要是生物，对光都会有感受性，离开光就无法生存。

人体的体色有六大特征，即冷、暖、浓、淡、鲜、浊。人体的体色体现在血红素、核黄素和黑色素。我们把人体的六大特征和四季的变化相结合，分为春、夏、秋、冬4个季节。

● 春季型

说　明	人体特征表现	配　色　规　律
像春天的花朵，明媚、鲜艳、充满活力、富有朝气	1. 暖：发色偏黄，皮肤白里透红 2. 淡：头发稀少，轻柔飘逸，眉毛淡而少，皮肤薄而透	黄色的基因色特征决定了温暖而明亮、活跃的属性，可以用来做底色，表现春季型人活泼、美丽、年轻而可爱的气质 在色彩搭配上应该遵循鲜明对比的原则来表现朝气

（续表）

	3. 鲜：皮肤亮丽有光泽，眼睛明亮可爱，眼白呈湖蓝色	春季型人不适合用黑色和藏蓝色，可以使用驼色、棕金色、亮蓝色来代替

用 色 范 围	
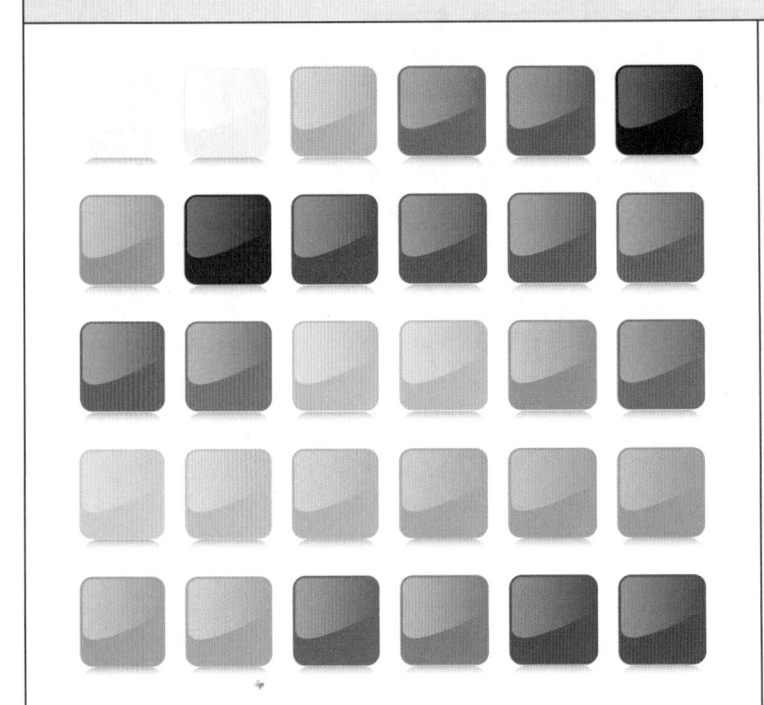	春季型人适合搭配一些纯度和明亮较高的色彩，这样可以给人感觉生机勃勃、富有活力。尽可能避免使用一些浓重的纯色和深色调

● 夏季型

说　明	人体特征表现	配 色 规 律
像山水画，朦胧、清爽、温柔、亲切，有女人味	1. 冷：头发、眉毛黑 2. 淡：头发、眉毛稀少，眼睛温柔，眼白呈乳白色 3. 鲜：皮肤薄但不透明，嘴唇发旧	夏季属冷色系，适合使用一些能够表现恬静、清爽的颜色，例如浅蓝色、水粉色、水绿色、浅灰色等，为了不破坏夏季型人的独有的亲切温和的感觉，在色彩搭配上应该尽量避免反差和强对比的颜色，适合在相同色系或相邻色系中进行对比搭配

（续表）

用 色 范 围	
	夏季型人适合以蓝色作为主色调，配合一些明度和纯度较高的色彩，表现出恬静、清爽、悠闲的感觉。但需要注意，夏季型人不太适合藏蓝色

● 秋季型

说　明	人体特征表现	配 色 规 律
时尚、都市化、成熟	1. 暖：眼白呈象牙色 2. 浓：头发、眉毛浓密 3. 浊：嘴唇发旧	秋天属性的色彩，是一群饱满、浓郁、浑厚的暖基调色彩群，给人无限遐想。配色上可以使用栗色、亚麻色、棕色、午夜蓝色、玫瑰色、杏色等，整体需要给人成熟稳重、深邃、温厚、高贵的感觉
用 色 范 围		

（续表）

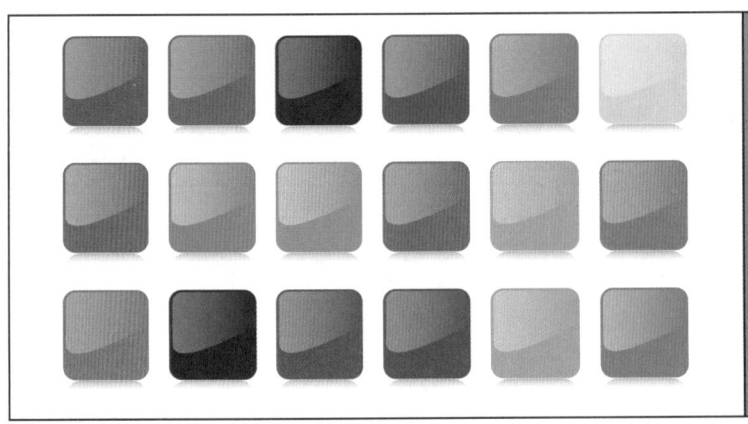

秋季型人选择的颜色要温暖、浓郁。浓郁而华丽的颜色能够表现出成熟高贵的感觉

● 冬季型

说　明	人体特征表现	配色规律
冷艳醒目、与众不同、个性鲜明	1.冷：眼白呈浅蓝色 2.浓：头发浓密茂盛，眉毛浓粗黑硬 3.鲜：皮肤白皙透明，目光深邃犀利	一群大胆、强烈、纯正、饱和的冷基调色彩群和无彩色比较符合冬季的色彩属性。例如深蓝色、松绿色、酒红色、深紫色、冰蓝色、黑色、白色等。冬季，有纯洁，有冷酷、有矛盾、有个性

用 色 范 围

冬季型色彩基调体现的是"冰"色，即体现冷艳的美感。原汁原味的原色，如红色、宝石蓝色、黑色、白色等为主色，浅蓝、浅绿等皆可以作为辅助配色

（续表）

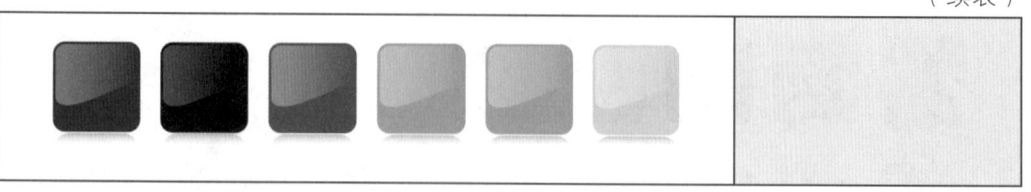

1.4 网页中色彩的应用

　　不同特性的颜色在页面中所占的比例不同，页面最终呈现出的感觉也有很大的差别，合理掌握页面留白和色彩层次将会提高页面配色的有效性和艺术性。

1.4.1　网页中的色彩比例

　　网站页面中的颜色可大致分为：（1）主要颜色：也称为主色调，可以清楚表现网页内容性质，是支配整个画面效果的主导性颜色，面积通常较大；（2）辅助色：协助主要颜色，以丰富画面效果的颜色；（3）强调色：也称重点色，用于强调配色的重点，通常只占较小的面积。

　　网页配色最忌讳的就是在页面中漫无目的地堆砌多种颜色，并把每种颜色都做得一样大，页面整体看起来像一只调色盘一样。正常状况下建议一张页面最好不使用超过 3 种以上的颜色，至于具体应该选择什么主色什么辅色，上一节已经非常仔细地讲解过了，这里我们将要探究一下不同颜色的比例关系。

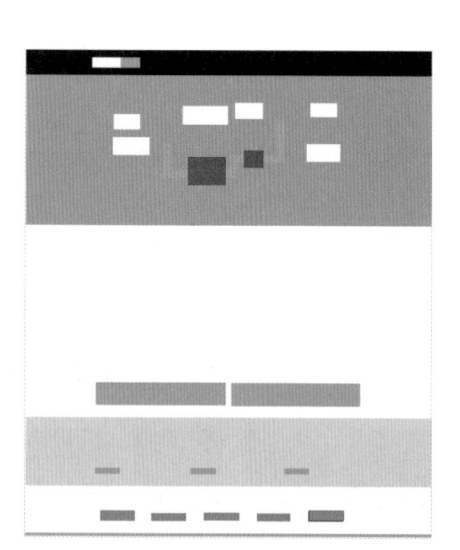

　　上面为一张配色和布局都相对普通的页面，使用的颜色很少，背景色为白色，主色为青色，辅色为浅灰色和黑色，重点色为红色，文本色为黑色。我们从原图中抽象出后面的色彩分布图，以便更直观地查看各种颜色的分布。

　　从色彩分布图可以清晰地看出页面中的白色最多，青色其次，浅灰色和黑色次之，红色最少，各种颜色的比例目测大致为白色 45%，青色 35%，浅灰色 10%，黑色 7%，红色 3%，下图为具体统计图。

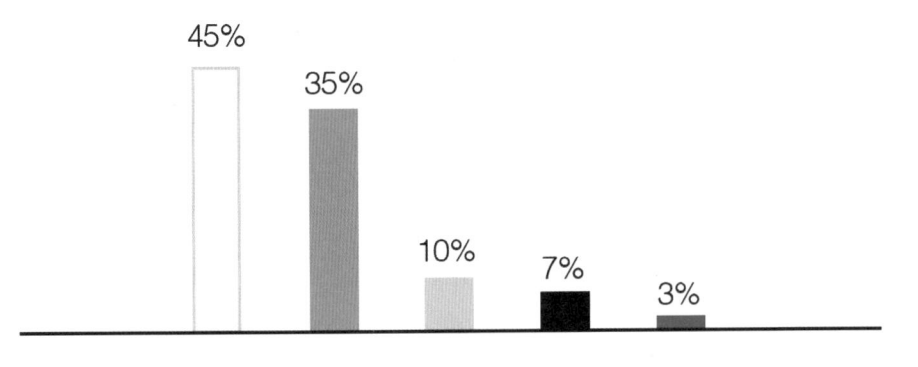

从上图中可以清晰地看出，页面中红色所占的比例最小，但它却毫无疑问是页面中最显眼的颜色。

由此我们得出，页面中鲜艳的暖色和红色调要少用，黑、白、灰等无色系应该多用。红、粉红、紫红、橙色和黄色等色彩会给人带来极强的视觉刺激感，更适合作为重点色小面积使用，用于强调页面中的视觉重点，如果大面积使用，会给浏览者的视觉造成过度的刺激（当然，如果正想表现出这种效果，那就另当别论）。

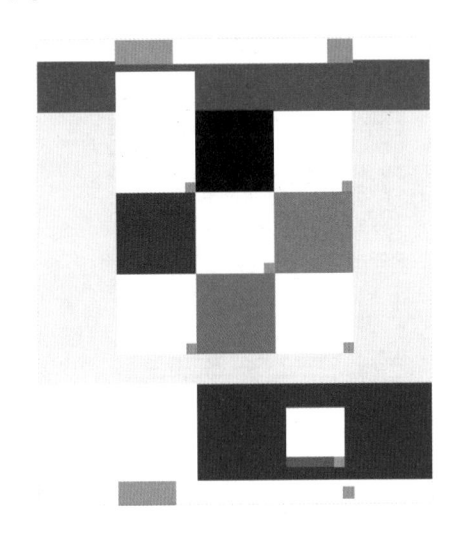

再看上图的另外一张页面，这同样是一款比较常见的页面，比较具有代表性。后面的颜色分布图直观地列出了每种颜色的具体使用情况。各种颜色的比例目测大致为白色＋浅灰色 43%，绿色 22%，深蓝色 15%，橙色 5%，棕色 5%，深粉色 5%，黑色 5%，下图为具体统计图。

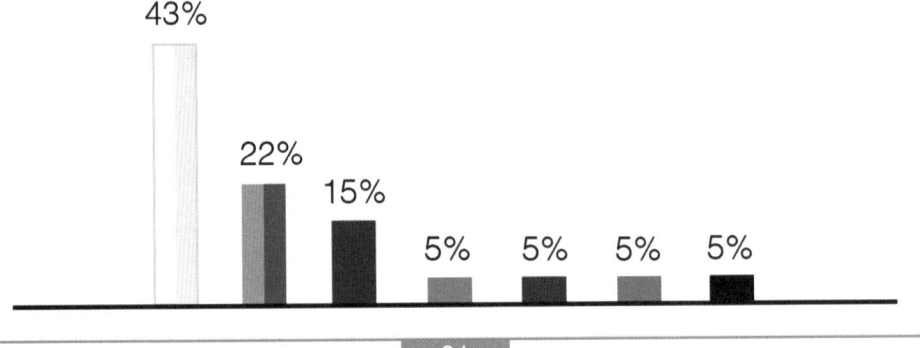

从分析图可以清楚地看到，页面中的黑、白、灰、棕色、深蓝色等亚光黯淡的颜色占据了页面大部分的面积，而绿色、橙色等纯度相对较高的颜色只占很小的一部分。

这是因为低彩度颜色的色感不明显。如果将几个不同颜色的纯度降低，或者将明度提高，这就意味着色彩中的黑色或白色在不断增加，也就是说这些不同颜色的共性在不断提升，所以看起来会比纯色搭配在一起更加协调。

很多国外的成功网站非常乐于使用这种降低纯度或提高明度的方式来协调和过渡对比色，力求使页面色调看起来更协调舒适。

1.4.2　网页中的留白艺术

网页中的留白也是页面的一个组成部分，应该与图片、文本和动画等元素一同进行设计。很多设计作品的细节部分处理得很到位，但是版面留白不够，给人一种强烈的窒息感，很容易造成视觉疲劳。

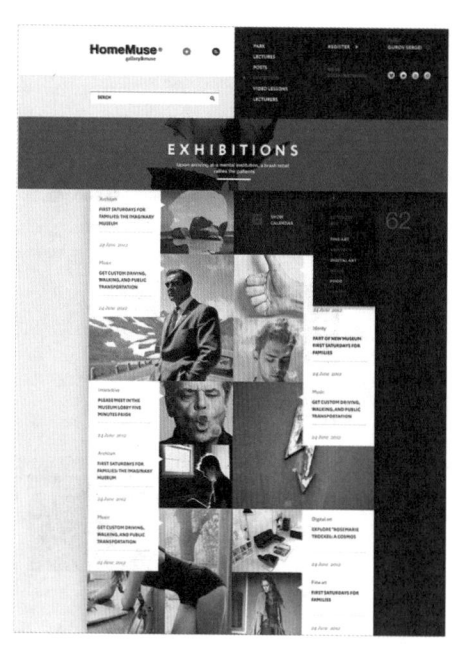

左图是一张极为常见的国内网页，可以看到除了必要的间距之外几乎没有留白，整个版面塞满了东西，虽然整体看起来不至于让人厌恶，但也很难让人记住。

反观右图，虽然页面中的元素也不少，但都用块状归类得井井有条，而且每块文字每张图片都有适当的空白。再加上巧妙的配色，整个版面充满了跳跃感与刺激感，使人忍不住想要点击。

我们都知道，页面布局讲究均衡、节奏和韵律，而这些在很大程度上都是借助于留白的作用。合理使用留白可以调剂不同元素之间的关系，使不同元素排列得更加连贯，整个版面的布局更加合理。试想一下，如果一张页面摆满了图片文字，一丝空隙都不留，又谈何节奏感和韵律感。

再者，利用网页留白还可以正确表现出网站的特征。页面中各个元素之间的留白较大，而且配色节奏舒缓，那么页面就会呈现出非常明显的舒适休闲的感觉。如果各个元素排列紧凑，且留白较少，配色节奏快，那么整个页面就会呈现刺激紧张的感觉。

当然，留白就是完全的空白，有时需要突破这种局限的观念。因为颜色本身就有体积感和重量感，所以利用颜色的留空来平衡页面布局也是常用的手法，只是我们没有留意到。不同色块的排列组合，以及文本和图片之间的结合，借助于颜色的冷淡和轻重，就可以轻而易举地表现出空间感和动态感。

现在有很多网站就是采用这种排版手法，网页上没有任何纯粹的留白区域，都是靠一些色块和简单的图片来表现空间感，原理也同留白一样。

1.4.3　色彩的层次

色彩的层次是指将图像去色之后，有没有表现出从黑到灰到白的存在比例。如果画面中的黑色比较多，那么整体效果就会显得沉重；如果白色很多，就会显得苍白；如果灰色比较多，那么整个画面就会显得很脏。

左图是一张页面的原始效果和去色后的效果。可以清楚地看到，虽然页面中的颜色很单调，但是去色后我们仍然可以丝毫不受影响地分辨出每个元素的面貌，黑白灰的层次非常明显，所以页面效果的空间感也很好。

我们都知道，颜色纯度越高，明度越高，就会显得越活泼，给人一种前进的感觉。反之纯度越低，明度越低，就会给人感觉越沉静，感觉往后退。有效利用这一点即可构建出良好的层次感。

1.5　本章小结

本章主要介绍了一些比较实用的配色基础知识和小技巧。总的来说，网页设计是一个非常注重配色的设计形式，设计师要使用最简练的图形和文字用最佳的配色方案和排版方式呈现出来，达到吸引用户的目的。对于设计爱好者来说，配色是一个很难攻克的问题，一定要掌握系统的理论知识，加上自己的感悟和练习，才能有所提升。

第 2 章 配色与网页风格

色彩搭配是网页设计和制作非常重要的环节，一个合格的网页设计师应该熟练掌握色彩的原理和基础，并合理使用这些知识进行有效配色，正确体现出页面的风格。

2.1 网页背景颜色

在设计和制作网页时，可以根据具体需求选择页面的背景，通常可以是纯色、渐变色、图案或者图像。

2.1.1 使用颜色作为背景

使用纯色作为背景是最常用的一种操作方法。网页背景色的面积一般都比较大，在页面中属于非常重要的部分，所以需要考虑企业的性质和页面所要表达出来的氛围和意象合理选色。

例如要表现清爽干净的感觉可以选择天蓝色作为背景色，要表现深邃沉稳的感觉可以选择黑色或深棕色作为背景色，要表现复古质朴的感觉可以选择棕黄色或浅灰色作为背景色。

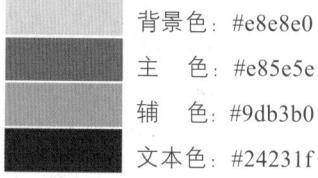

背景色：#e8e8e0
主　色：#e85e5e
辅　色：#9db3b0
文本色：#24231f

渐变色可以实现两种或多种颜色柔和过渡的效果，用来作为网页的背景也是很不错的选择。如果使用得当，可以很好地强调出画面的景深效果，使页面整体效果更加立体和丰满。

背景色：#d08997
主　色：#c33764
辅　色：#9db3b0
文本色：#f3739a

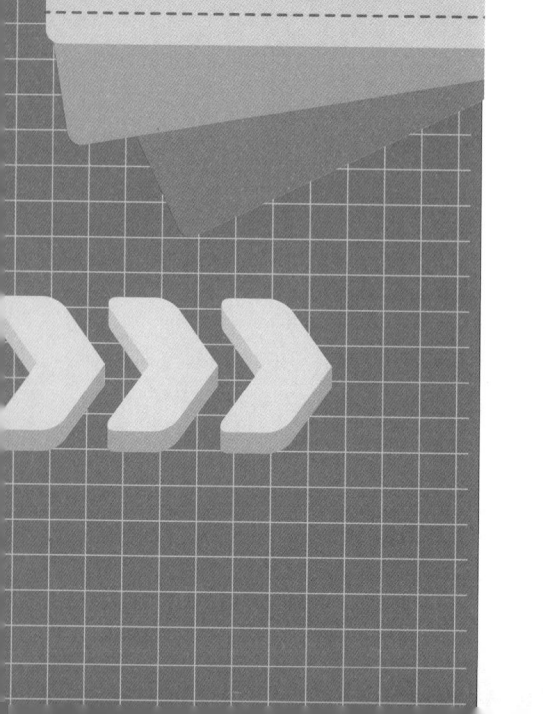

本章知识点

- ☑ 网页背景颜色
- ☑ 网页文本颜色
- ☑ 网站图片的色系
- ☑ 网页中的线条与图形
- ☑ 常见网站风格分析

实例 01+ 视频：使用纯色作为背景

　　使用纯色作为页面背景是最常见的做法。背景在页面中所占的面积通常比较大，所以背景的颜色也会给页面的整体感觉带来很大的影响。有时也可以为背景添加一些细微的纹理，来丰富画面的质感。

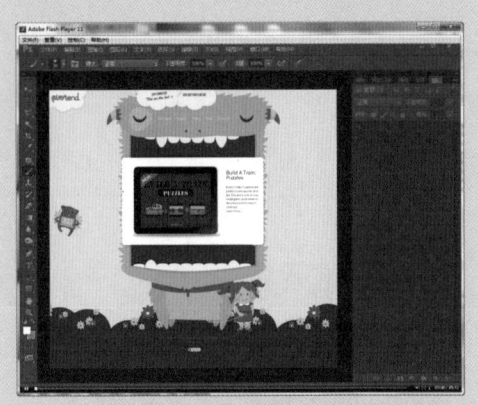

源文件：源文件 \ 第 2 章 \ 使用纯色作为背景 .psd

操作视频：视频 \ 第 2 章 \ 使用纯色作为背景 .swf

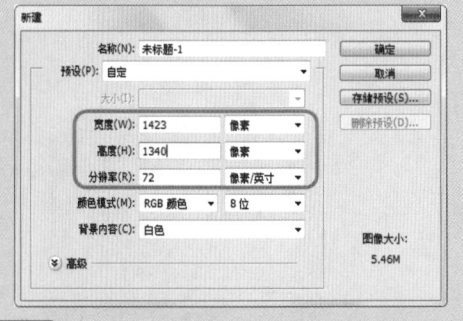

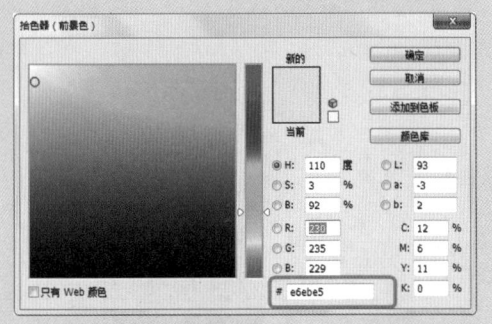

01 ▶执行"文件 > 新建"命令，新建一个空白文档。

02 ▶单击工具箱中的"设置前景色"按钮，设置"前景色"为 #e6ebe5。

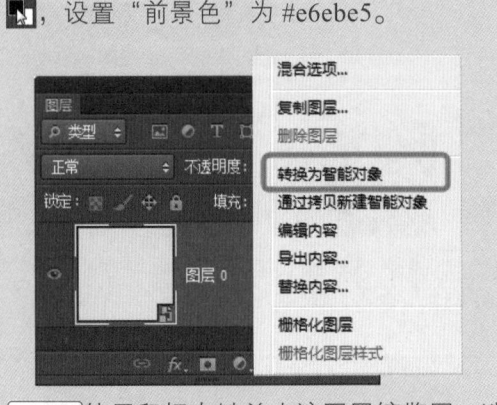

03 ▶按快捷键 Ctrl+Delete 为画布填充前景色，作为网页的背景。

▶使用鼠标右键单击该图层缩览图，选择快捷菜单中的"转换为智能对象"命令，将背景转换为智能对象。

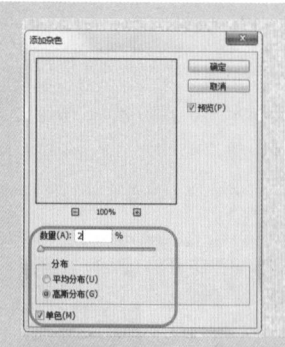

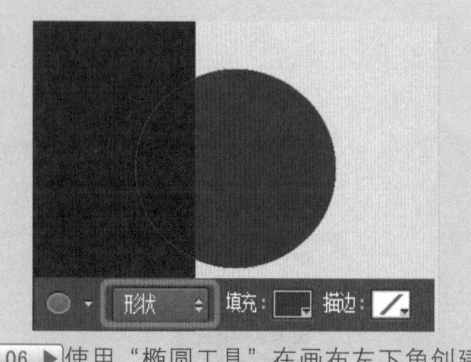

05 ▶ 执行"滤镜 > 杂色 > 添加杂色"命令，为背景添加一些杂点。

06 ▶ 使用"椭圆工具"在画布左下角创建一个"填充"为 #103a61 的椭圆。

07 ▶ 按下 Shift 键绘制另一个椭圆，该椭圆会被添加到已经存在的形状中。

08 ▶ 使用相同的方法绘制出一整块草地。

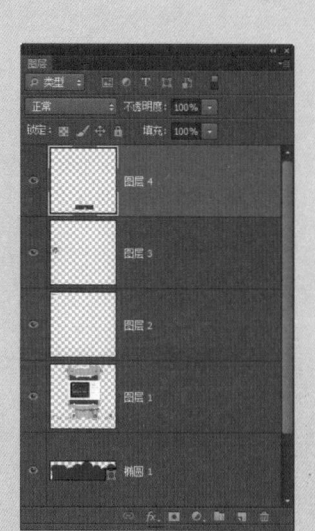

09 ▶ 将素材图像"素材\第 2 章 \001.psd"打开并拖入到设计文档中，分别调整每个素材的位置，操作完成。

提问：如何调整复合形状？

答：如果要对复合形状中的单个子形状进行调整，可以先使用"路径选择工具" ▶ 选中相应的子形状，然后对其进行缩放，或移动位置。

➡ 实例 02+ 视频：使用渐变色作为背景

本实例主要讲解如何在 Photoshop 中设置渐变色和填充渐变色的操作方法。渐变色几乎在网页设计中随处可见，属于非常重要的知识点。

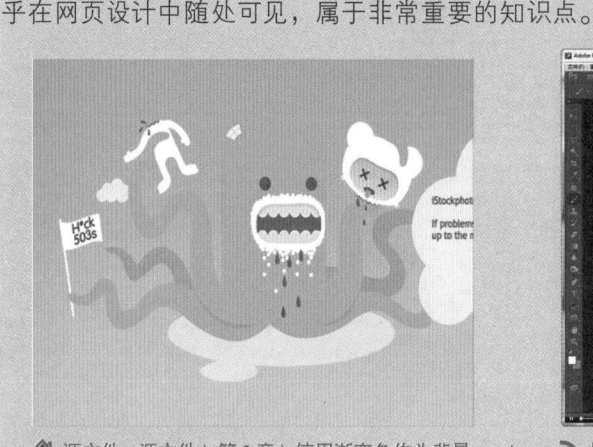

🏠 源文件：源文件 \ 第 2 章 \ 使用渐变色作为背景 .psd

🔊 操作视频：视频 \ 第 2 章 \ 使用渐变色作为背景 .swf

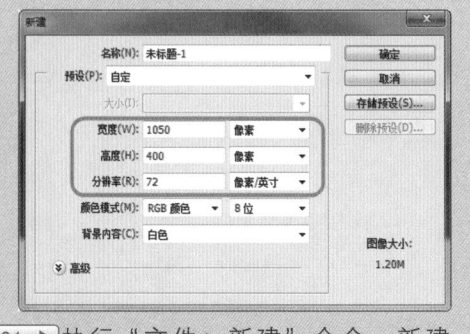

01 ▶ 执行"文件 > 新建"命令，新建一个空白文档。

02 ▶ 选择"渐变工具" ▣，打开"渐变编辑器"面板，设置相应的渐变色。

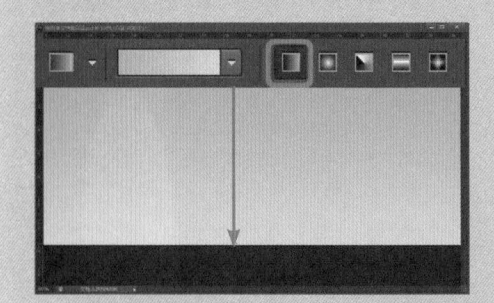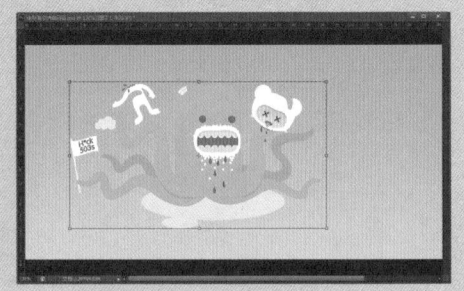

03 ▶ 使用"渐变工具"，设置填充模式为"线性渐变" ▣，按下 Shift 键为画布填充相应的渐变色。

04 ▶ 打开素材图像"素材 \ 第 2 章 \002.psd"，将相应的图像拖入设计文档中，并适当调整其位置和大小。

 提示　　按下 Shift 键的同时填充渐变色，可将填充角度精确限制在水平、垂直或其他 45° 角的方向。

05 ▶ 使用"椭圆工具"在画布右侧创建一个"填充"为 #f7f7dc 的椭圆。

06 ▶ 按下 Shift 键，再次创建另一个椭圆，将其添加到第一个椭圆中。

07 ▶ 使用相同的方法绘制其他图形，制作出云朵。

08 ▶ 使用相同的方法绘制另一朵云彩。

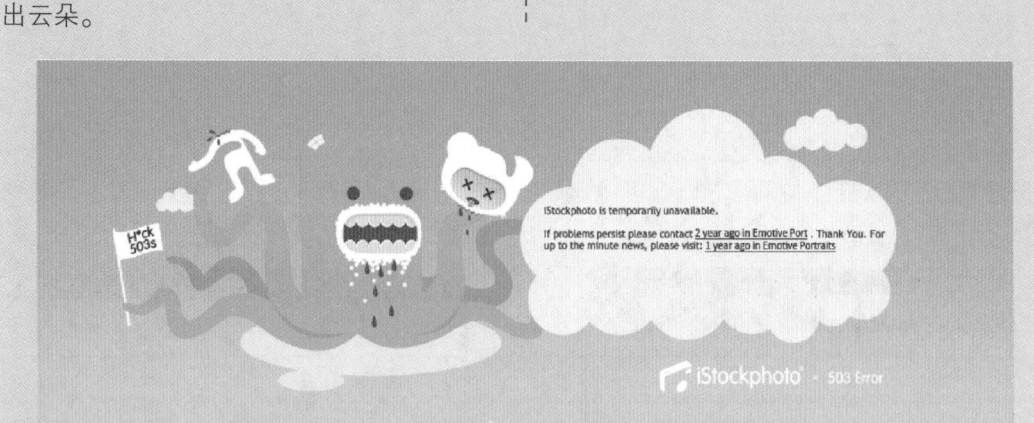

09 ▶ 将相关文字素材拖入设计文档中，并分别调整它们的位置，操作完成。

提问：如何将常用的渐变色存储起来？

答：用户可以使用"渐变编辑器"对话框中的"新建"按钮将当前设置的渐变色存储为预设渐变色，以便重复使用。或者也可以使用"存储"按钮将渐变色存储为独立的文件。

2.1.2　使用图片作为背景

一般来说，不提倡使用图片作为网页的背景，原因有二：第一，影响下载速度。纯色和渐变色的下载速度基本可以忽略不计，而图片却需要时间下载。第二，影响文字显示效果。颜色过于复杂的图片很可能会使局部文字难以辨认，降低文字的可阅读性。

那么什么样的图片适合作为背景呢？答案是：颜色比较单一，色调柔和，内容简单的图片。这样的图片往往能够很好地衬托出页面中的其他重要元素，不会喧宾夺主，同时又能丰富画面效果，例如淡化的网站 Logo、蓝天白云和木纹等。

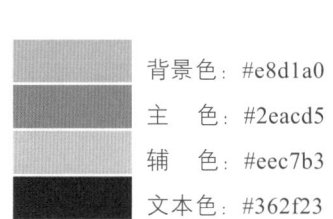

背景色：#e8d1a0
主　色：#2eacd5
辅　色：#eec7b3
文本色：#362f23

> **提示**　我们可以使用不同的调整手法将一张图片调整得更符合网站风格，比较常用的有模糊、压暗和改变色调等。如果要突出图片上的文字，可以像上图一样在文字下方涂抹一层半透明的颜色。

⇒ 实例 03+ 视频：使用图片作为背景

如果要使用图片作为网站的背景，首先需要调整一下图像的颜色，使其能够更好地衬托出其他重要的元素，并与网页整体风格相协调。

🏠 源文件：源文件 \ 第 2 章 \ 使用图片作为背景 .psd　　📶 操作视频：视频 \ 第 2 章 \ 使用图片作为背景 .swf

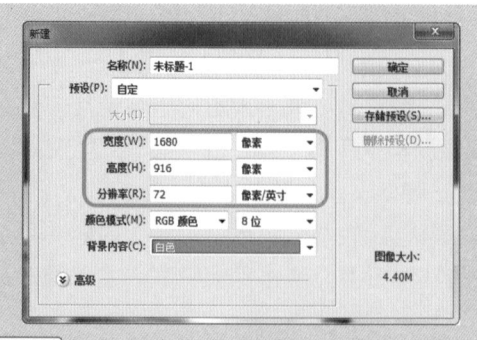

01 ▶ 执行"文件 > 新建"命令，新建一个空白文档。

02 ▶ 将素材图像"素材 \ 第 2 章 \003.png"拖入设计文档中，并适当调整其大小和位置。

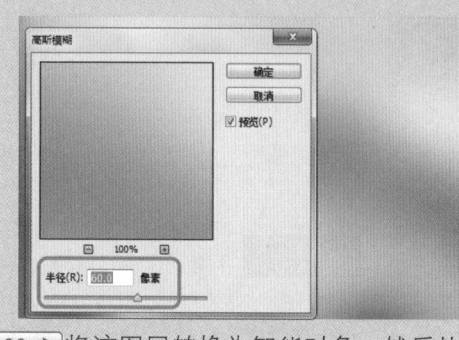

03 ▶ 将该图层转换为智能对象，然后执行"滤镜 > 模糊 > 高斯模糊"命令，将图像模糊 60 像素。

04 ▶ 执行"图层 > 新建调整图层 > 色相\饱和度"命令，弹出"属性"面板，将图像的"饱和度"提高至 40。

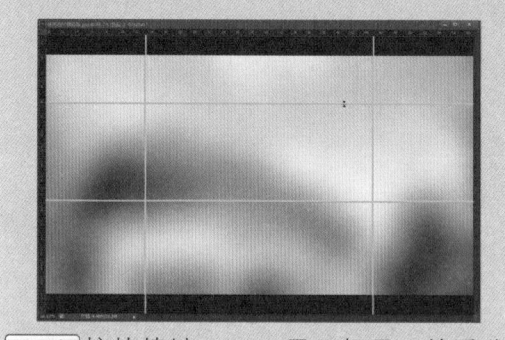

05 ▶ 按快捷键 Ctrl+R 显示标尺，然后分别从两侧的标尺中拖出 4 根参考线。

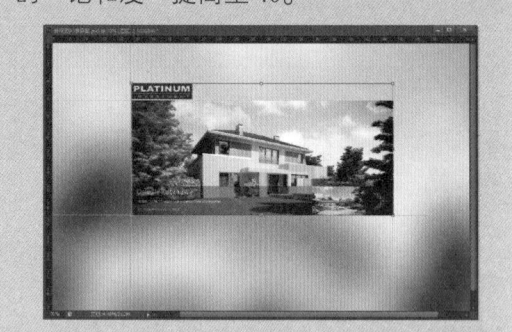

06 ▶ 将素材图像"素材 \ 第 2 章 \003.png"拖入设计文档中，依照参考线调整其位置。

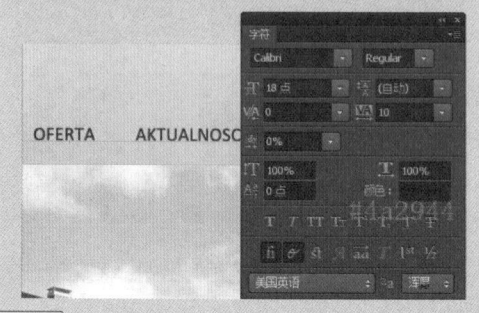

07 ▶ 加入新的参考线，打开"字符"面板并设置字符属性，然后输入导航文字。

08 ▶ 在图片下方新建图层，创建一个矩形选区，然后使用白色柔边画笔涂抹选区。

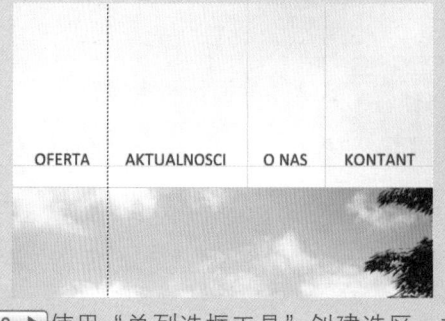

09 ▶ 使用"单列选框工具"创建选区，按 Delete 键删除选区中的内容。

10 ▶ 在图层最上方新建图层，分别创建 3 个矩形选区，并分别填充白色。

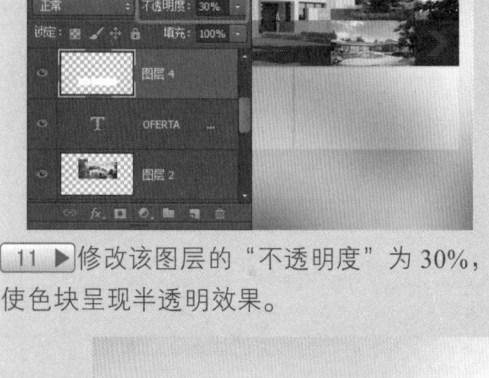

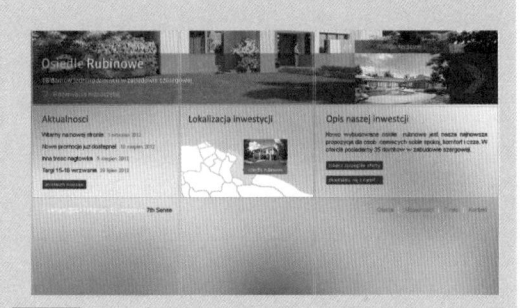

11 ▶ 修改该图层的"不透明度"为 30%，使色块呈现半透明效果。

12 ▶ 使用前面相同的方法制作出色块中的内容和版底信息。

13 ▶ 将相关文字素材拖入设计文档中，并分别调整它们的位置，操作完成。

提问：调整图层有什么特点？

答：Photoshop 允许用户使用两种方式对图像应用各种调色命令，一种是直接选中图层执行命令，这会破坏素材图像。另一种就是以调整图层的方式将调整附加到图像上方，这不仅不会破坏素材，还可以随时修改参数。

2.2 网页文本颜色

网页中的文本主要分为标题文本和正文文本，其中正文文本的面积通常比较大，且样式单一，它的颜色会对整体页面效果产生很大的影响。

2.2.1　文字的排版规则

网页中最重要的两个元素就是图像和文本，而大部分网页的主体信息部分都是文字。文本的主要目的就是明确地传达信息，所以要求有很高的阅读性。这意味着我们不能使用过多的装饰性元素去修饰它，这会使文本阅读起来很费力。

概括起来讲，我们通常需要遵循以下规则，使页面的文字既易于阅读，又不会在视觉效果上打折扣。

对比：要从文本大小、颜色、粗细、明暗和疏密等各个方位对不同字符串进行对比，使文本效果更丰满。

统一协调：文字的编排效果应该为网页整体效果服务，在确保整体协调性的前提下对局部进行对比。

节奏与韵律：在页面中重复使用有特征的文字造型，并按照一定的规律进行排列，就会产生强烈的节奏与韵律感，这有利于加强网页的专业性。

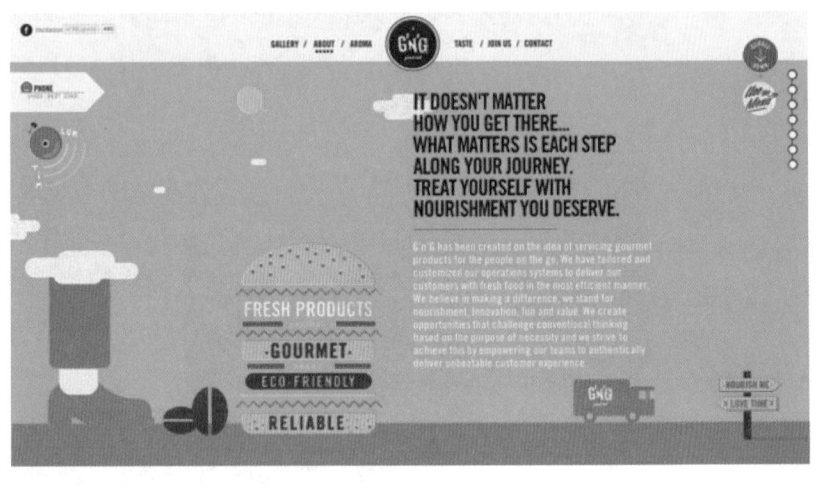

2.2.2　文本配色之"黄金分割法"

数学上有一个著名的"黄金分割比例"，即 0.618:0.382，据说采用此比例分割物体可以达到最佳的视觉美感。"黄金分割比例"的应用范围非常广泛，从人体比例到建筑设计，再到艺术设计。我们也可以使用它来快速确定网页的背景色和文本色。

众所周知，网页文本配色是一个很麻烦的问题，实际操作起来并不是简单一句"与背景色对比明显"就可以解决的。如果选用与背景色相近的颜色，可能会导致整体页面效果过于沉闷平庸。而选择与背景色反差过大的颜色又可能会显得太刺眼，使整体效果杂乱无章，俗不可耐。如何在这两者之间取一个最平衡的点着实是件不容易的事，合理利用"黄金分割比例"是一个有效的解决方法。

确切地讲，这里所讲的文本配色其实只是确定文本色的明度，这是衡量文本色与背景色对比程度最重要的因素。以下是具体操作步骤。

1. 确定背景色（浅灰）　　2. 确定文本颜色（黑色）　　3. 计算最佳明度值

$0.6\%\backslash 90 \times 0.4\%=60$

$0.4\%\backslash 90 \times 0.6\%=135\text{-}100=35$

R 229	H 0	R 0	H 0
G 229	S 0	G 0	S 0
B 229	(B 90)	B 0	(B 0?)

由计算结果得出，当背景色明度为 90 时，文本色明度取 60 或 35 可与其构成黄金比例，下面是实际应用效果。

NEUTRA FONT FAMILY
Light Book Demi Bold
AaBbCcDd
ABCDEFGHIJKLMNOPQRSTUVWXYZ
abcdefghijklmnopqrstuvwxyz
1234567890 !"§$%&/()=?
HSB: 0, 0, 60

NEUTRA FONT FAMILY
Light Book Demi Bold
AaBbCcDd
ABCDEFGHIJKLMNOPQRSTUVWXYZ
abcdefghijklmnopqrstuvwxyz
1234567890 !"§$%&/()=?
HSB: 0, 0, 35

NEUTRA FONT FAMILY
Light Book Demi Bold
AaBbCcDd
ABCDEFGHIJKLMNOPQRSTUVWXYZ
abcdefghijklmnopqrstuvwxyz
1234567890 !"§$%&/()=?
HSB: 0, 0, 0

对比不足 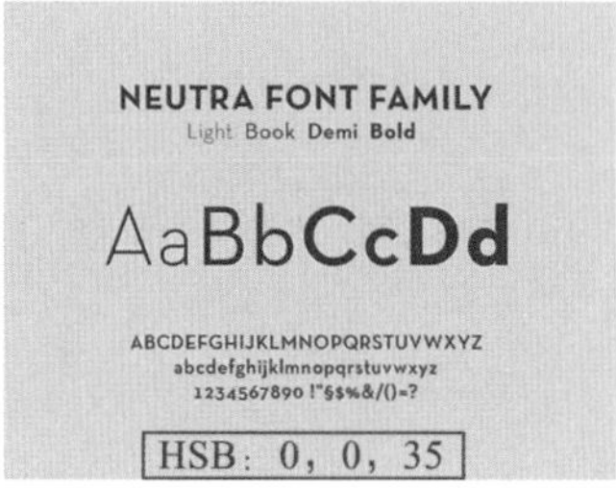　　　　　　　　对比适中 　　　　　　　　对比过于强烈

从上图可以非常明显地看出，当取明度值为 60 时，文本颜色过亮，与背景色对比不够，文本不易于阅读；当取明度值为 35 时，文本色与背景色对比适中；当背景色为纯白，文本颜色为纯黑时，虽然文字可读性很高，但颜色对比过于强烈，在视觉上有些刺眼。

下面是更多的扩展配色方案，为了表现复古典雅的感觉，我们选用的文本色均为低纯度的色彩，而低纯度本身会带来灰暗晦涩的感觉，所以这里采用明度略高的配色方案，即明度为 60。

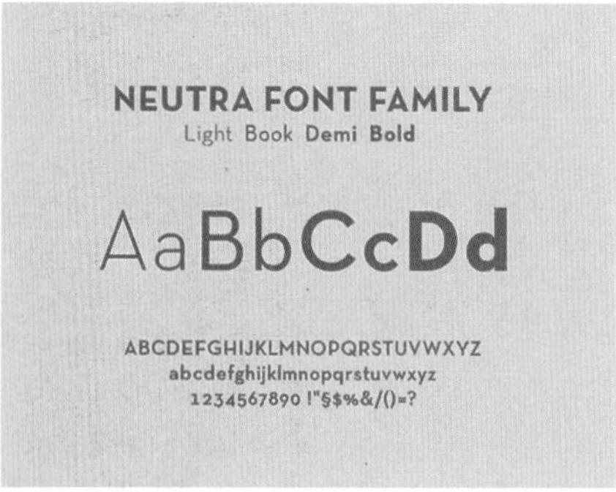

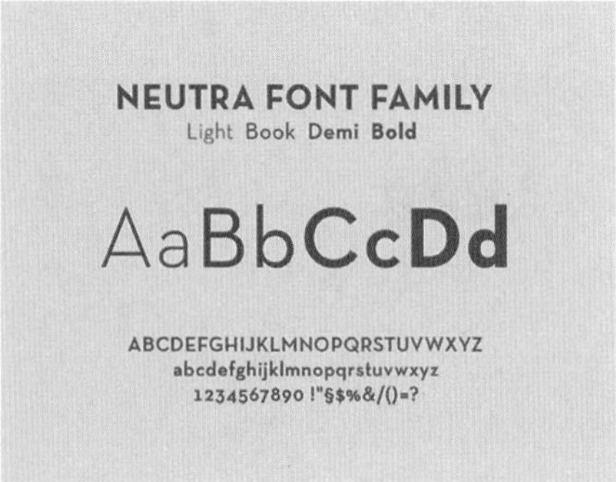

NEUTRA FONT FAMILY
Light Book Demi Bold
AaBbCcDd
ABCDEFGHIJKLMNOPQRSTUVWXYZ
abcdefghijklmnopqrstuvwxyz
1234567890 !"§$%&/()=?

NEUTRA FONT FAMILY
Light Book Demi Bold
AaBbCcDd
ABCDEFGHIJKLMNOPQRSTUVWXYZ
abcdefghijklmnopqrstuvwxyz
1234567890 !"§$%&/()=?

➡ **实例 04+ 视频：制作时尚网站首页**

文本不仅可以快速而明确地传达设计者的意图和各种信息，还对版面美观度有着至关重要的作用。尤其是一些标题文字，如果能够巧妙合理地进行编排，并选用正确的颜色，可以大幅提升页面的艺术性和美观度。

源文件：源文件 \ 第 2 章 \ 时尚网站首页 .psd

操作视频：视频 \ 第 2 章 \ 时尚网站首页 .swf

01 ▶ 执行"文件 > 打开"命令，打开素材图像"素材 \ 第 2 章 \006.png"。

02 ▶ 打开"字符"面板设置字符属性，大致选取一种橙黄色，输入相应的字符。

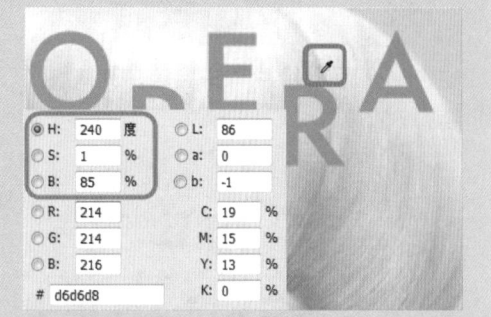

03 ▶ 使用相同方法输入其他的字符，并精确排列文字效果。

04 ▶ 现在开始确定文本明度。打开拾色器，吸取文字的背景部分，得到"明度"为 85。

60%/85X40%＝138-100＝38

40%/85X60%＝126-100＝26

100-26＝74

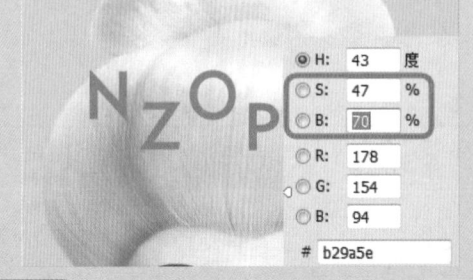

05 ▶ 接下来进行一番计算，得出结论：当明度取 38 和 74 时，可构成黄金比例。

06 ▶ 为了表现出画面优雅空灵的感觉，我们决定选用较高的明度，然后适当降低纯度。

07 ▶ 使用相同方法输入其他点缀性的文字，颜色均在纯度和明度上做小幅度调整，完成该页面的制作。

提问：什么样的配色看起来比较协调？

答：（1）所选颜色在色环上的距离在 90° 之内，即邻近色；（2）所选颜色在明度上保持统一；（3）所选颜色在纯度上保持统一。

2.3　网站图片的色系

图片是网页中最重要的元素，图片的整体色调和精美程度会直接影响网页的美观度。网页中的图片主要分为焦点图和配图。

2.3.1　网站焦点图

网站的焦点图是媒体宣传过程中的一种重要的推广方式，企业在网站首页版面添加带有自己企业 Logo 和产品介绍的图片，用户可以通过点击这些图片转到相应的页面，了解并购买该企业的产品，淘宝首页上各种品牌的小图就是最常见的例子。网站焦点图的最终目的是为了将浏览转化为购买力。

为了能够抓住浏览者的注意力，并引起点击的欲望，网站焦点图的用色不一定要非常艳丽，但一定要清晰简单，主题明确，精致美观。

焦点图中应该有非常明显的提示公司名称的 Logo 和文字类的元素，用来强化企业形象。此外，简洁有效的产品和活动叙述也是非常必要的。为了提升图像的美观度，应该将叙述文字提升到图像的高度进行设计。

实例 05+ 视频：制作时尚图片网页

焦点图是整个网页中最显眼的图像，为了使焦点图的风格能与整体页面效果更加贴切，往往需要重新构图，并重新调整色调。

源文件：源文件 \ 第 2 章 \ 时尚图片网页 .psd

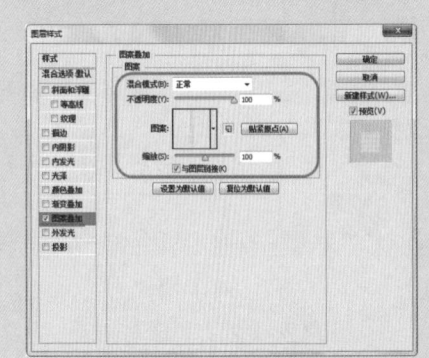

操作视频：视频 \ 第 2 章 \ 时尚图片网页 .swf

01 ▶ 执行"文件 > 新建"命令，弹出"新建"对话框，新建一个空白文档。

02 ▶ 双击该图层缩览图，打开"图层样式"对话框，选择"图案叠加"选项并设置参数值。

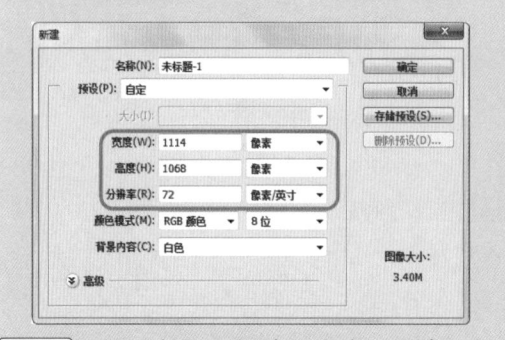

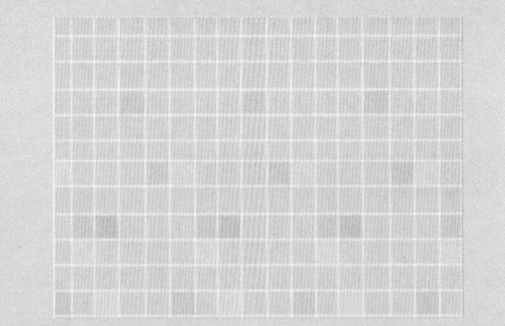

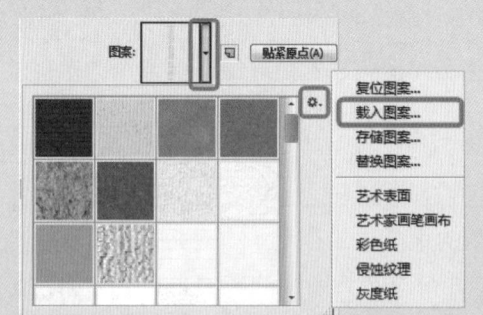

03 ▶ 按照图示操作在"图层样式"对话框中载入外部纹理素材使用。

04 ▶ 设置完成后单击"确定"按钮，得到网页背景效果。

> **提示** "背景"图层无法被自由变换和裁剪，也无法直接添加图层样式，必须先双击图层缩览图将其转换为普通图层。

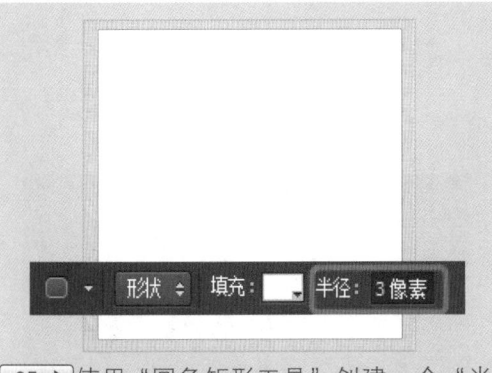

05 ▶ 使用"圆角矩形工具"创建一个"半径"为 3 像素的白色圆角矩形。

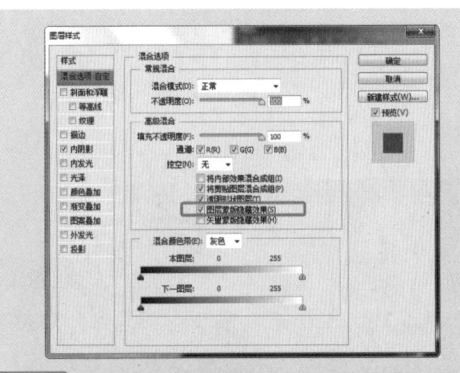

06 ▶ 双击该图层缩览图，打开"图层样式"对话框，选择"混合选项"选项并设置参数值。

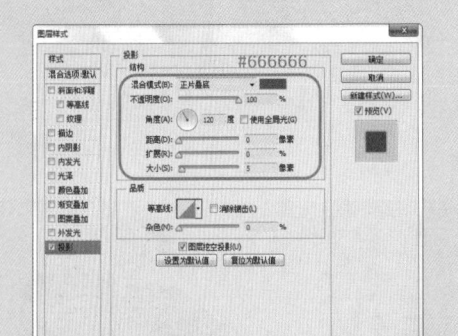

07 ▶ 继续在对话框中选择"投影"选项，设置参数值。

08 ▶ 设置完成后单击"确定"按钮，得到图形效果。

焦点图

主体信息

09 ▶ 按快捷键 Ctrl+R 显示标尺，拖出 4 根参考线，大致划分一下网页结构。

10 ▶ 使用前面讲解过的方法沿着参考线制作一个任意颜色的矩形，并为其添加"内阴影"图层样式。

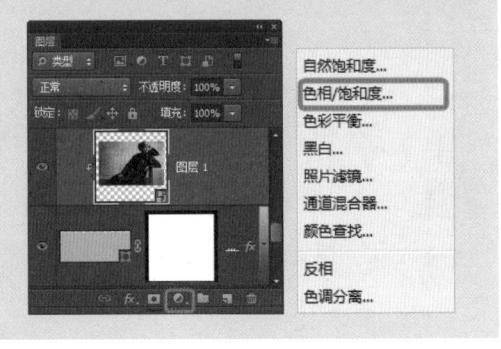

11 ▶置入素材图像 "素材\第2章\008. jpg"，将其剪切至下方图层，然后适当调整其位置和大小。

12 ▶单击 "图层" 面板下方的 "创建新的填充和调整" 按钮，在弹出的菜单中选择 "色相/饱和度" 命令。

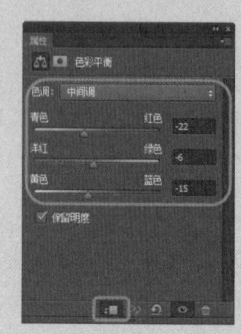

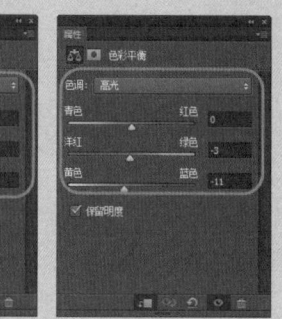

13 ▶新建 "色相/饱和度" 调整图层，在弹出的 "属性" 面板中适当设置参数值。

14 ▶新建 "色彩平衡" 调整图层，在弹出的 "属性" 面板中适当设置参数值。

15 ▶继续在 "属性" 面板中选择 "阴影" 选项并设置参数值，得到图像效果。

16 ▶为网页添加导航、文字和其他装饰性元素。

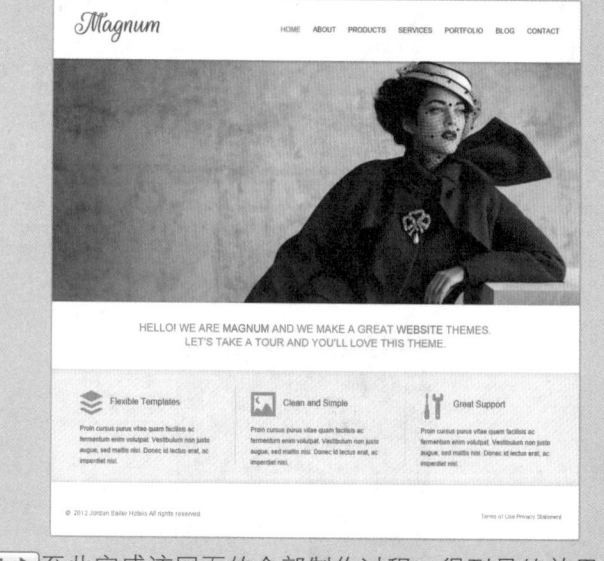

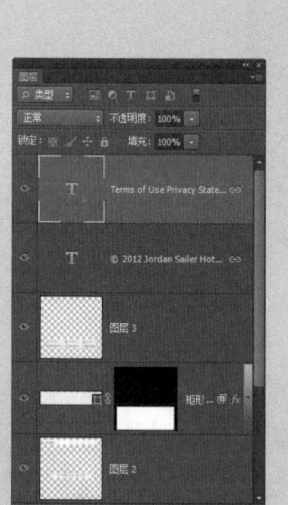

17 ▶至此完成该网页的全部制作过程，得到最终效果。

提问：如何置入图像？

答：用户可以执行"文件 > 置入"命令置入图像素材，或者直接将图像从文件夹拖曳到文档窗口中。置入的图像是以智能对象的形式存在的。

2.3.2　网页配图

网页中的配图是指面积比较小的产品图或者其他一些装饰性的图像和图形。前面我们已经反复提到过，图片是网页中重要的元素，如果图片的应用不过关，那么网站将会完全失去吸引浏览者的机会。

- 网页中的配图应该尽量符合以下条件。
- 内容简单，画面主题明确，背景不宜杂乱。
- 色调明亮，色彩艳丽。
- 要有适当的留白——这很重要。
- 大体色调要与页面整体色调协调一致。
- 尽量使用精美清晰的图片，这会提升页面的品质感。

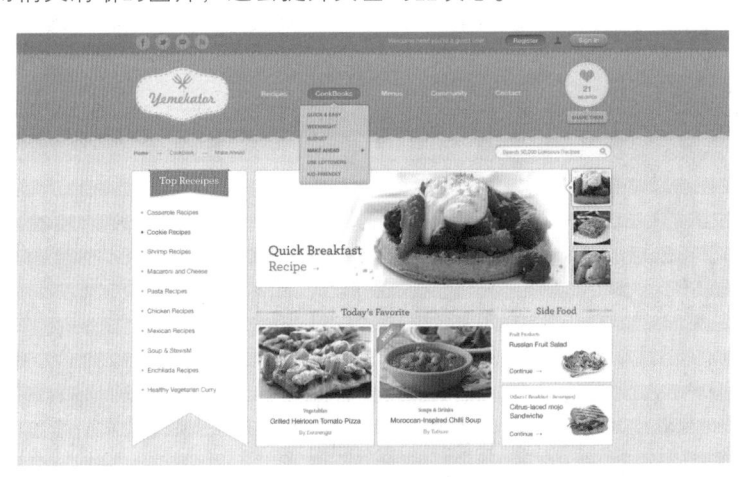

如果要使用的图片背景过于复杂，可以试着将主体抠出，然后为所有图片使用颜色相同的背景。很多大牌时装网站都非常青睐这种极简的风格，这可以使页面在整体效果上达到高度的协调一致性，为浏览者带来极佳的视觉体验。

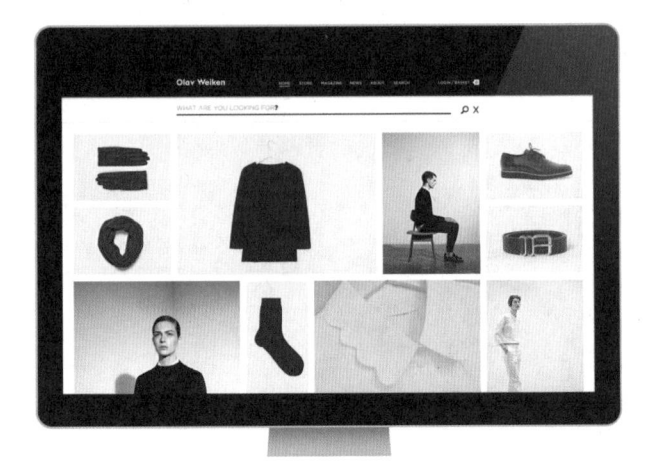

实例 06+ 视频：制作清爽服装网页

这是一款服装类销售网站，整个页面的配色和布局格式都旨在构架一个清爽舒适的购物环境和体验，这就要求所使用的图片要尽可能简单，最好只有主体。依据这个要求，我们将所有的商品图都抠出，让它们有相同的白色背景。

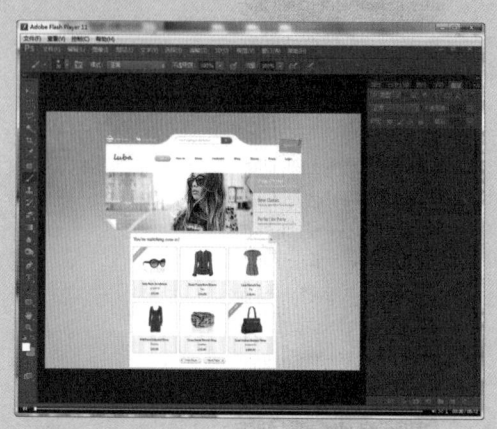

源文件：源文件 \ 第 2 章 \ 清爽服装网页 .psd

操作视频：视频 \ 第 2 章 \ 清爽服装网页 .swf

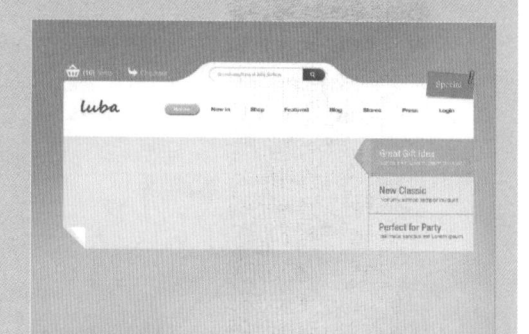

01 ▶ 执行 "文件 > 打开" 命令，打开背景素材 "素材 \ 第 2 章 \010.jpg"。

02 ▶ 将素材图像 "素材 \ 第 2 章 \011.png" 拖入设计文档中，适当调整位置，制作出页面导航和 Banner 部分的框架。

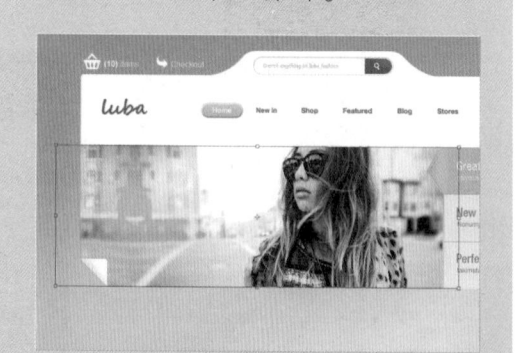

03 ▶ 沿着 Banner 的灰色区域创建选区，然后按快捷键 Ctrl+J 复制选区内的图像。

04 ▶ 拖入素材图像 "素材 \ 第 2 章 \012.jpg"，将其剪切至下方的图层。

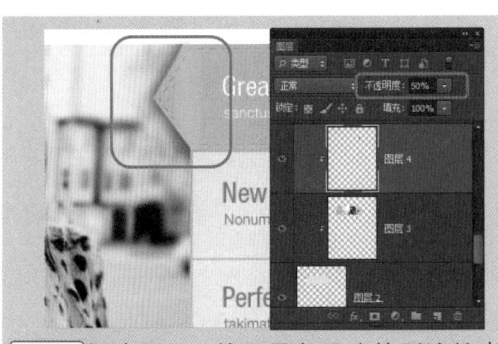

05 ▶新建图层，使用黑色柔边笔刷涂抹出标签的阴影，适当调整阴影的不透明度。

06 ▶使用"圆角矩形工具"配合"钢笔工具"在 Banner 下方创建一个白色的形状。

07 ▶使用"圆角矩形工具"创建另一个"半径"为 3 像素的白色圆角矩形。

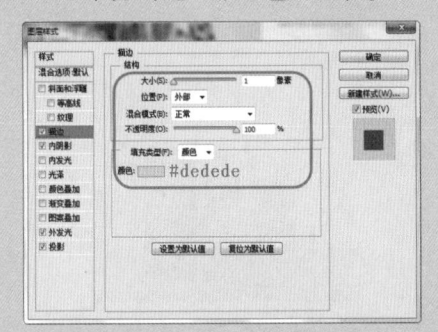

08 ▶打开"图层样式"对话框，选择"描边"选项并设置参数值。

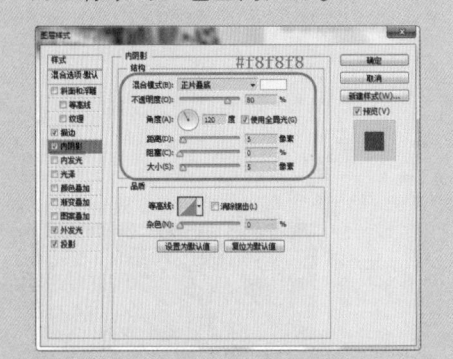

09 ▶继续在对话框中选择"内阴影"选项，设置参数值。

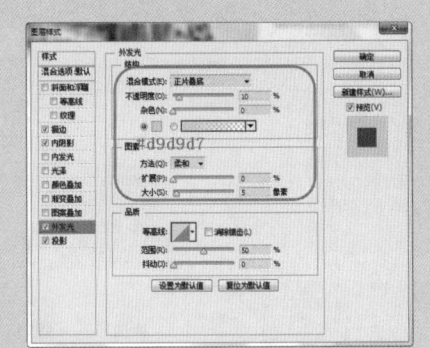

10 ▶在对话框中选择"外发光"选项，设置参数值。

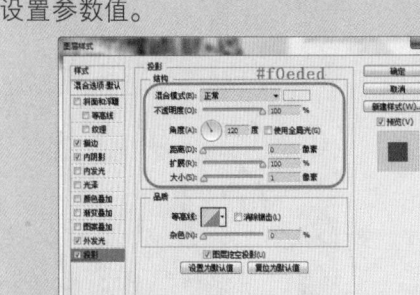

11 ▶最后在对话框中选择"投影"选项，设置参数值。

12 ▶设置完成后单击"确定"按钮，得到形状效果。

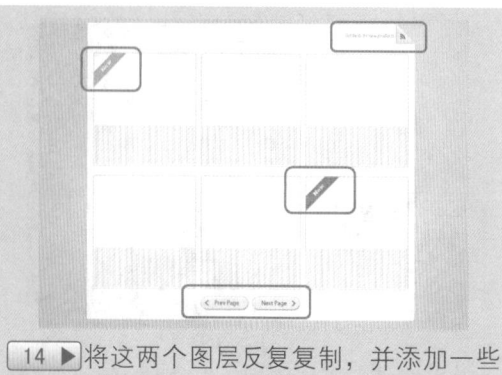

13 ▶使用"直线工具"在该形状下方绘制出细密的线条，颜色为 #ececec。

14 ▶将这两个图层反复复制，并添加一些辅助性的元素。

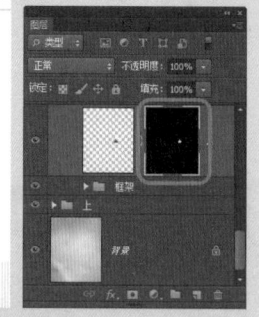

15 ▶将产品素材图像"素材 \ 第 2 章 \014.psd"拖入设计文档中，并适当调整其位置。

16 ▶使用"磁性套索工具"沿着包包边缘创建选区，然后为其添加蒙版，将其抠出。

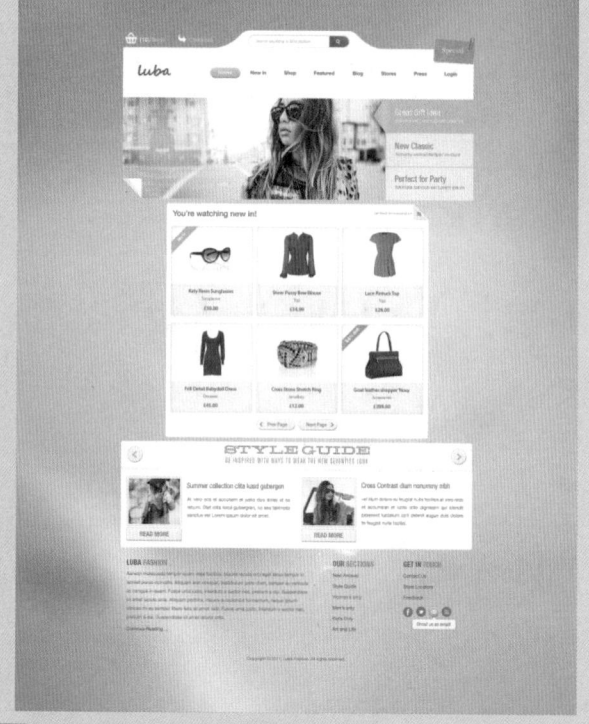

17 ▶使用相同的方法处理其他的产品图，并完成其他部分的制作，操作完成。

> **提 问**
>
> 提问："磁性套索工具"有何操作技巧？
>
> 答：如果所要抠取的物体边缘与背景反差不够大，"磁性套索工具"可能无法准确检测并绘制路径，此时可以单击鼠标与手动添加锚点。此外，按 Backspace 键可删除最近添加的锚点。

2.4　网页中的线条与图形

合理地在网页中使用线条和图形，不仅可以大大增加页面的趣味性和艺术感，还可以大幅降低页面加载时间，提升浏览者的体验。

2.4.1　在网页中使用线条

在设计和制作页面时，可以有选择地使用一些线条，或者将文字进行一些特殊的处理，使之呈现曲线或直线的形状，这些线条会与版面中的其他元素一同构成总体的艺术效果。必须要合理地将线条的动态走势、颜色搭配与整体效果相匹配，才能增加页面的魅力。

线条分为直线和曲线，不同的线条会传达出不同的效果和感受，应该有选择地使用。

直线。直线条能够表现出流畅、整齐、规则、挺拔和轮廓分明的感觉。直线的重复排列可以强化科学严谨、井井有条和泾渭分明的视觉效果，多用于比较庄重、严谨、科学和理性的页面题材。

曲线。曲线能够传达出灵活、流动、活跃和顺畅的动态感。曲线在页面上的重复使用可以强化富有活力、流畅、轻快活泼、无拘无束的视觉感受。一些青春、活泼和张扬个性的页面题材比较适合添加曲线。

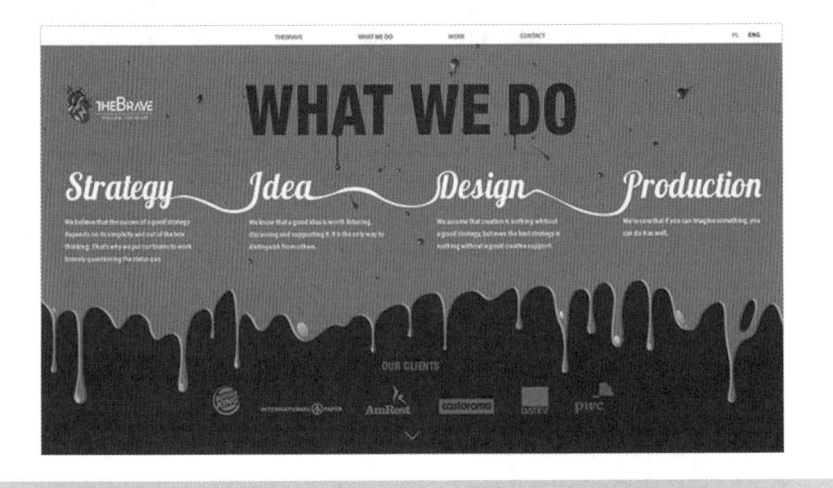

➡ 实例 07+ 视频：制作典雅的个人主页

流线型的线条可以为页面添加典雅灵动的感觉，从而增强页面的流动性和动态感。在 Photoshop 中绘制曲线，需要先使用"钢笔工具"勾画出路径，然后使用"画笔工具"沿着路径描边。

⌂ 源文件：源文件 \ 第 2 章 \ 典雅的个人主页 .psd

📶 操作视频：视频 \ 第 2 章 \ 典雅的个人主页 .swf

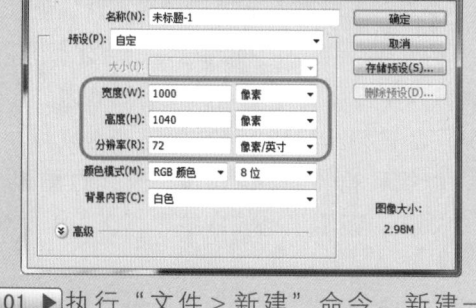

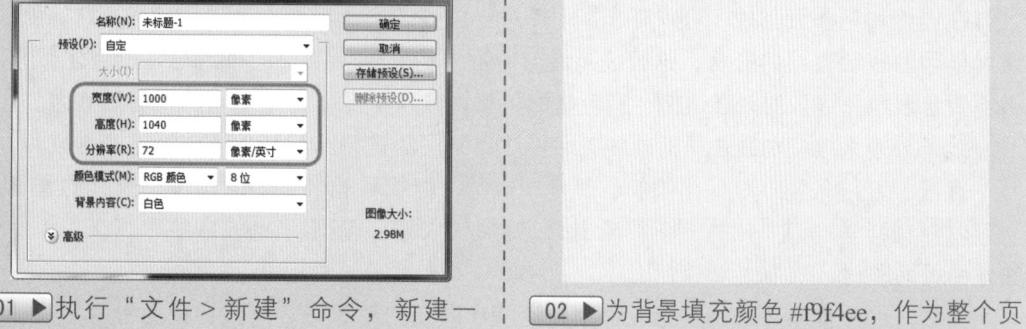

01 ▶执行"文件 > 新建"命令，新建一张空白画布。

02 ▶为背景填充颜色 #f9f4ee，作为整个页面的背景色。

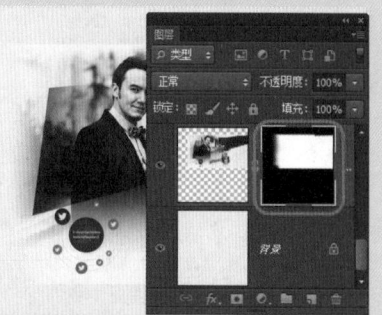

▶将素材图像"素材 \ 第 2 章 \017.jpg"拖入设计文档中，适当调整其位置。

04 ▶为该图层添加蒙版，使用黑色柔边画笔略微融合一下图像边缘和背景。

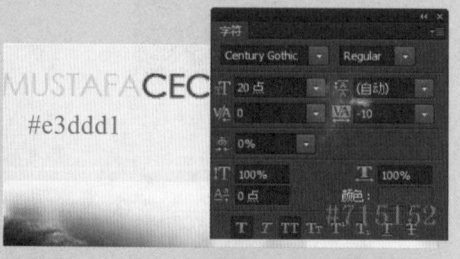

05 ▶打开"字符"面板，设置字符属性，然后在页面最上方输入 Logo 文字。

06 ▶将文字图层编组，然后使用相同的方法拖入并处理其他素材。

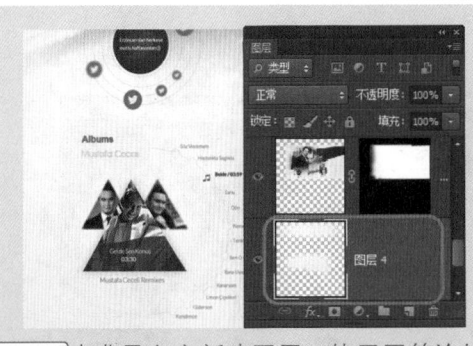

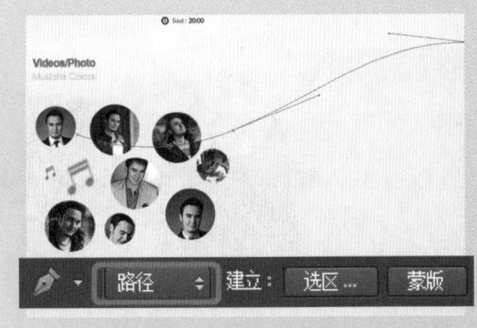

07 ▶ 在背景上方新建图层，使用画笔涂抹图像与背景之间僵硬的过渡部分（请配合"吸管工具"拾取颜色）。

08 ▶ 使用"钢笔工具"，设置"工具模式"为"路径"，在画布中绘制一条曲线。

09 ▶ 在图层最上方新建图层，转到"画笔工具"进行设置，然后设置"前景色"为 #ab805b，按 Enter 键为路径描边。

10 ▶ 为该图层添加蒙版，使用黑色柔边画笔适当涂抹线条的末端，使其呈现略微渐隐的效果。

11 ▶ 使用相同的方法绘制另外两条曲线。

12 ▶ 使用"直线工具"在画布中创建一条"填充"为 #4c2101 的直线。

13 ▶ 使用"直线工具"在画布中绘制直线，并修改其"不透明度"为 10%。

14 ▶ 使用相同方法绘制其他的直线段，并将其编组。

15 ▶ 最后加入版底部分的图标和文字，完成该页面的制作过程，得到最终页面效果和"图层"面板的效果。

提问：怎样快速拾取并涂抹颜色？

答：用户可以按 I 键快速转到"吸管工具"吸取颜色，再按 B 键转到"画笔工具"涂抹颜色。在使用"画笔工具"的状态下，按下 Alt 键可临时切换到"吸管工具"拾取颜色，松开 Alt 键即可重新恢复"画笔工具"进行操作。

2.4.2　在网页中使用形状

图形和图像都是图片。与照片的刻画细节不同，图形更注重"形"，通过大幅度的抽象和高度的概括，将复杂的物体通过简单的线条和填充重新塑造为简单的图形。

形状大致可以分为直线段构成的多边形，以及由曲线构成的各种弧形，它们所传达的视觉感受也和直线、曲线类似。平直规则的多边形往往传达出规矩严谨的感觉，弧形则传递出灵动有活力的感觉。

➡ 实例 08+ 视频：制作有趣的设计网站

　　这款页面使用了大量的图形，这些略显稚拙而简单的形状配以温暖舒适的颜色，营造出了充满童趣的氛围。网页中的配图也依照整体风格，选择了卡通风格的图像，整体页面效果丰富而协调。

🏠 源文件：源文件 \ 第 2 章 \ 有趣的设计网站 .psd

📡 操作视频：视频 \ 第 2 章 \ 有趣的设计网站 .swf

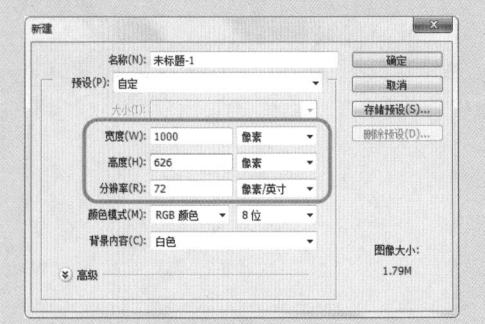

`01` ▶执行"文件>新建"命令，新建一张空白画布。

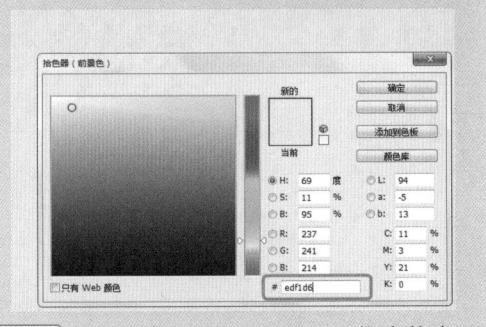

`02` ▶为背景填充颜色 #edf1d6，作为整个页面的背景色。

`03` ▶使用"矩形工具"在画布下方创建一个"填充"为 #1a887d 的矩形。

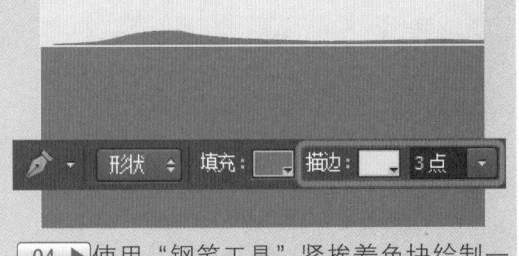

`04` ▶使用"钢笔工具"紧挨着色块绘制一块"描边"为 #edf1d6 的草地。

　　我们想要草地上边和下边都有一个镂空的效果，所以给它加一个与背景色相同的描边，然后把城市剪影画到草地图层下方即可。

47

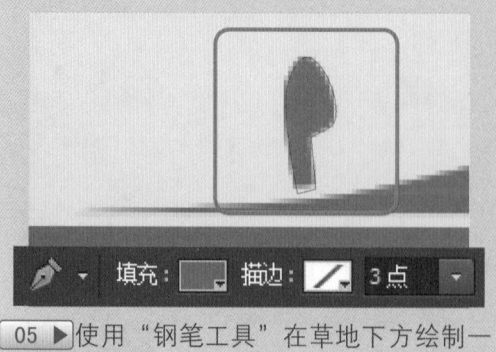

填充： **描边：** / **3点**

05 ▶使用"钢笔工具"在草地下方绘制一
棵简单的小树。

06 ▶在选项栏中设置"路径操作"为"添
加形状"，继续绘制另一棵树。

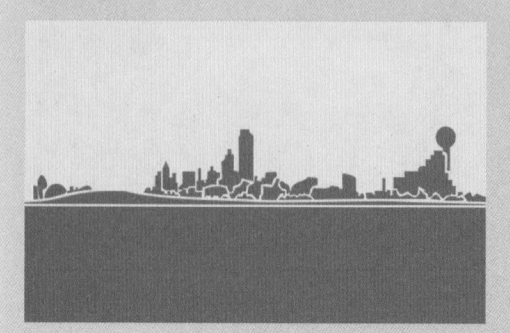

07 ▶使用相同的方法继续绘制出完整的
城市剪影。

08 ▶使用"钢笔工具"绘制一只"填充"
为 #9dcd56 的热气球。

09 ▶使用"钢笔工具"，设置"工具模式"
为"路径"，在热气球上绘制一些线条。

不透明度： **100%**

10 ▶新建图层，设置"前景色"为 #9dcd56，
然后使用画笔描边路径。

11 ▶使用相同方法制作出其他的热气球
和云朵，并分别对它们进行编组。

12 ▶打开"字符"面板，适当设置字符属性，
然后输入相应的文字。

13 ▶ 使用相同方法输入其他的文字。

14 ▶ 使用"矩形工具"在画布左下方创建一个任意颜色的矩形。

15 ▶ 拖入素材图像"素材\第 2 章\021. jpg"，将其剪切至下方的矩形。

16 ▶ 使用相同的方法制作另外 3 组图片。

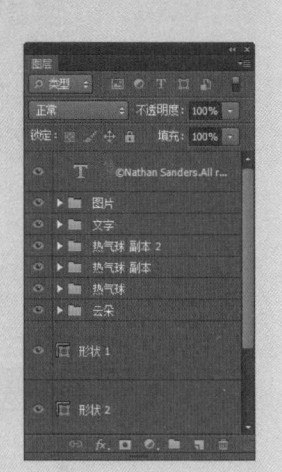

17 ▶ 在页面下方输入版底信息，完成该页面的制作。

提问："钢笔工具"有哪些使用技巧？

答：绘制自由形状时，按下 Ctrl 键可临时切换到"直接选择工具"调整最近添加的锚点；按下 Shift 键可将方向线限定在 45°角方向；按下 Alt 键单击锚点，可将平滑点与角点互相转换。

2.5 常见网站风格分析

由于风俗文化和用户偏好等因素的差异，针对不同地区和群体的网站风格往往也会呈现出完全不同的特征，比较常见的网站风格主要有 3 种：中式风格、日韩风格和欧美风格，本节将分别针对它们进行详尽的分析。

2.5.1 中式风格网站分析

在几年前，国内的设计师往往会一手包揽公司所有的设计品，小到传单手册，大到 VI 网站，也就无所谓 UI 设计师和网站设计师。在这种粗放而初级的模式下，自然不会涌现出太多优秀的网站。

伴随着国内网络科技的快速发展，国内的网站设计也逐渐被重视起来。国内网站设计通常比较注重实用性和美观性，页面中的颜色通常比较丰富。

一般来说，国内优秀的网站设计作品通常分为两种类型：一种是艺术和美术基础扎实，通过表达自己的设计理念的方式进行设计；二是通过模仿和借鉴国外优秀作品，然后提出自己设计视角的设计。

网站名称：小米应用商店

网站地址：http://www.xiaomi.com

色彩和版式分析：这是一款智能手机 App 应用商店首页，采用左右框架型布局方式布局页面内容。页面背景为浅灰色，与纯黑色文字构成了非常舒服的明度对比；焦点图的设计主题明确，用色鲜艳大胆；网页中的信息分类井井有条；最大限度削弱了文字的存在感，以美观的图标为主要内容。

网站名称：天猫商城

网站地址：http://www.tmall.com

色彩和版式分析：这是一个网购达人们无比熟悉的网站——天猫商城，采用左右框架型布局方式。这款页面的用色非常大胆，采用的颜色多为橙黄、玫红和正红等非常艳丽的颜色，色块和各种形状的布局恰到好处，整个页面灵活绚丽、夺人眼球。

2.5.2　日韩风格网站分析

　　日韩风格网站的主要特点是结构简单，风格非常统一；对色彩的运用非常到位，很多在我们看来不好掌控的颜色可以被使用得特别有味道；热衷于使用卡通形象，使整个页面呈现出轻松、活泼和热闹的氛围。

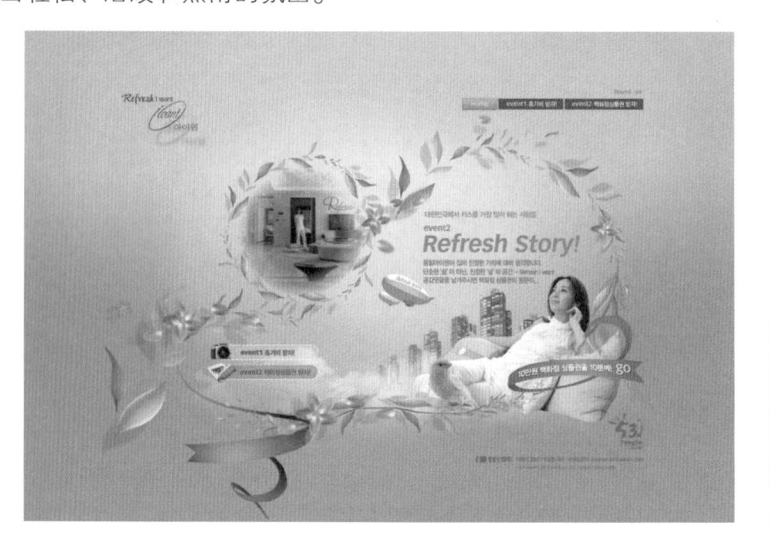

网站名称：refresh

网站地址：http://www.refresh.com.kr

色彩和版式分析：这款页面采用封面型布局方式。从色块中可以看出页面中使用的颜色具有高度的协调性，所有颜色均在纯度上保持一致，所以整体效果协调无比。页面中还添加了很多的装饰性花纹，美观度得到了大幅提升。

网站名称：asawer

网站地址：http://www.asawer.cn

色彩和版式分析：这是一款网页模板，采用上下框架型布局方式。这款页面使用浅灰色作为背景，导航是可爱的圆形，但颜色使用了沉稳的黑色。中央的焦点图是一张可爱的卡通风格图像，颜色活泼艳丽、热情迸发。作者使用稳重大气的灰黑去配热情活泼的红黄绿蓝的方式使人感到诧异，但效果却很好。

2.5.3　欧美风格网站分析

　　欧美的网站往往能够很好地与企业 VI 系统融合，通过适当的夸张强化企业形象。欧美的网页非常重视版式和配色，但是页面中的内容较之国内的网页要少得多，这样画面中就有更多的留白和空间，这是营造一个舒适和轻松氛围的重要因素。

　　欧美的网站也像欧美人的性格一样率性直接，简单大气，甚至天马行空，但事实上很多设计师对于此风格网站的评价褒贬不一。

　　一些人认为欧美网站的制作过于粗糙，对细节的刻画不够到位，不像韩国网站那样注重细节的处理；也有一些人对欧美网站一贯的简洁风格大为赞赏，认为他们充分了解浏览者的心理习惯，去除一切冗余的、不必要的元素，往往更能突显网站的视觉效果和内容，更容易吸引用户。

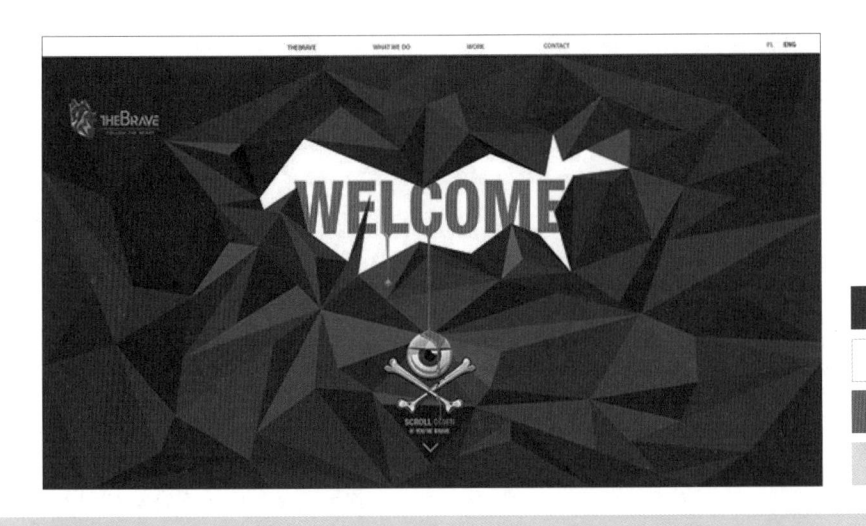

网站名称：thebrave

网站地址：http://thebrave.com.au

色彩和版式分析：这是一款 Flash 型网页，动画特效极为炫目，即使一个静态效果，也无法掩盖它的出色。这款页面采用对比配色手法，原则上艳丽的洋红比灰暗的青色要亮眼得多，但是极具立体感的纸塑效果令沉闷的青色华丽动感无比。

网站名称：未知

网站地址：未知

色彩和版式分析：这也是一款网页设计模板，采用左右框架型布局结构。页面整体采用明度较高的颜色，如白色、浅灰色和青色，显得清爽、舒适、大气。橙红色是唯一的艳色，为页面增添了不少趣味。

2.6 本章小结

　　本章主要讲解了网页各个组成部分的配色与网页整体风格的关系。网页中的构成要素多种多样，比较常见的有文字、图像和各种线条与形状等。每一个元素的编排方式和色彩都会对页面整体效果产生影响，换句话说，网页中不存在不重要的元素。用户需要经过长时间的观摩、揣测和总结，才能不断提高自己配色的素养。

第3章 网站配色设计应用
——红色系

　　网页中红色的色感温暖、性格刚烈而外向，可以对人形成强烈的刺激。红色比其他颜色更能吸引人的注意，也可以引起人兴奋、激动、紧张、冲动的感觉。在本章中针对网页设计中红色系的应用进行学习。

3.1 正红

　　红色是中国传统文化的色彩，也是最鲜艳生动、最热烈的颜色。它代表着激进主义，代表革命与牺牲，常让人联想到火焰与激情，经常用在快餐业和节庆类的网站中。

3.1.1 配色分析

　　正红色是一种很强烈的情感色彩，能使人感到兴奋，在我国也将红色认为是一种喜庆的颜色，会给人带来快乐。红色也是网页设计中常用的一种颜色，通常可以吸引到浏览者的注意。

正红——热情	RGB（216、34、13） 网页安全色 #e71419

　　红色是一种刺激性的颜色，接下来对各种运用到红色的网页进行分析。

● 食品网页设计

　　整个页面是以红色作为基调，具有很强的视觉冲击效果，非常符合食品网页设计的要求。黑色的字体在红色中形成反差，整体页面醒目而稳重的视觉冲击，让浏览者产生食欲。

背景色：	#b5b09c
主　色：	#bb2f20
辅　色：	#d6d0b8
文本色：	#231815

● 女性主题网站

　　以红色作为页面的背景，给人热辣和激情的感觉，吸引浏览者仔细阅读文字内容。使用白色文字，与背景反差强烈，便于阅读。

本章知识点

☑ 正红——热情

☑ 深红色——成熟

☑ 朱红色——热烈

☑ 玫瑰红——典雅

☑ 紫红色——华丽

背景色：#660506

主　色：#c70506

辅　色：#312820

文本色：#ffffff

红色在网页设计中经常被使用，除了可以整个页面都是红色外，也可以使用局部点缀的方式突出网站的特点。接下来通过一个实例来介绍红色在实际操作中的运用。

在实例中使用白色作为背景色，突显产品的品质。使用红色作为网站的主色，同时采用了不同明度的红色作为辅色。而文本颜色使用了白色，整个页面整齐又主题明确。

背景
#ececec

文字颜色
#ffffff

辅色
#a8152a

主色
#d23a42

实例 09+ 视频：设计家居类网站

红色与白色的组合最容易突显红色本身特点的配色，一部分是取决于白色本身的特性，一部分则是由于红色本身的明度很低，而白色是明度最高的色彩。

🏠 源文件：源文件 \ 第 3 章 \ 家居类网站 .psd

📡 操作视频：视频 \ 第 3 章 \ 家居类网站 .swf

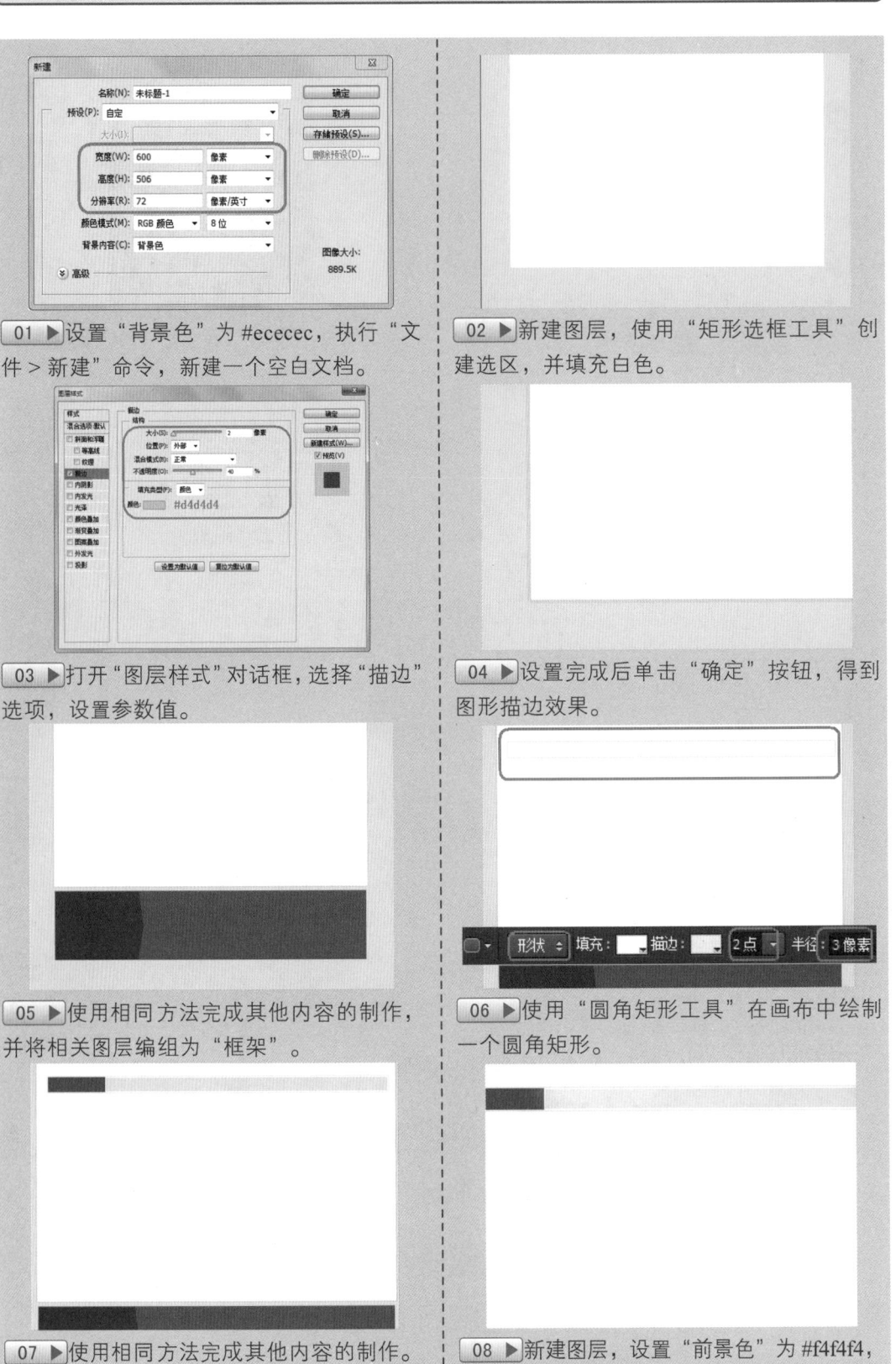

01 ▶设置"背景色"为#ececec，执行"文件 > 新建"命令，新建一个空白文档。

02 ▶新建图层，使用"矩形选框工具"创建选区，并填充白色。

03 ▶打开"图层样式"对话框，选择"描边"选项，设置参数值。

04 ▶设置完成后单击"确定"按钮，得到图形描边效果。

05 ▶使用相同方法完成其他内容的制作，并将相关图层编组为"框架"。

06 ▶使用"圆角矩形工具"在画布中绘制一个圆角矩形。

07 ▶使用相同方法完成其他内容的制作。

08 ▶新建图层，设置"前景色"为#f4f4f4，载入"图层 3"选区，使用"画笔工具"适当涂抹出高光效果。

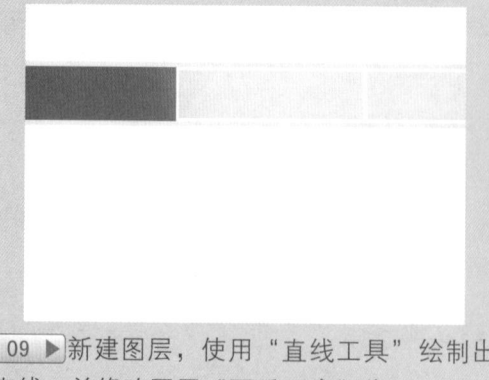

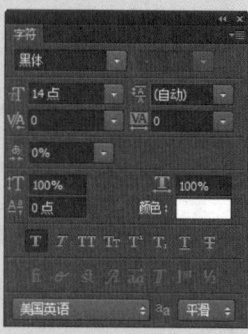

09 ▶新建图层，使用"直线工具"绘制出直线，并修改图层"不透明度"为60%。

10 ▶打开"字符"面板，设置各参数值。

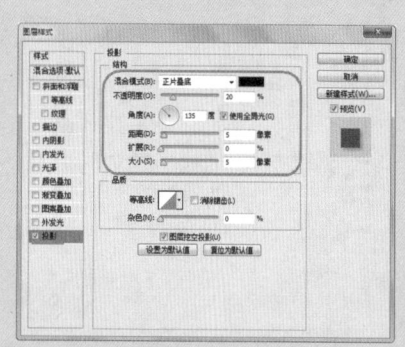

11 ▶使用"横排文字工具"在画布中输入文字。

12 ▶打开"图层样式"对话框，选择"阴影"选项，设置参数值。

13 ▶设置完成后单击"确定"按钮，得到文字投影效果。

14 ▶使用相同方法完成其他文字的制作，并将相关图层编组为"导航"。

15 ▶执行"文件 > 打开"命令，打开素材图像"素材 \ 第 3 章 \001.jpg"，将其拖入到设计文档中。

16 ▶新建图层，使用"矩形选框工具"绘制选区，执行"编辑 > 描边"命令，在弹出的"描边"对话框设置"宽度"为 1 像素。

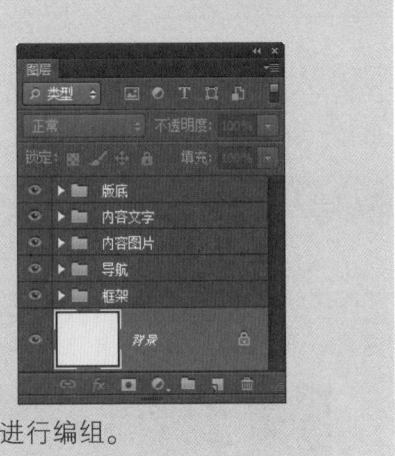

17 ▶使用相同方法完成其他内容的制作，并将相关图层进行编组。

提问：什么是色彩的明度？

答：色彩的明度就是色彩的明暗程度，在无彩色中白色的明度最高，黑色的明度最低，在有彩色中明暗度最高的是黄色，明暗度最低的是紫色。

3.1.3　配色原理分析

整个实例中并没有使用大片的红色，但给人的印象却是满屏的红色。这个除了由于选择了合适的核心图片外，还得益于页面中的标志和导航也使用了与主色相同的红色，既起到了对称呼应的作用，又使得主色向整个页面延伸。

3.1.4　扩展方案

页面中除了可以使用同色搭配页面外，也可以使用主色或辅色的补色搭配，给人带来一丝清凉。

也可以在页面的顶部加一个相同颜色的元素，例如加一个简单的色块，就可以获得等重的呼应。

3.2 深红色

深红色是在原有的红色基础上降低明度而得，给人一种成熟、浪漫、优雅的感觉。深红色在设计中被广泛应用，用来传达有活力、积极、热诚、温暖以及前进等含义的企业形象与精神。

3.2.1 配色分析

深红色一般可以衬托出深沉热烈的感觉，这类颜色的组合比较容易使人提升兴奋度。明度降低后显得更加优雅而含蓄，广泛应用于时尚休闲等类型的网站。下面对几款深红色的网站进行分析。

深红色——成熟

RGB（139、0、0）

网页安全色 #8B0000

● **企业类型网站**

整个页面以深红色为主色，体现出整体的大气与沉稳，配以暖色的图片，体现出企业具有悠久历史的信息，给人以信任、热诚的感觉。

背景色：#5e2921

主　色：#7f2a16

辅　色：#eadcc8

文本色：#000000

● **家居装潢网站**

该网站是一款家居装潢网站，深红色占据了大部分的面积，极易吸引读者的视线，散发着温馨、浪漫的气息。配以黑色为辅色，很好地压制了刺激的红色，使整个页面更加生动而有平衡感。

背景色：#5e2921

主　色：#7f2a16

辅　色：#8e1a1b

文本色：#c4a785

3.2.2　配色实例

　　整个网页红色占主调，很好地突出了要表达的内容，加上橙色的运用，整个画面非常融洽，却能清楚地衬托出文字和页面中的图片。

　　通过深红色和乳白色的组合，营造出了鲜活、热烈的气氛，给人活力无限的感觉。画面中点缀少量明暗度不同的橙色，使画面更活泼，对比更加鲜明。

辅色
#eae1d9

背景
#75010e

主色
#9d0014

文字颜色
#ecba63

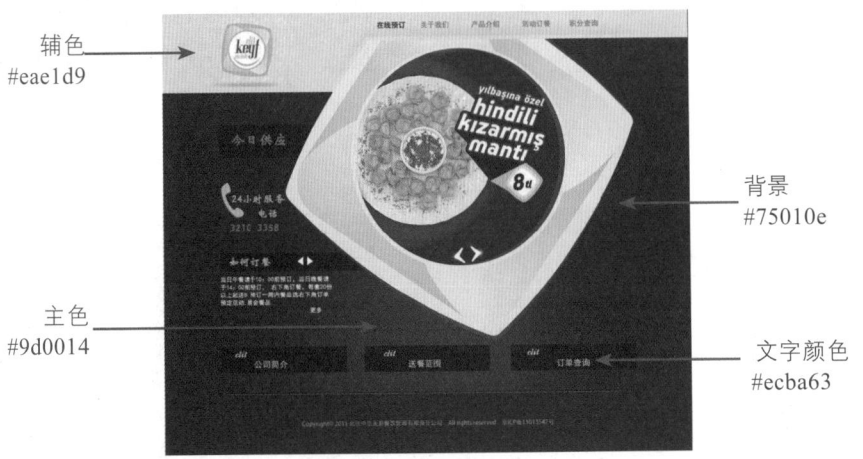

➡ 实例 10+ 视频：设计快餐类网站

　　橙色使画面过渡得更加自然，与下面的颜色形成强烈的对比，使网页更有层次感，同时令文字更加醒目。

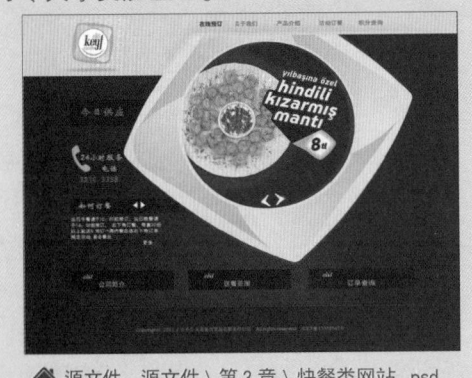

🏠 源文件：源文件 \ 第 3 章 \ 快餐类网站 .psd

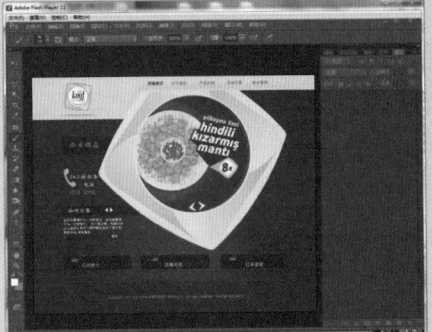

📡 操作视频：视频 \ 第 3 章 \ 快餐类网站 .swf

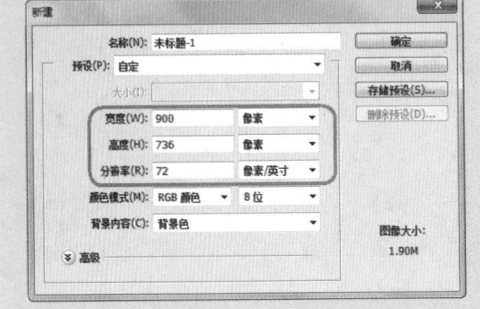

01 ▶设置"背景色"为 #75010e，执行"文件 > 新建"命令，新建一个空白文档。

02 ▶新建图层，使用"钢笔工具"绘制路径并转换为选区，填充颜色为 #eee5dc。

03 ▶载入图层选区，执行"选择>修改>收缩"命令，在弹出的"收缩选区"对话框设置参数。

04 ▶新建图层，使用黑色柔边画笔适当涂抹选区边缘。

05 ▶修改图层"不透明度"为30%，并使用"橡皮工具"适当涂抹两端。

06 ▶添加参考线，新建图层，设置"前景色"为 #d8cec2，使用"直线工具"绘制 2 像素的直线。

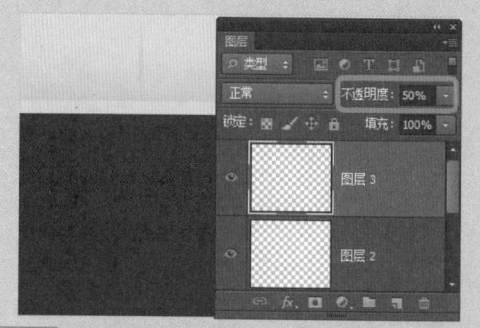

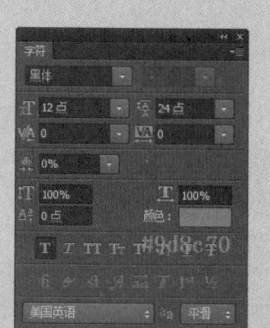

07 ▶修改图层"不透明度"为50%，并使用"橡皮工具"适当涂抹上下两端。

08 ▶打开"字符"面板，设置各参数值。

09 ▶使用"横排文字工具"在画布中输入文字，并更改部分文字颜色，将相关图层编组为"导航"。

10 ▶新建图层，设置"前景色"为 #570e17，使用"矩形工具"以"像素"模式绘制一个矩形。

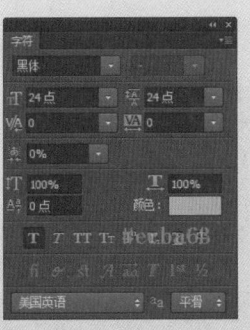

11 ▶打开"字符"面板，设置各参数值。

12 ▶使用"横排文字工具"在画布中输入相应文字，并修改"不透明度"为 60%。

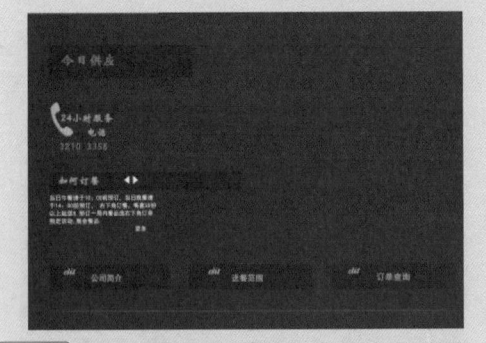

13 ▶使用相同方法完成其他内容的制作，将相关图层编组为"内容"。

14 ▶在"背景"上方新建图层，使用"矩形选框工具"绘制选区，设置"前景色"为 #9f0014，并使用"画笔工具"适当涂抹选区。

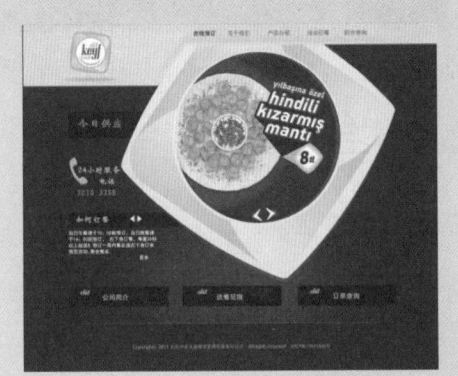

15 ▶打开素材图像"素材 \ 第 3 章 \011. png"，将其拖入到设计文档中，适当调整图层顺序。

16 ▶使用相同方法完成其他内容的制作。

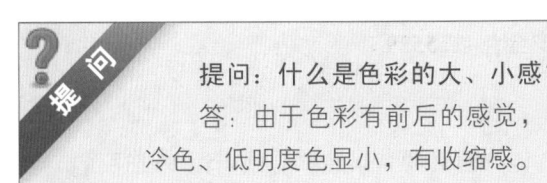

提问：什么是色彩的大、小感？

答：由于色彩有前后的感觉，因而暖色、高明度色等有扩大、膨胀感，冷色、低明度色显小，有收缩感。

3.2.3 配色原理分析

本实例是一款快餐网站，网页中使用了大量的红色，让浏览者感受到热情。导航配以浅浅的乳白色，与背景形成鲜明的对比，使导航更出众。图片的颜色也与网页的整体更加融合、协调。橙色的文字颜色，使画面更活泼，对比更加鲜明。

3.2.4 扩展方案

可以在网页的底部加一个与网页顶部相同的颜色，使网页看起来更加协调与对称，上下等重呼应。

画面中橙色的背景渲染出欢乐的气氛，适用于餐饮类网站，使人心情舒畅，容易引发食欲。

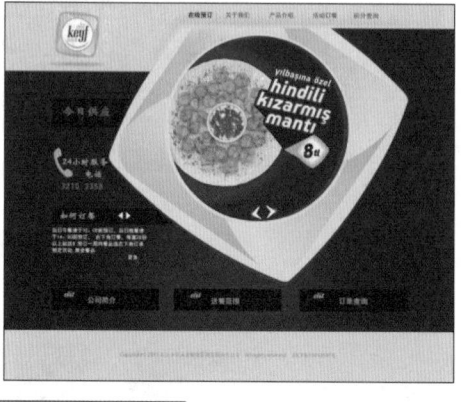

3.3 朱红色

朱红色是被人类所使用的古老颜色之一，是一种不透明的朱砂而制成的颜色。朱红色介于红色系与橙色系中间，朱红色的色感温暖，性格刚烈而外向，是一种对人刺激性很强的颜色，容易引起人的注意。

3.3.1 配色分析

朱红色被广泛应用到一些时尚与休闲类的网站，它不同于大红色的强烈，也不同于橙色的温暖，介乎红色和橙色之间，却拥有着热烈、明朗、灿烂的个性，给人以亲和力。

朱红色——热烈

RGB（234、85、41）
网页安全色 #ea5529

● **商务类网站**

本实例并非采用大篇幅的红色，使用白色作为网页的背景色，导航与版底使用了鲜艳的红色，使网页整体不再单调，使页面视觉效果得到强化。

背景色: #ffffff
主　色: #d8460d
辅　色: #dfdfe1
文本色: #757575

● **教育类网站**

　　本实例以红色为点睛色，通过范围较大的背景白色、灰白色的前景图片和白色文字制造出明快气氛的同时，又呼应整个页面，使简单的教育网站充满生机与活力。

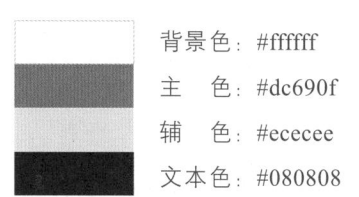

背景色: #ffffff
主　色: #dc690f
辅　色: #ececee
文本色: #080808

3.3.2　配色实例

　　与上两个实例相比，这款页面的颜色和版式都运用得更加到位。由深到浅的渐变色和具有立体效果的焦点图很好地凸显出画面的纵深感，嫩绿和朱红等高纯度的艳色和不规则形状的撕纸、气泡成功化解了深红色的沉闷。

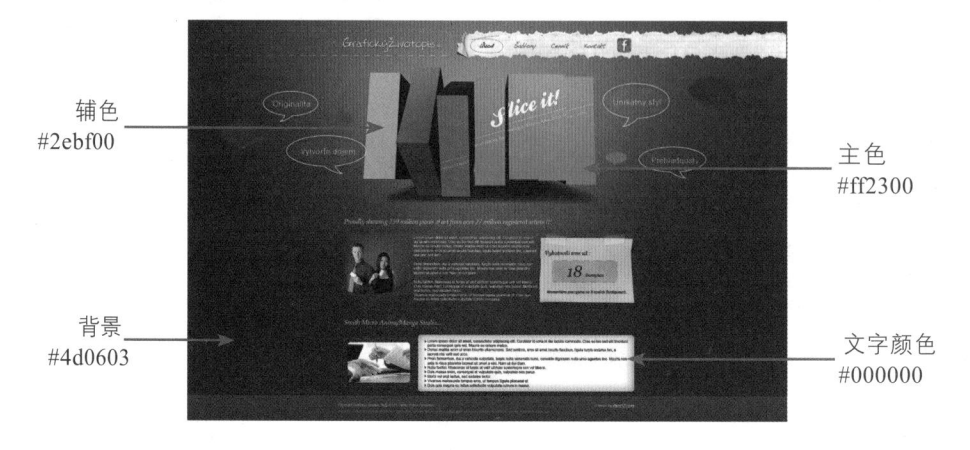

辅色
#2ebf00

主色
#ff2300

背景
#4d0603

文字颜色
#000000

➡ 实例 11+ 视频：设计书籍类网站

本实例中的浅色调主要起到调和主色调及点睛色的色彩过渡作用。嫩绿的点睛色强化了整个页面的华丽感，整个页面看起来生动活泼，又不失含蓄沉稳。

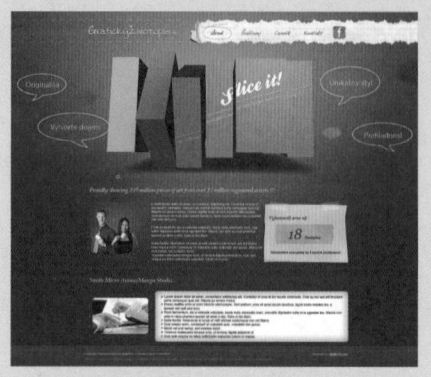

🏠 源文件：源文件 \ 第 3 章 \ 书籍类网站 . psd

📡 操作视频：视频 \ 第 3 章 \ 书籍类网站 . swf

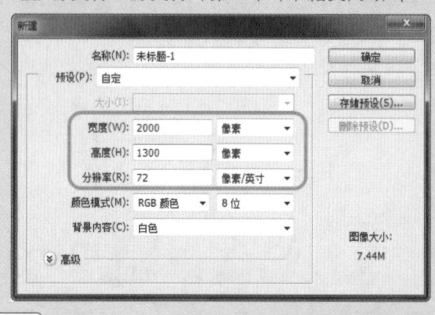

01 ▶ 执行"文件>新建"命令，新建一个空白文档。

02 ▶ 为背景填充颜色 #4c0503，作为整个页面的背景色。

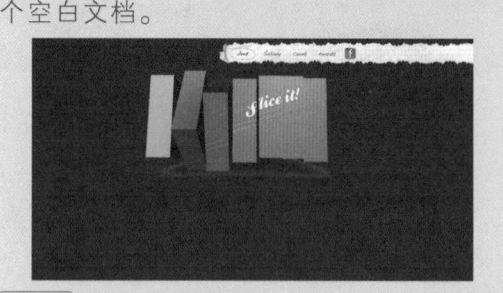

03 ▶ 分别将素材图像"素材\第3章\013.png"和"014.png"拖入设计文档中，并适当调整其位置。

04 ▶ 在背景上方新建图层，设置"前景色"为 #fb8727，然后使用柔边画笔适当涂抹图像，制作出渐变效果。

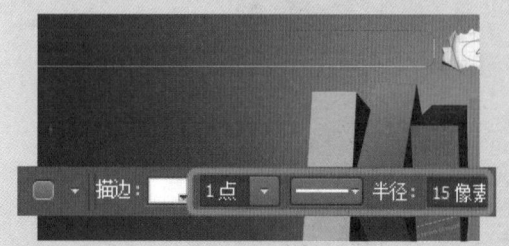

05 ▶ 使用"圆角矩形工具"在画布左上方创建一个"半径"为 15 像素的形状。

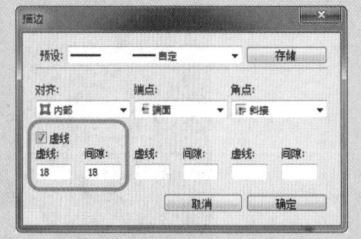

06 ▶ 单击选项栏中的 ▬▬ 按钮，在单击"更多选项"按钮，适当设置参数值。

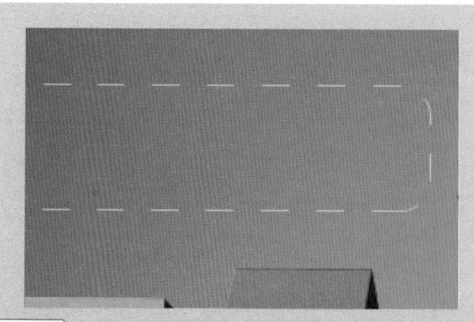

07 ▶ 设置完成后得到形状描边效果。

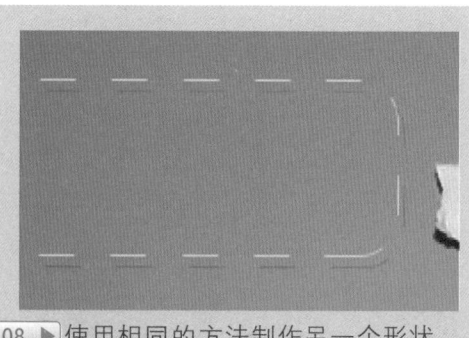

08 ▶ 使用相同的方法制作另一个形状。

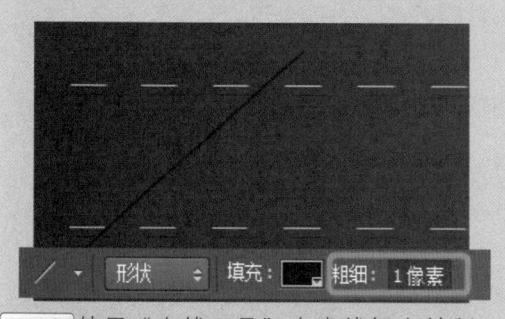

09 ▶ 使用"直线工具"在虚线框上绘制一条1像素宽度的黑色线条。

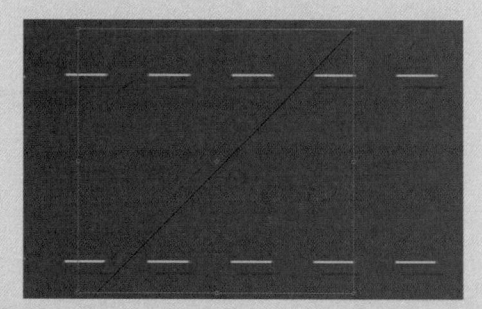

10 ▶ 按快捷键Ctrl+T，将直线向右平移8像素。

11 ▶ 多次按快捷键Ctrl+Shift+Alt+T重置变换图形。

12 ▶ 再绘制一个圆角矩形路径，将其转换为选区后，为该图层添加蒙版。

13 ▶ 修改图层"混合模式"为"柔光"、"不透明度"为70%。

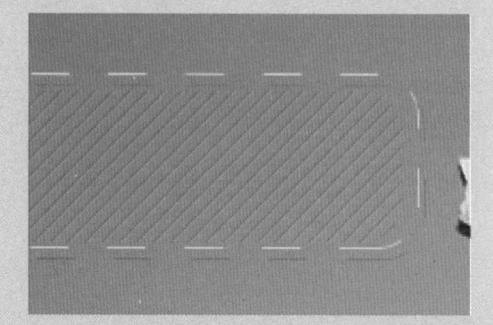

14 ▶ 使用相同方法完成其他内容的制作。

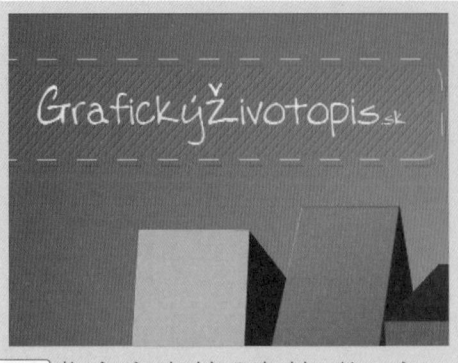

15 ▶ 将 文 字 素 材 " 素 材 \ 第 3 章 \015. png"，拖入到设计文档中，适当调整位置。

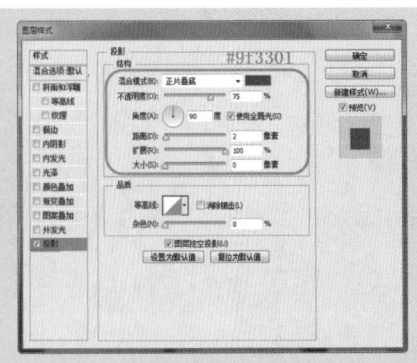

16 ▶ 打开 "图层样式" 对话框，选择 "投影" 选项，设置参数值。

17 ▶ 设置完成后得到文字投影效果，并将相关图层编组为 "虚线框"。

18 ▶ 使用相同方法制作另一个虚线框。

19 ▶ 打开 "字符" 面板，适当设置字符属性，然后输入相应的文字。

20 ▶ 使用相同方法制作主体部分的其他内容和气泡。

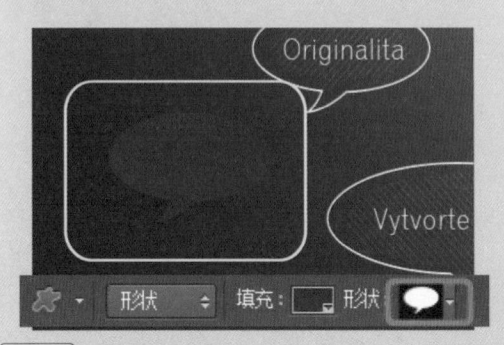

21 ▶ 使用 "自定形状工具" 绘制一个 "填充" 为 #731e0a 的气泡，并将其转为智能对象。

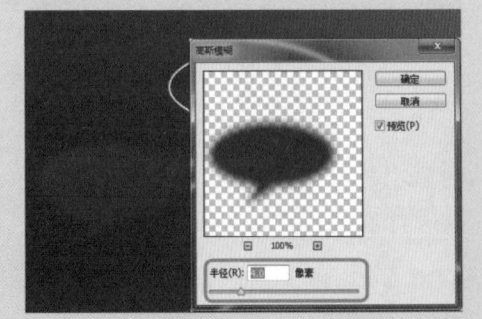

22 ▶ 执行 "滤镜 > 模糊 > 高斯模糊" 命令，将气泡模糊 4 像素。

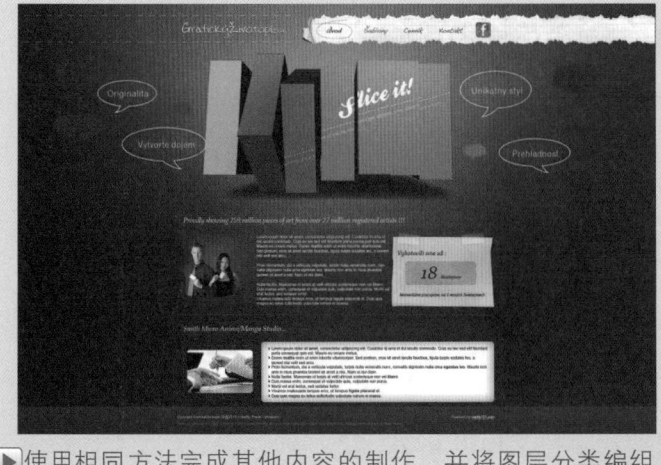
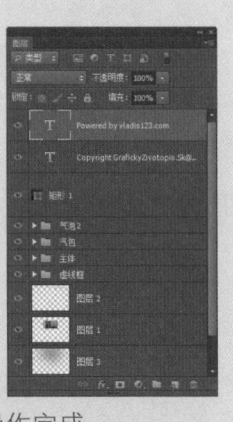

 **23** ▶ 使用相同方法完成其他内容的制作，并将图层分类编组，操作完成。

提问：什么是纯度对比？

答：纯度对比是指因为色彩纯度差别而形成的对比关系，既可以是单一色相、不同纯度的对比，也可以是不同色相、不同纯度的对比，通常是指艳丽的颜色和含灰的颜色比较。

3.3.3　配色原理分析

背景的深棕色明度和纯度均比较低，显得稳重而沉闷。我们使用由深到浅的渐变色刻意营造一种空间感，而焦点图明显的立体效果更强化了这种感觉。鲜艳的色彩和手绘样式的气泡抵消了沉闷的感觉。

3.3.4　扩展方案

可以将背景色改为紫色。紫色的色感微冷，将明度降低后很适合作为背景，可以更好地强调空间感与景深感。

如果将下方的版底信息部分也采用与导航相同的撕纸样式，那么整个页面的首尾将会相互呼应。

3.4 玫瑰红

玫瑰红犹如玫瑰一样娇艳芬芳，玫瑰红的色彩透彻明晰，可以营造出温馨浪漫的氛围，又流露出含蓄的美感，华丽而不失典雅，通常用来表现浓郁高雅的情调，热烈奔放的情感以及女性柔美多情的一面。

3.4.1　配色分析

玫瑰红若与同类色搭配，根据色调的差异，可以达到温暖时尚、热情奔放的效果；与不同色相搭配，依然可以营造出大方文雅的气息。

玫瑰色——典雅

RGB（231、27、100）
网页安全色 #e71b64

● **其他类网站**

白色的背景色使玫瑰红脱颖而出，令人眼前一亮。辅助色为灰色的搭配方式，为玫瑰红起到一定的衬托作用，给人一种很有品味的感觉。

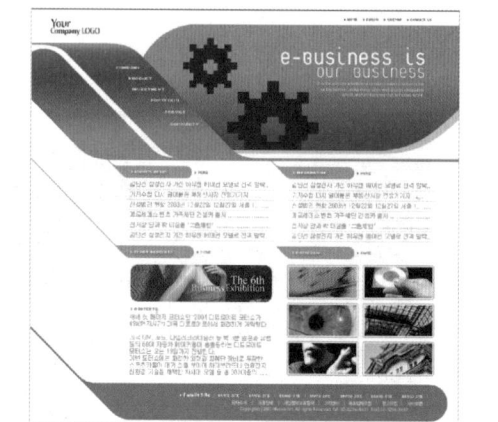

背景色：#ffffff
主　色：#f8366b
辅　色：#717171
文本色：#cfcfcf

● **商务型网站**

同上个实例相似，鲜艳夺目的玫瑰色，加以蓝色的点缀和白色的背景，使色彩引导的主次块面更加分明，页面明朗许多，给人舒适快乐的心情。

背景色：#ffffff
主　色：#f8366b
辅　色：#717171
文本色：#cfcfcf

3.4.2　配色实例

在本作品中玫红色在画面构图中所占面积很少，同时承受的作用性很强，色彩形成强烈对比，就像"万绿丛中一点红"那样夺人眼球，使画面呈现一种活泼悦目的效果。

背景
#f2f2f2

主色
#e71b64

文字颜色
#bebebe

辅色
#f0f4f5

➡ 实例 12+ 视频：设计女性时尚生活类网站

扩大了留白的空间，将色彩的面积缩小，会给人一种朴素的印象，这类颜色的组合多用于女性主题，例如化妆品、服装等，容易营造出娇媚艳丽的氛围。

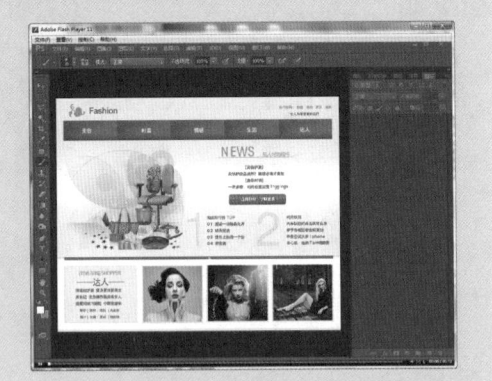

🏠 源文件：源文件＼第3章＼女性时尚生活类网站.psd

📡 操作视频：视频＼第3章＼女性时尚生活类网站.swf

01 ▶ 执行"文件 > 新建"命令，新建一个空白文档。

02 ▶ 新建图层，设置"前景色"为#e4e4e5，使用"画笔工具"适当涂抹画布。

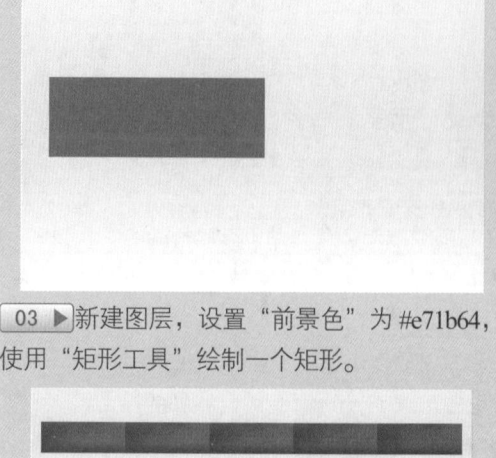

03 ▶新建图层，设置"前景色"为 #e71b64，使用"矩形工具"绘制一个矩形。

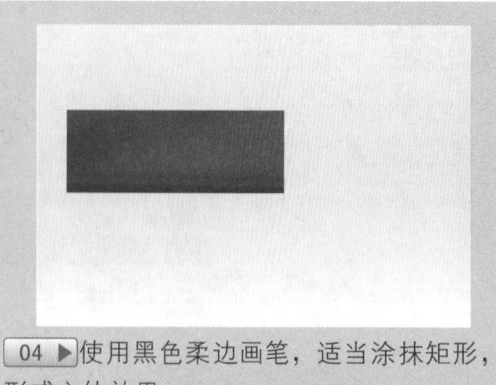

04 ▶使用黑色柔边画笔，适当涂抹矩形，形成立体效果。

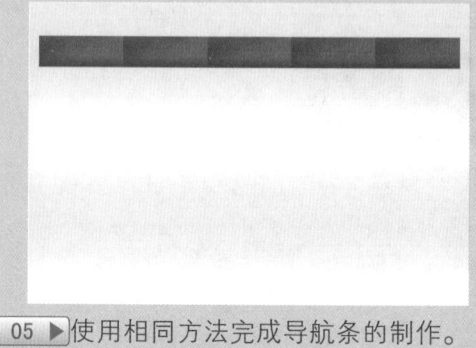

05 ▶使用相同方法完成导航条的制作。

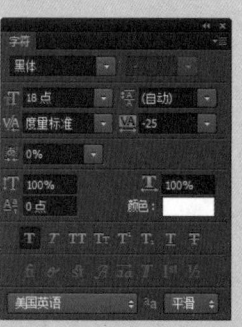

06 ▶打开"字符"面板，设置各参数值。

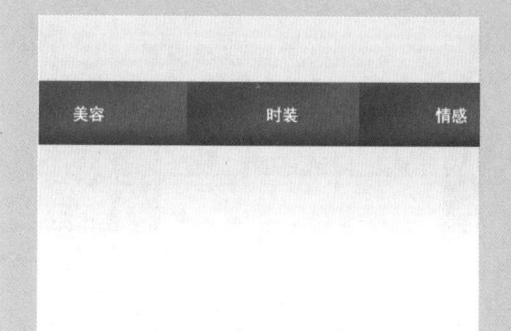

07 ▶使用"横排文字工具"在画布中输入文字。

08 ▶使用相同方法完成其他内容的制作。

09 ▶执行"文件>打开"命令，打开素材图像"素材\第3章\019.png"，将其拖入到设计文档中，适当调整位置。

10 ▶将相关图层编组为"导航与 logo"，使用相同方法完成其他内容的制作。

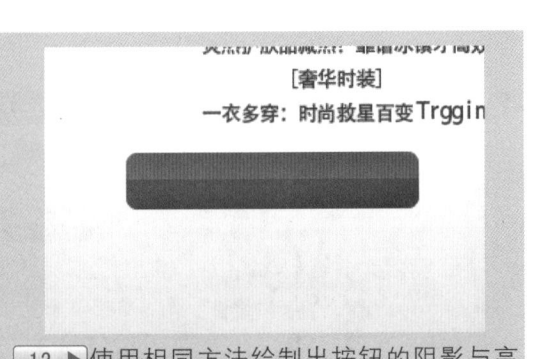

11 ▶ 新建图层，设置"前景色"为 #e71b64，使用"圆角矩形工具"绘制一个圆角矩形。

12 ▶ 使用相同方法绘制出按钮的阴影与高光，形成立体效果。

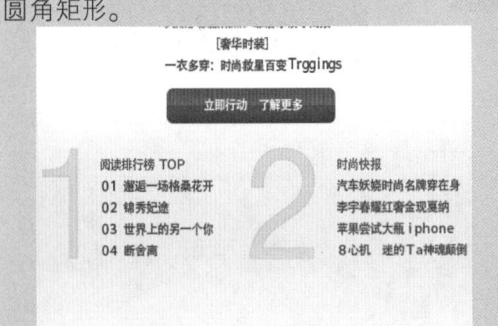

13 ▶ 使用相同方法完成其他素材的导入与文字的输入，将相关图层编组为"主体内容"。

14 ▶ 新建图层，使用"矩形工具"绘制一个白色的矩形，载入选区，在矩形上方绘制一个圆角矩形。

15 ▶ 执行"选择>反向"命令，并按 Delete 键删除像素，并使用黑色柔边画笔适当涂抹选区边缘。

16 ▶ 使用"矩形工具"绘制一个"填充"为 #f3f3f3，"描边"为 #d0cfcf 的矩形，并将图层栅格化。

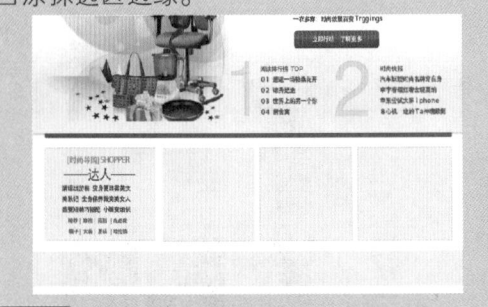

17 ▶ 使用相同方法完成其他内容的制作。

18 ▶ 在"矩形 2"上方绘制任意色矩形，并导入相关素材图像，为其创建剪贴蒙版。

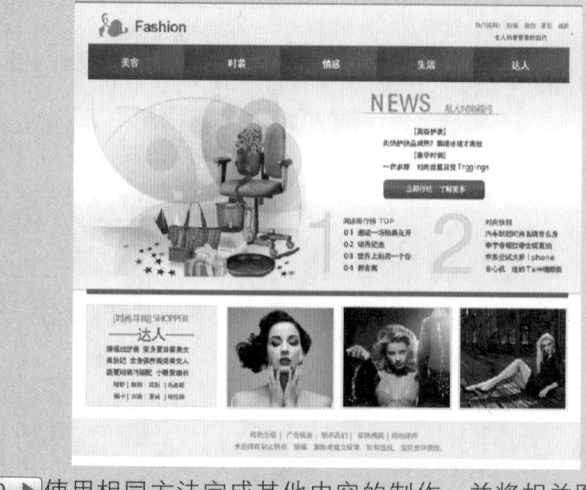
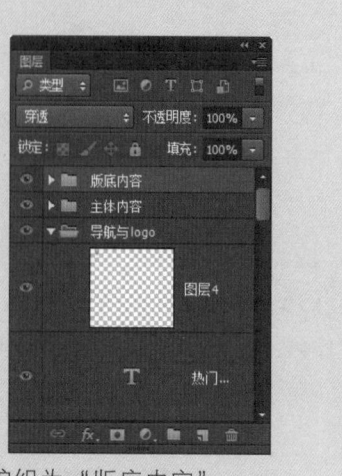

19 ▶ 使用相同方法完成其他内容的制作，并将相关图层编组为"版底内容"。

提问：什么是色彩的面积对比？

答：色彩的面积对比是指色彩在构图中占据量的多少，面积的大小与视觉的刺激度成正比，将直接影响画面的主次关系。

3.4.3　配色原理分析

玫红色属于高纯度的颜色，所以要避免与高纯度的色彩组合，以免给人带来一种繁杂低俗的印象。本实例中玫红色在画面构图中所占的面积并不多，加以浅蓝色的背景，给人以温馨典雅的感觉。

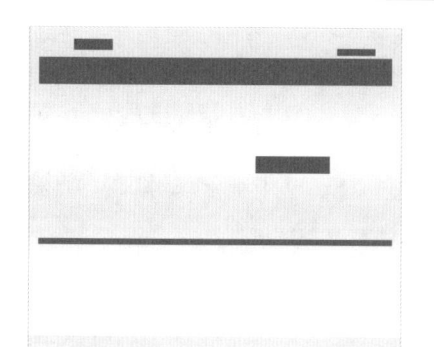

3.4.4　扩展方案

在网页的下方添加一条色彩条，使页面有均衡，整体看来井然有序。

画面使用嫩绿色为主色，给人清爽、

自然的感觉，淡淡的浅蓝色背景，使画面在朴实中透露出许多清新。

3.5 紫红色

紫红色是女性化的代表颜色，通常能够传达出浪漫、华丽，以及优雅的气息，紫红色是由洋红加以少许的黄色和紫色得来，又称粉红色，给人一种高贵、低调、华丽的感觉，在网页中通常大面积使用该颜色。

3.5.1 配色分析

搭配同色系渲染出一种甜美、淡然的气氛，适合于女性产品的配色；与对比色搭配可以营造出一种神秘感。

紫红色——华丽	RGB（225、152、192） 网页安全色 #e198c0

● **女性美容类网站**

大面积使用紫红色作为主题内容，让人一目了然，使整幅画面温暖舒适，富有亲切感，导航部分搭配了同色系，渲染一种优美、和谐的氛围。

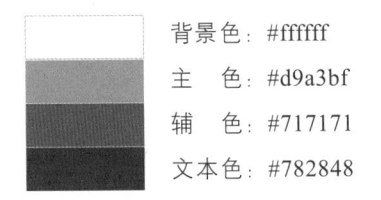

背景色：#ffffff
主　色：#d9a3bf
辅　色：#717171
文本色：#782848

● **婚姻情感类网站**

高明度的紫红色总是散发着浓浓的柔美和甜蜜的气息，配合其他甜美和明艳的色彩更能将青春和活力诠释到极致，非常适合婚姻情感类网站。

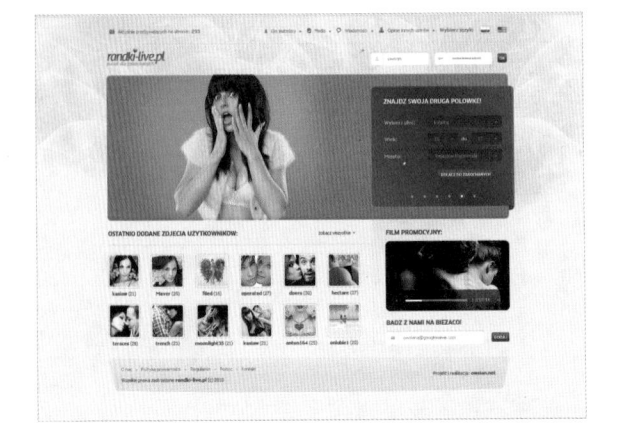

背景色：#fbdaf1
主　色：#c37eaf
辅　色：#927178
文本色：#a87297

3.5.2   配色实例

使用华丽的紫红色作为化妆品类网站的主色，能更加吸引人的目光，与同色系搭配，更加展现出独特的典雅气质。

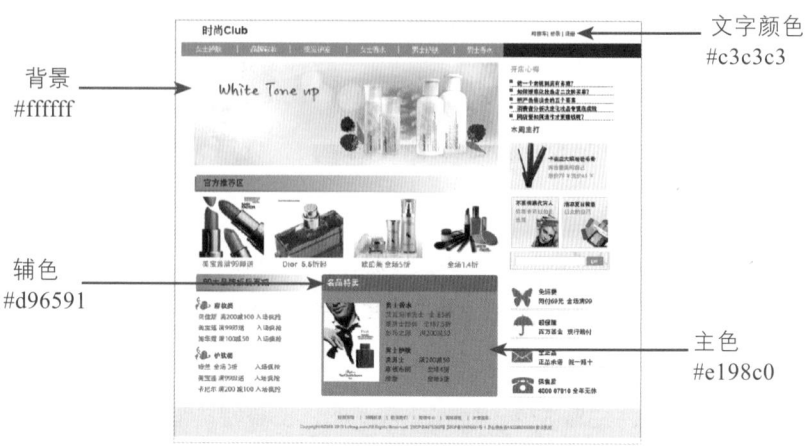

背景
#ffffff

文字颜色
#c3c3c3

辅色
#d96591

主色
#e198c0

实例 13+ 视频：设计美容护肤类网站

优雅的紫红色调带动整个画面，与温柔的粉色系、洁白的白色系搭配，表现出其独有的时尚品味。

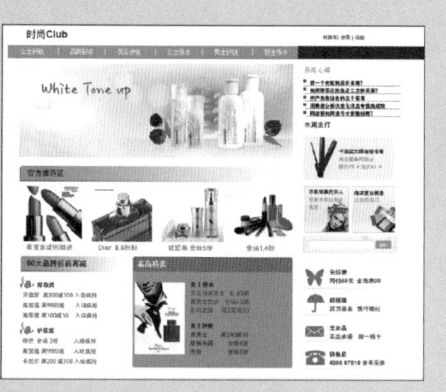

源文件：源文件\第3章\美容护肤类网站.psd

操作视频：视频\第3章\美容护肤类网站.swf

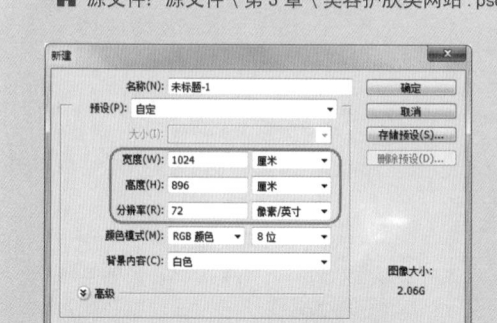

01 ▶ 执行"文件 > 新建"命令，新建一个空白文档。

02 ▶ 新建图层，设置"前景色"为 #e198c0，使用"矩形工具"绘制矩形像素。

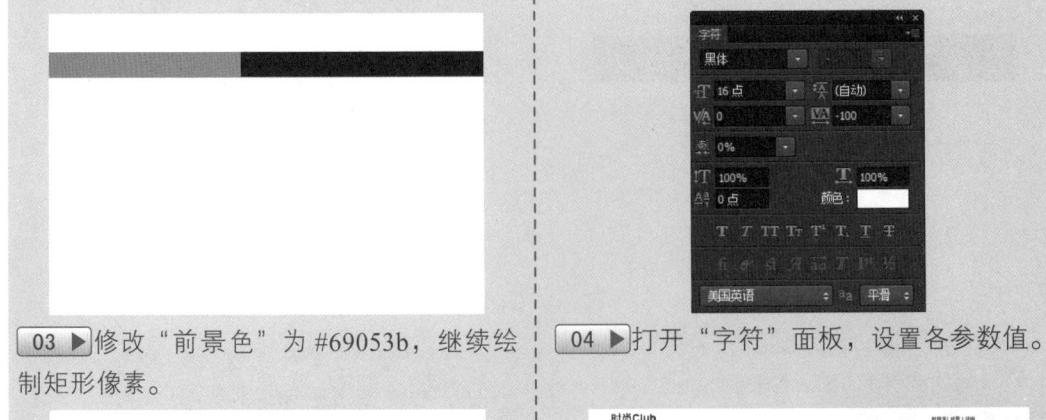

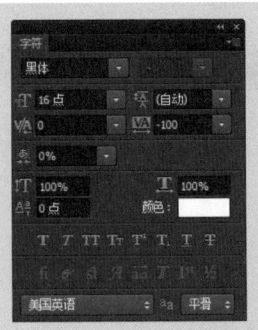

03 ▶ 修改"前景色"为 #69053b，继续绘制矩形像素。

04 ▶ 打开"字符"面板，设置各参数值。

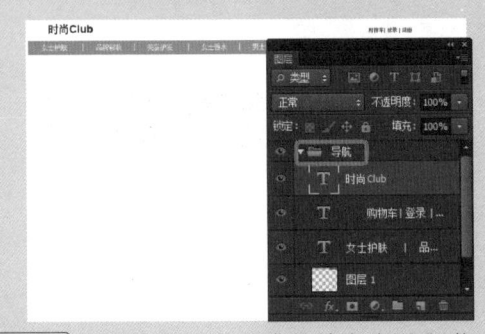

05 ▶ 使用"横排文字工具"在画布中输入导航文字。

06 ▶ 使用相同方法完成其他文字的制作，将相关图层编组为"导航"。

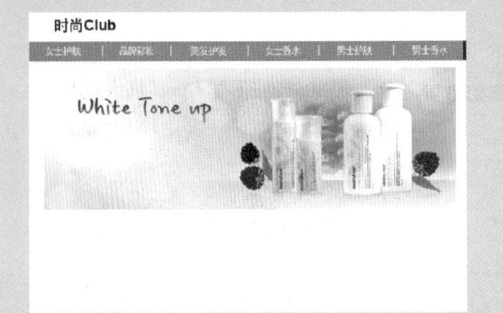

07 ▶ 执行"文件 > 打开"命令，打开素材图像"素材 \ 第 3 章 \020.jpg"，将其拖入到设计文档中，适当调整位置。

08 ▶ 新建图层，使用"矩形选框工具"绘制矩形选区，填充一个由 #c0779f 到白色的渐变色。

09 ▶ 复制该填充，将其适当调整位置，并填充由 #e198c0 到白色的渐变色。

10 ▶ 使用相同的方法完成其他内容制作，将相关图层进行编组。

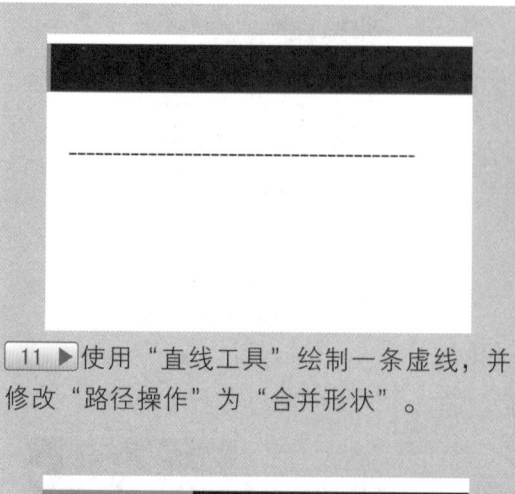

`11 ▶` 使用"直线工具"绘制一条虚线，并修改"路径操作"为"合并形状"。

`12 ▶` 继续在画布中绘制多条虚线，并将该图层进行栅格化，然后修改图层"不透明度"为 60%。

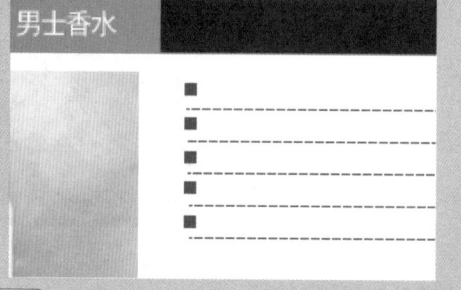

`13 ▶` 使用"矩形选框工具"绘制矩形选区，并填充黑色，修改"不透明度"为 60%。

`14 ▶` 使用相同方法完成文字内容的制作。

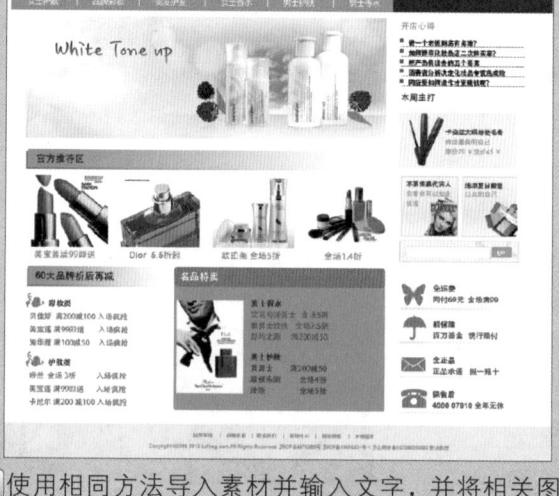

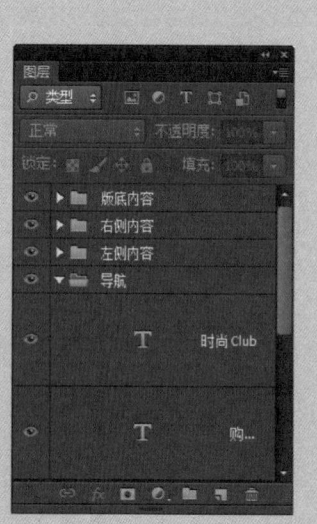

`15 ▶` 使用相同方法导入素材并输入文字，并将相关图层进行编组，得到网页最终效果图。

提问：什么是冷暖色调？

答：冷暖色调是人们对色彩的心理感受，把颜色分为暖色调、冷色调和中性色调，在设计中分别给人以温暖、凉爽、亲密的感觉。

3.5.3　配色原理分析

　　紫红色与暖色系色彩搭配，使画面散发出甜美的气息，以柔和的色彩突出网站活泼的主体，紫红色能够给人时尚浪漫的感觉，正符合该网站这一特点。

　　网站的文字颜色采用了素净的灰色，可以使网页中的图片更加明显。

3.5.4　扩展方案

　　在版底绘制一条与导航同颜色的色彩条，使左右分栏更加明显，同时起到呼应的作用。

　　也可以将粉红的主色调整体改为浅浅的紫色，不仅能够体现出女性的柔美，更多了一份清爽和神秘的感觉。

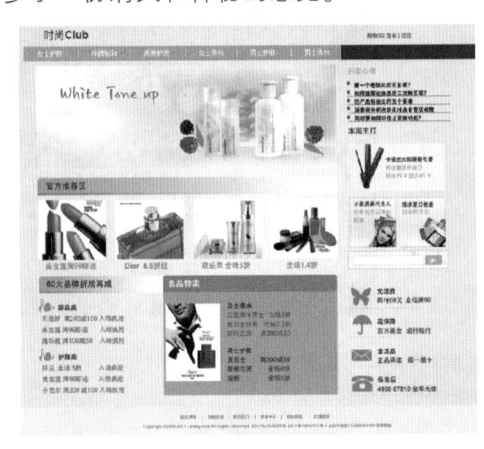

3.6　宝石红

　　宝石红像宝石一样象征着高贵与奢华，而以贵重的宝石来命名也可以说是恰如其分。宝石红是在浓厚热烈的红色中融入精神性紫色，将女性的魅力展现得淋漓尽致。

3.6.1　配色分析

　　与纯度相同的色彩搭配，给人以华丽、活泼的印象；搭配中间色相的色彩，可以营造出清爽、愉快的气氛。

　　宝石红——宝贵

RGB（200、8、82）
网页安全色 #c80852

● 汽车类网站

　　汽车类网站采用高贵的宝石红色彩作为主调，展现出大气奢华的气息，与黑色搭配，能够彰显出强烈的时尚感和炫酷气息，带给人强烈的视觉冲击。

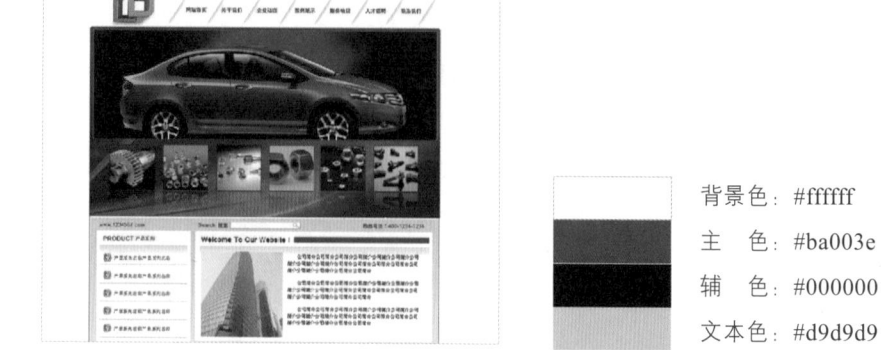

背景色：#ffffff
主　色：#ba003e
辅　色：#000000
文本色：#d9d9d9

● 电信套餐网站

本实例通过对比的方式进行表现，通过鲜艳的背景色与浅黄色的文本内容形成鲜明的对比，有效衬托出文字内容，使画面表现力更强，视觉效果更好。

背景色：#901d4c
主　色：#c72f69
辅　色：#fbb64f
文本色：#000000

3.6.2　配色实例

宝石红的色相微暗，是一种比较含蓄的色彩，给人一种内柔外刚的印象，搭配神秘的黑色，使画面的华美氛围更加突出。

背景
#f8f3e0

文字颜色
#ffffff

主色
#c80852

辅色
#000000

色相和纯度决定色彩的兴奋度，低纯度的色彩使人感觉平静、沉着，高纯度的色彩使人兴奋。

实例 14+ 视频：设计餐饮类网站

本实例将制作餐饮类网站，要素比较少，瞬间就可以将所有信息尽收眼底，使用可以强烈吸引视线的配色，聚集人们的目光。

🏠 源文件：源文件 \ 第 3 章 \ 餐饮类网站 .psd

🎬 操作视频：视频 \ 第 3 章 \ 餐饮类网站 .swf

`01` ▶ 执行"文件 > 新建"命令，新建一个空白文档。

`02` ▶ 新建图层，使用"矩形选框工具"在画布上方绘制选区，填充颜色为 #f8f3e0。

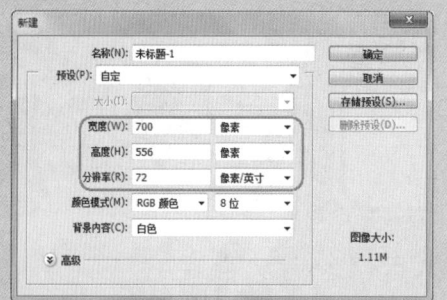

`03` ▶ 新建图层，设置"前景色"为 #dfdac9，使用"矩形工具"绘制矩形像素。

`04` ▶ 使用相同方法完成其他矩形的绘制。

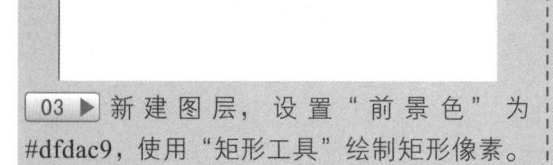

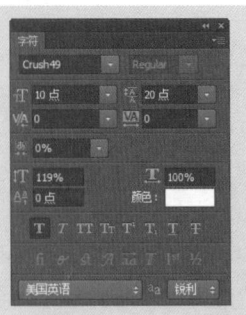

05 ▶执行"文件>打开"命令，打开素材图像"素材\第3章\039.png"，将其拖入到设计文档中。

06 ▶打开"字符"面板，设置各参数值。

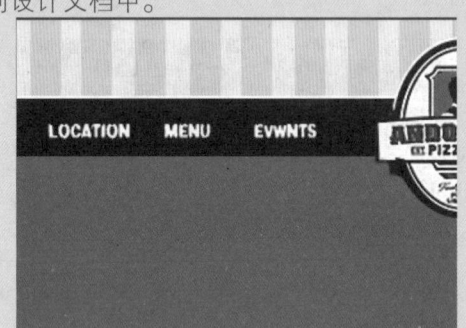

07 ▶使用"横排文字工具"在画布中输入导航文字，并将相关图层进行编组。

08 ▶使用相同的方法完成其他素材的导入与文字的输入。

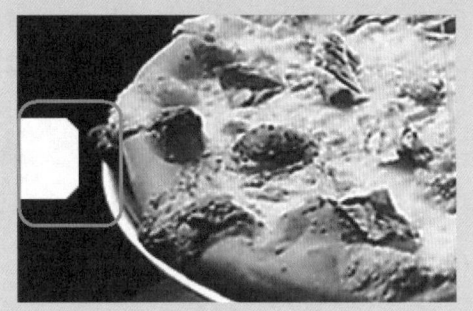

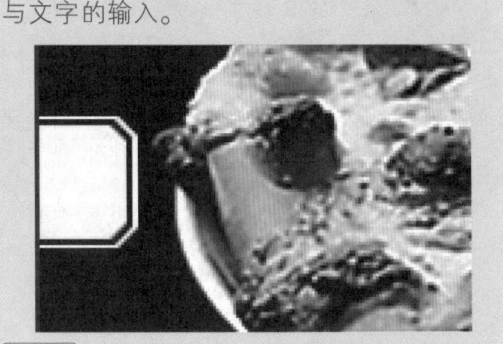

09 ▶新建图层，使用"钢笔工具"绘制按钮路径并转换为选区，填充白色。

10 ▶将该图层复制2次，将其等比例缩小，并修改颜色。

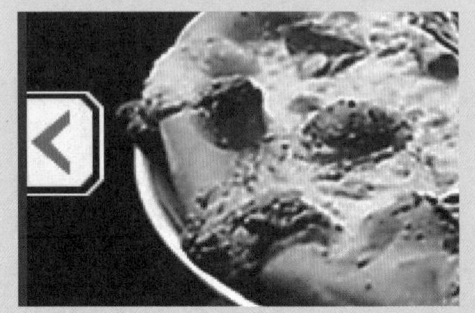

11 ▶新建图层，使用"钢笔工具"绘制箭头路径并转换为选区，填充颜色为#9f5a1d，将相关图层进行编组。

12 ▶复制该组，执行"编辑>变换>水平翻转"命令，按住Shift键将其移至适当位置。

 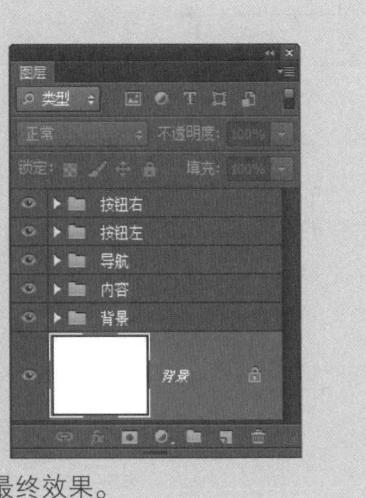

13 ▶ 至此完成网页的制作，对相关图层进行编组，得到最终效果。

提问：什么是色彩的联系对比？

答：当看了一种色彩，再看另一种色彩时，就会把前一种色彩的补色加到后一种色彩上。

3.6.3　配色原理分析

黑色的图片与导航衬托出宝石红与浅黄色搭配的华美感，同时黑色也呈现出一种神秘感，在制作饮食网站时，采用高明度与鲜艳的色彩往往会提高人的食欲。

网站的文字颜色采用了白色，使整体的清晰度提高，给人清爽的印象。

3.6.4　扩展方案

将宝石红换为正红色，为画面增添热烈的气氛，使画面富有和谐感，同时引发人的食欲。

也可以为页面中部的说明性文字和下方的焦点图互换位置，这样用户的视线就会很自然地从导航到图像再到说明文字。

3.7 本章小结

　　本章主要向读者介绍了几种常用的红色的色彩意象和具体的配色技巧。总体来说，红色系会带给人热烈、张扬的感觉。当连续加入黄色时，红色会逐渐趋向于橙色，热度也随之降低，由热烈转为温暖。当连续加入青色时，红色会逐渐转为紫红色，庄重感会随之降低，女性的柔美感会大幅提升。

　　此外，明度的降低也会有效压制红色的燥热感，使之逐渐沉静、含蓄、低调，直至沉闷。明度的提升则会削弱红色的艳丽感和庄重感，使之柔美和活泼。

第4章 网站配色设计应用 ——橙色系

橙色给人的感觉是兴奋而热烈，也是一种令人振奋的颜色。橙色具有健康、富有活力、勇敢自由等象征意义。橙色在空气中的穿透力仅次于红色。本章将对网页中的橙色系进行讲解。

4.1 正橙色

橙色是具有轻快、欢欣、收获、温馨、时尚、快乐、喜悦、能量的色彩。一般对于食品题材的网站都会采用这种带有味觉的颜色作为主色调。

4.1.1 配色分析

橙色是容易引起食欲的颜色，常被用于味觉较高的食品网站。橙色也是引人注目、具有芳香的颜色，所以也常被用于对视觉要求较高的时尚网站。

正橙色——生机勃勃	RGB（255、124、0） 网页安全色 #fc7c00

橙色也是一种容易造成视觉疲劳的颜色，接下来对各种运用到红色的网页进行分析。

🔘 **食品网页设计**

整个页面是以正橙色作为主色调,让浏览者产生食欲。辅色使用显眼的紫色调，为页面增加神秘气氛。

文字为灰白色以及背景使用大范围白色制造出明快气氛的同时，又统一于整个页面，给人以强烈的视觉刺激，强有力地吸引浏览者的目光。

背景色：#ffffff
主　色：#fc7c00
辅　色：#bd3563
文本色：#909090

🔘 **活跃网站设计**

以大片的白色作为页面的背景，提高页面亮度。以零零星星的橙色作为主色调，分散于整个页面，增加了页面

本章知识点

☑ 正橙色——生机勃勃

☑ 太阳橙——丰收

☑ 杏黄色——天真

☑ 浅土色——朴素

☑ 咖啡色——坚实

的活跃度。以灰蓝色作为辅色增加活跃气氛的同时，使用灰色文字使页面活跃而不失稳重，使浏览者印象深刻。

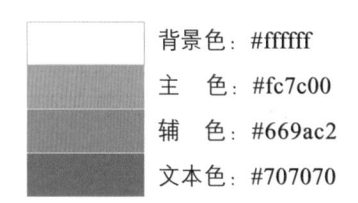

背景色：#ffffff

主　色：#fc7c00

辅　色：#669ac2

文本色：#707070

4.1.2　配色实例

橙色在美食网页设计中较为常用，网页中使用橙色不仅能够引起浏览者的食欲，还可以给人兴奋而热烈的感觉，同时也可以活跃气氛。

背景
#d78a08

辅色
#558f01

文字颜色
#ffffff

主色
#a00b11

➡️ 实例 15+ 视频：制作活跃的美食网页

对于食品网页配色，通常都会采用红、橙、绿这些能够给人带来食欲和安全感的颜色，以突出健康食品的主题。

🏠 源文件：源文件＼第 4 章＼活跃的美食网页 .psd　　📶 操作视频：视频＼第 4 章＼活跃的美食网页 .swf

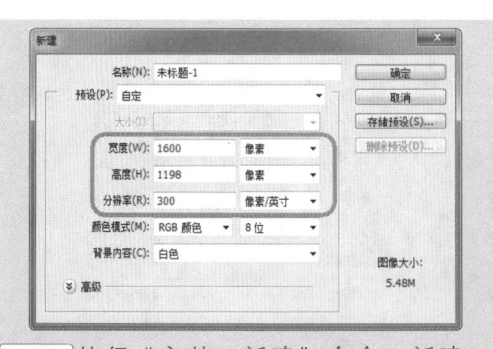

01 ▶ 执行"文件 > 新建"命令，新建一个空白文档。

02 ▶ 新建图层，并为画布填充颜色 #d78a08。

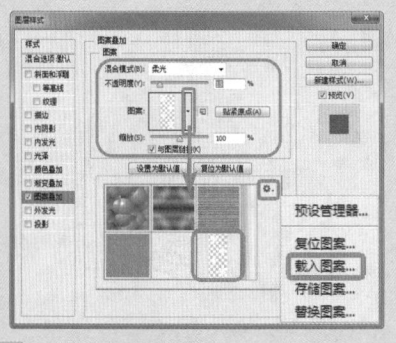

03 ▶ 双击该图层缩览图，在弹出的"图层样式"对话框中选择"图案叠加"选项，设置参数值，并按照图示载入外部素材"001.apt"。

04 ▶ 设置完成后单击"确定"按钮，得到图像效果。

05 ▶ 执行"文件 > 打开"命令，打开素材文件"素材\第4章\002.png"，将其拖入设计文档中。

06 ▶ 在该图层下方新建图层，使用黑色柔边画笔并降低画笔不透明度，在画布中涂抹阴影。

07 ▶ 新建图层，设置前景色为 #fcde72，使用柔边画笔并降低画笔的不透明度，在画布中涂抹。

08 ▶ 修改图层"混合模式"为"叠加"，可以看到图像效果。

09 ▶ 新建图层，选择"直线工具"，设置前景色为f0c11b，在画布中绘制直线。

10 ▶ 为该图层添加图层蒙版，并使用黑白径向渐变填充画布，修改"图层混合模式"为"叠加"。

11 ▶ 选择"钢笔工具"，设置"工具模式"为"路径"，在画布中绘制路径。

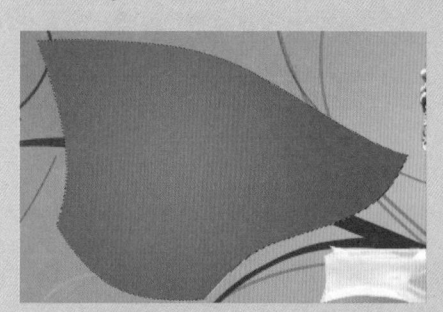

12 ▶ 将路径转换为选区，并填充径向渐变为 #739b04 到 #739b04。

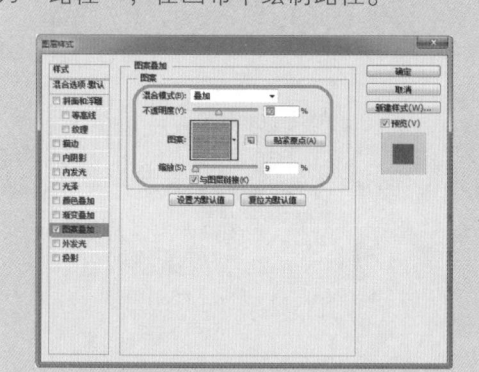

13 ▶ 打开"图层样式"对话框，选择"图案叠加"选项，设置参数值。

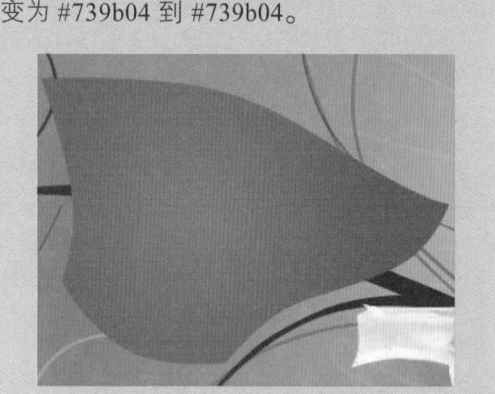

14 ▶ 设置完成后单击"确定"按钮，得到图像效果。

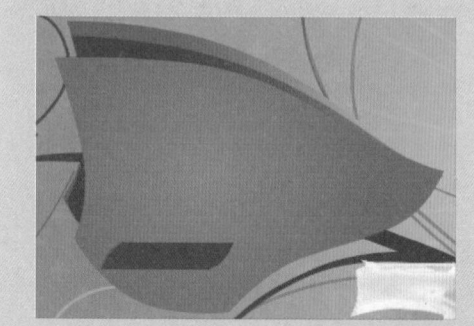

15 ▶ 使用相同方法完成相似内容的制作。

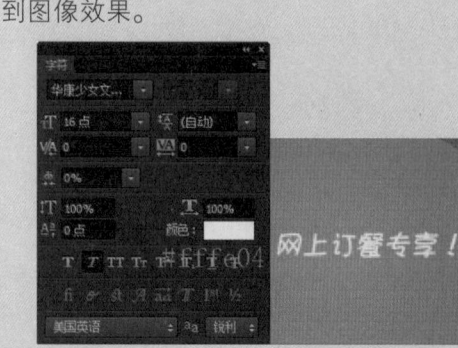

16 ▶ 打开"字符"面板，设置参数值，并在画布中输入文字。

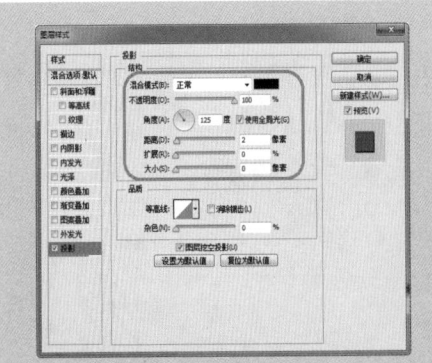

17 ▶ 打开"图层样式"对话框，选择"投影"选项，设置参数值。

18 ▶ 设置完成后单击"确定"按钮，使用相同方法完成相似内容的制作。

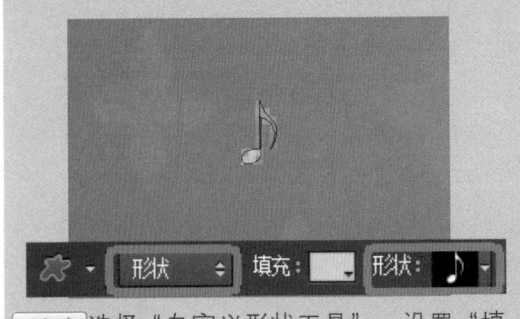

19 ▶ 选择"自定义形状工具"，设置"填充"为 fbeb8b，选择合适的形状，在画布中绘制形状。

20 ▶ 使用相同方法完成相似内容的制作，得到图像最终效果。

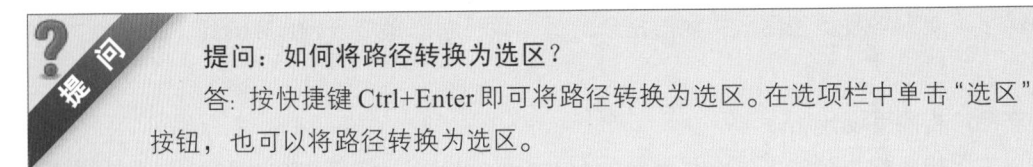

提问：如何将路径转换为选区？

答：按快捷键 Ctrl+Enter 即可将路径转换为选区。在选项栏中单击"选区"按钮，也可以将路径转换为选区。

4.1.3　配色原理分析

　　整个网页中用大片的明度较低的深橙色作为背景颜色，在减少视觉疲劳的同时，更为整个网页添加了一丝尊贵、神秘色彩，背景中又添加少许亮眼的黄色提高明度，营造了活跃的气氛。深红色作为整个页面的主色，强有力地增加了视觉冲击力。而白色的文字作为点睛之笔，使整个页面更加灵巧。

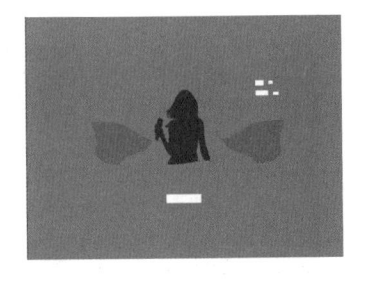

4.1.4　扩展方案

　　背景除了可以使用橙色以外，也可以使用墨绿色，在渲染尊贵、神秘气息的同时，突出

　　也可以在页面底部添加一个简单的小线条，使其与主体颜色相呼应，同时整个页面

健康主题。

也获得等重呼应。

4.2 太阳橙

太阳橙色与正橙色相比明度更加明净而单纯，给人以健康而活泼的印象。在网页设计中使用太阳橙色可以营造出不同的气氛。

4.2.1 配色分析

在网页设计中，太阳橙色象征着幸福和亲近，通常用来表达温暖、欢快和活泼的效果，也能够给人一种温暖的感觉，因此太阳橙一直以来都被称为"温暖之乡"的颜色，常用在家庭题材的网页配色上。

| 太阳橙——丰收 | RGB（241、141、0）
网页安全色 #f18d00 |

接下来针对各种类型网页中太阳橙色的搭配做不同的举例分析，来介绍太阳橙色在实际操作中的运用。

● **产品广告网页设计**

以太阳橙色作为整个页面的背景颜色，为页面营造了积极向上的活跃气氛。搭配深紫色为主色，在背景中如镶嵌于黄金项链上的紫色钻石一般，给人高贵而神秘的印象，且很好地突出了主体。搭配小范围黑色作为辅色，使整个页面更加深沉、稳重。搭配白色的文字让整个页面配色雅致的同时，不缺乏生动的感觉。

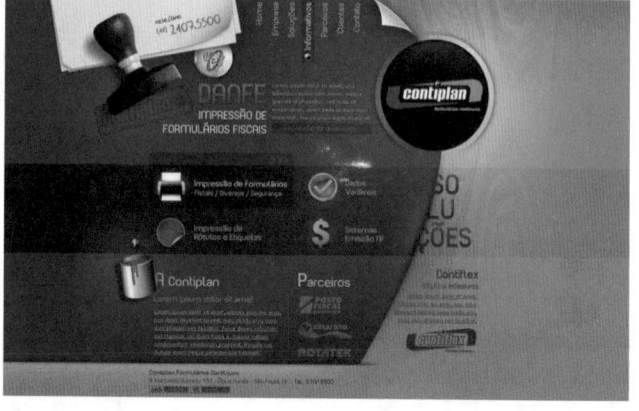

背景色：#f18d00
主　色：#f1e33a
辅　色：#e52928
文本色：#bd3213

● **企业网页设计**

　　使用白色作为背景，提高了整个页面的明度。加视觉刺激强烈的橙色作为主色，使主题看起来非常引人注目。搭配极小范围对视觉刺激最强烈的深红色分布于页面左边，起到了很好的引导作用，同时为整个页面增加了一丝神秘气氛。灰色的文字散布于整个页面，为活跃的页面添加了一丝稳重气氛，使整个页面看起来活跃而不失沉稳。

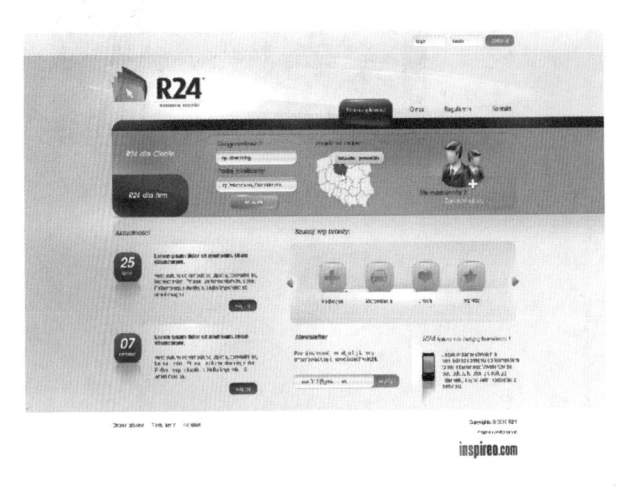

背景色：#ffffff

主　色：#f18d00

辅　色：#c70b00

文本色：#575757

4.2.2　配色实例

　　本实例是一个电子产品企业推销广告网页。页面使用大范围的橙色，橙色系具有兴奋度且最耀眼的特点，将太阳橙与同色系的不同色相变换的色彩相搭配，强有力地表达了朝气蓬勃、积极向上的企业精神，同时也带给浏览者以温暖、亲近的感觉。

背景
#ffffff

主色
#f18d00

辅色
#51545c

文字颜色
#ffffff

➡ 实例 16+ 视频：制作亲切的产品宣传网页

　　太阳橙色也可以用在一些比较严肃、正式的企业网页中，接下来将对该类型网页的制作步骤和颜色搭配进行详细的介绍。通过对本案例的学习，相信读者会对太阳橙色在网页设计中的运用和搭配有一定的掌握。

 源文件 源文件\第4章\亲切的产品宣传网页.psd

操作视频 视频\第4章\亲切的产品宣传网页.swf

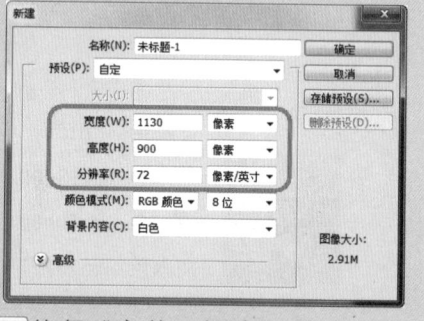

01 ▶ 执行"文件>新建"命令，新建一个空白文档。

02 ▶ 执行"文件>打开"命令，打开素材文件"素材\第4章\005.png"，并将其拖入设计文档中。

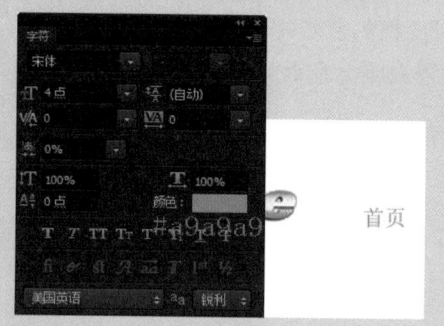

03 ▶ 打开"字符"面板，设置参数值，并在画布中输入相应文字。

04 ▶ 新建图层，使用"钢笔工具"在画布中绘制颜色为 #bdbcbc 的直线。

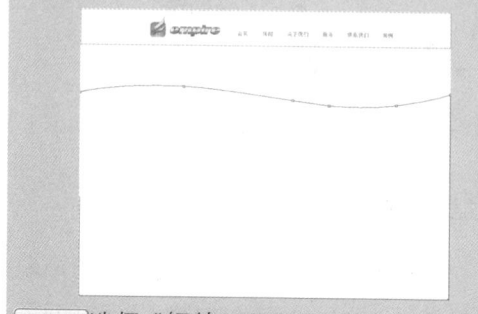

05 ▶ 选择"钢笔工具"，设置"工具模式"为"路径"，在画布中绘制路径。

06 ▶ 按下快捷键 Ctrl+Enter，将路径转换为选区，并填充颜色为 #ff7c00。

07 ▶再次新建图层，设置"前景色"为 ff9b0d，使用柔边画笔在选区内涂抹。

08 ▶为其创建剪贴蒙版，并使用相同的方法拖入另一张素材文件。

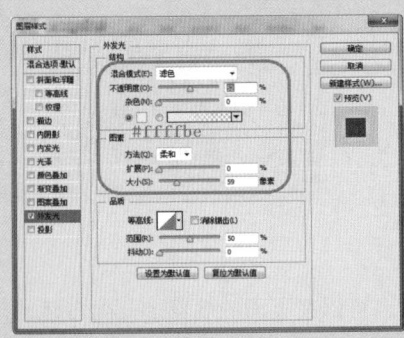

09 ▶双击该图层缩览图，在弹出的"图层样式"对话框中选择"外发光"选项，设置参数值。

10 ▶设置完成后单击"确定"按钮，设置图层"不透明度"为 40%，"填充"为 80%，并为其创建剪贴蒙版。

11 ▶使用相同的方法完成相似内容的制作。

12 ▶新建图层，使用"直线工具"在画布中绘制直线。

13 ▶为其添加图层蒙版，并使用柔边画笔在直线边缘涂抹。

14 ▶使用相同的方法完成相似内容的制作，得到最终效果。

> **提问**：为什么创建剪贴蒙版？
>
> **答**：本实例中读者应该会发现剪贴蒙版的作用就是将"图层6"剪贴至"图层3"，而中间创建的两个图层蒙版只是起传递作用。

4.2.3　配色原理分析

使用白色作为背景，提高了整个网页的明亮度，制造出明快的气氛，用白色文字制造出明快气氛的同时，又统一于整个页面。大范围的橙色使整个页面的视觉刺激极其耀眼强烈。使用明度较低的灰色作为辅色，为整个页面渲染了一丝严肃的气氛。

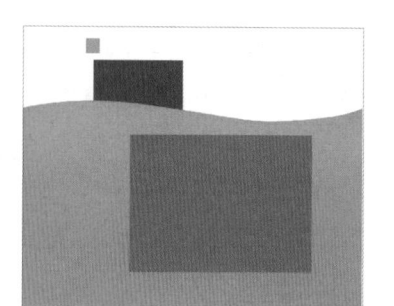

4.2.4　扩展方案

页面中除了可以使用白色搭配作背景外，也可以使用辅色作搭配，加重整个页面的质感，给人以严肃的感觉。

也可以在页面的底部加一个白色的简单色块，使其与上半部分的白色背景呼应于整个页面。

4.3　杏黄色

杏黄色是一种色相柔和的色彩，在设计中使用杏黄色能够表达出一种喜悦而舒畅的感觉。

4.3.1　配色分析

杏黄色，从字面意思理解，就是杏子的颜色。它有着孩子般天真烂漫、无邪的特性，让人不由得平心静气，产生一种喜悦的感觉。

杏黄色——天真	**RGB**（229、169、107） **网页安全色 #e5a96b**

接下来对各种运用到杏黄色的网页进行分析。

● **食品网页设计**

以杏黄色作为整个页面的背景色，与明度较高的浅黄色进行调和，页面非常融洽而不显单调，很好地突出了主体图片，主体图片色调也是相近的，故不会有明显的突兀感。以浅色为铺垫，搭配深色的文字范围小但分布较分散，达到一种突出而不突兀的视觉效果，赋予了网页生命力。页面顶部的小块深红色作为辅色，与下半部分的文字相呼应，达到统一页面的效果，使整个页面看起来不会显得头重脚轻。

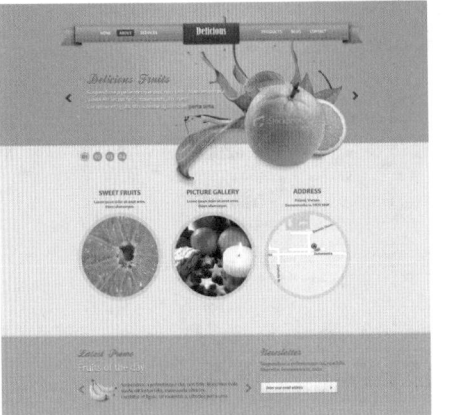

背景色：#e5a96b
主　色：#fc7c00
辅　色：#983a32
文本色：#a54600

● **饮料网页设计**

整个页面是利用整块的杏黄色、橙色和深棕色的色块搭配来展现的，使页面看起来非常整齐。使用杏黄色作为背景色，不能给页面带来彩度所具有的鲜活靓丽的感觉，但呈现出质朴、单纯的感受。以视觉刺激耀眼而强烈的橙色作为主色，与明度纯度较低的背景杏黄色形成鲜明的对比，突出了主题。

将明度较低的深棕色作为辅色，按同色系不同明度和纯度的变化分布于整个页面的上、中、下，形成了一个稳定的格局，同时不会因为色彩色相的突然改变而使页面效果看起来非常突兀。页面文字颜色与其铺垫颜色形成鲜明对比，为整个页面增加了活跃的气氛。

背景色：#e5a96b
主　色：#fc7c00
辅　色：#291b0e
文本色：#ffffff

4.3.2　配色实例

杏黄色也是一种散发着古典气息的颜色，搭配同样淡雅而清新的色彩，在营造和谐气氛的同时，也给人以浪漫的感觉。接下来通过一个实例介绍杏黄色在网页设计中的色彩搭配技巧。

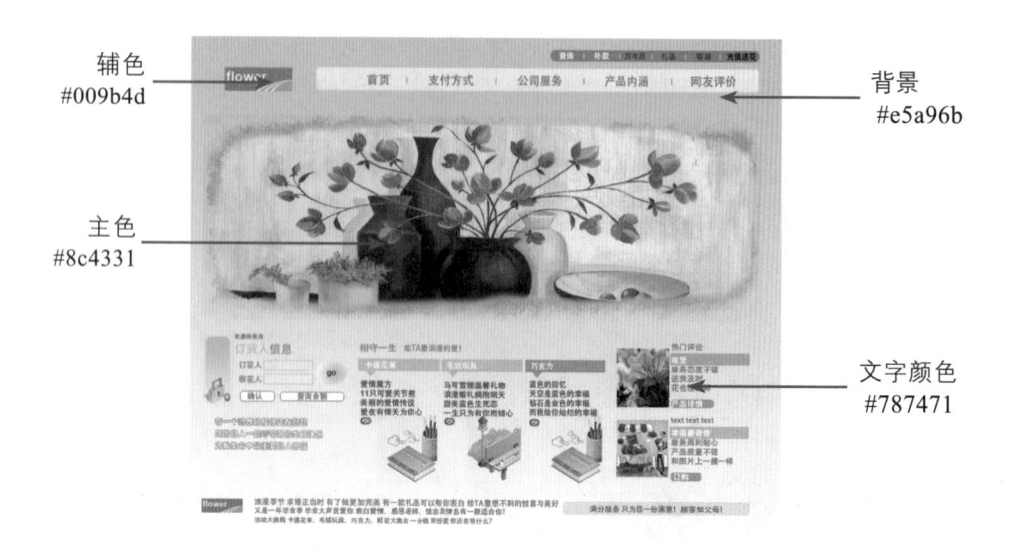

辅色
#009b4d

背景
#e5a96b

主色
#8c4331

文字颜色
#787471

🔜 实例 17+ 视频：制作质朴的网络花店网页

本案例中运用的色彩比较多，但经过设计师的合理排版，页面看起来色彩丰富，为页面营造出华丽的气氛，同时又不会显得杂乱无章。接下来将通过介绍本案例的制作流程与配色技巧，感受设计师的思路。

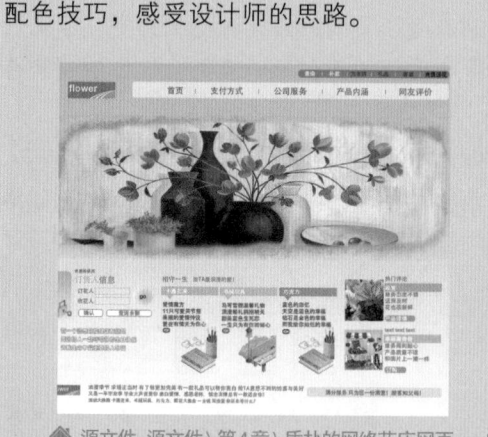

🏠 源文件：源文件\第4章\质朴的网络花店网页.psd

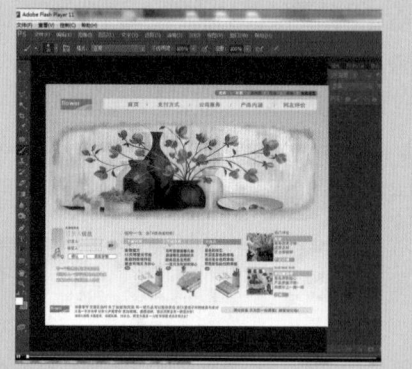

🔊 操作视频：视频\第4章\质朴的网络花店网页.swf

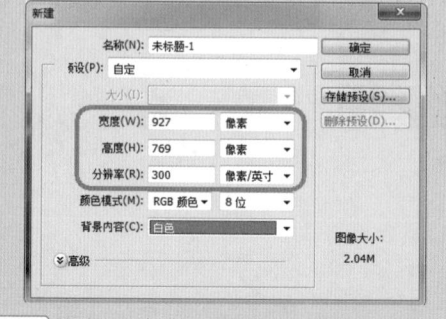

01 ▶ 执行"文件>新建"命令，新建一个空白文档。

02 ▶ 新建图层，使用"渐变工具"为画布填充渐变色 #e5a96b 到 #ffffff。

03 ▶ 新建图层，使用 "圆角矩形工具" 在画布中绘制一个白色圆角矩形。

04 ▶ 新建图层，使用 "直线工具" 在画布中绘制颜色为 #856947 的直线。

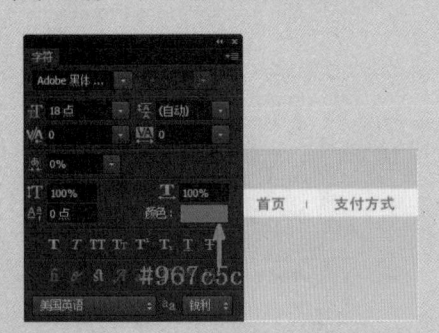

05 ▶ 打开 "字符" 面板，进行相应设置，使用 "横排文字工具" 在白色圆角矩形上输入相应文字。

06 ▶ 执行 "文件 > 打开" 命令，打开素材文件 "素材 \ 第 4 章 \011.jpg"，拖入设计文档中，并调整其位置和大小。

07 ▶ 使用相同的方法拖入主体素材文件 "008.png"，并适当调整其位置和大小。

08 ▶ 使用相同的方法完成相似内容的制作。

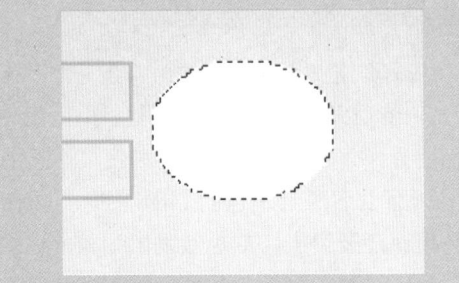

09 ▶ 选择 "矩形选框工具"，在画布中创建选区。

10 ▶ 新建图层，使用 "椭圆选框工具" 在画布中创建选区并填充白色。

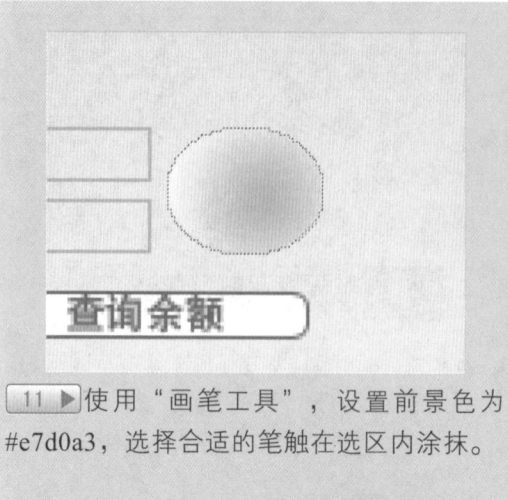

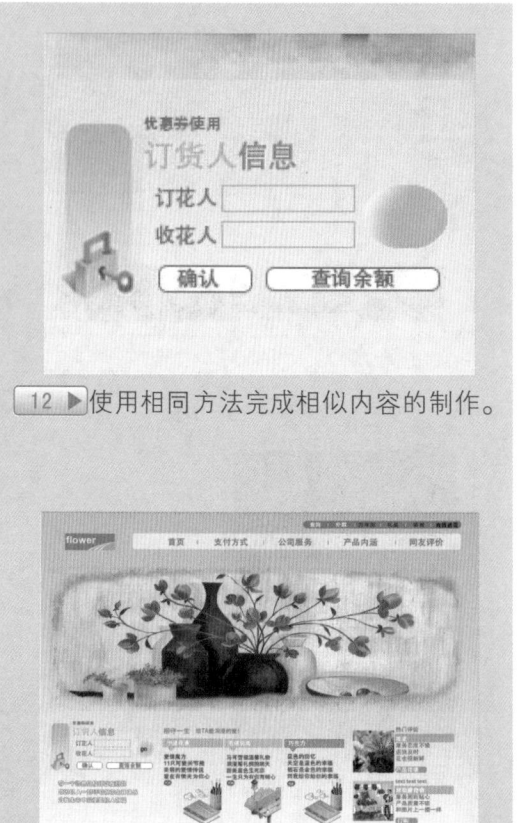

`11 ▶`使用"画笔工具",设置前景色为 #e7d0a3,选择合适的笔触在选区内涂抹。

`12 ▶`使用相同方法完成相似内容的制作。

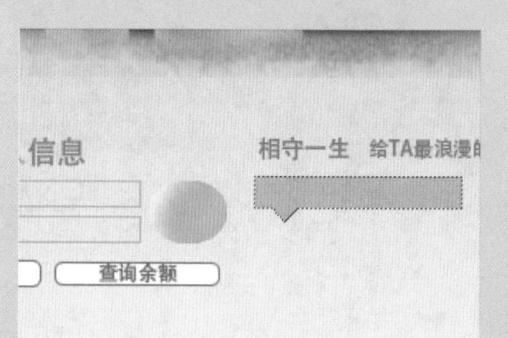

`13 ▶`新建图层,使用"钢笔工具"在画布中绘制路径并转换为选区,填充颜色 #ffc55a。

`14 ▶`使用相同方法完成相似内容的制作,得到图像的最终效果。

提 问

提问:如何使用选区制作矩形框?

答:新建图层,使用"矩形选框工具"创建选区,执行"编辑 > 描边"命令,在弹出的"描边"对话框中设置矩形框的颜色和宽度。也可以使用"矩形工具"创建矩形,并为其添加"描边"图层样式,设置其"填充"为 0%。

4.3.3 配色原理分析

整个页面使用杏黄色作为背景,体现出明快气氛的同时,给人以清新、愉快的感觉。用散发陈旧气息的褐红色图片作为主色,营造了一种经典而又浪漫的气氛。

页面上下两个绿色的 Logo 图片,虽然颜色与主体颜色相比还要突出,却也散发出令人向往的田园风味,同时活跃了整个页面的气氛。深灰色文字在突出主题的同时,增加了颜色的质感,营造出一种质朴的氛围。

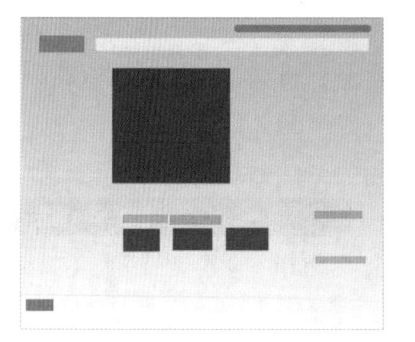

在页面底部加入一个与背景顶部颜色相同的长条，就可以获得等重的呼应，不会显得头重脚轻。

也可以将朴素的黄色换为娇嫩柔美的粉红色，这种色彩比黄色更能代表鲜花，更能构建娇美的形象。

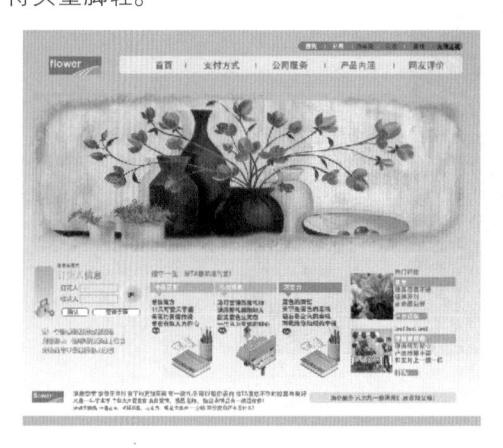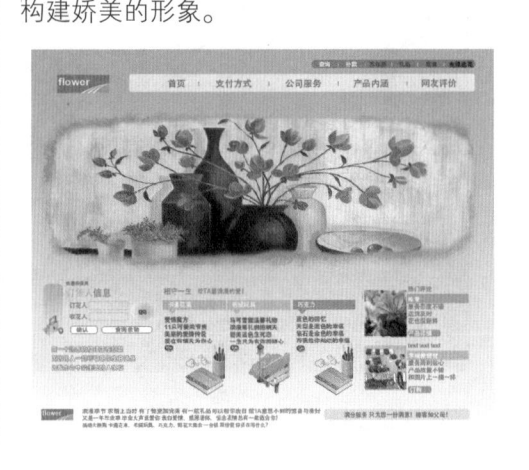

4.4 浅土色

浅土色是一种明度较低的颜色，给人一种朴素而又温和的感觉，通常窗帘或靠垫等日常纺织生活用品的颜色就用浅土色。

在设计配色中，比较容易与其他色彩相搭配，能够给人一种典雅的感觉，且不会影响其他色彩效果。

4.4.1　配色分析

杏黄色，有着褪色发白的淡茶一样的色相。将浅土色搭配明度低的色彩，能够给人以坚毅的感觉。搭配同色系邻近色，给人一种简单朴素的感觉。

 浅土色——朴素　　RGB（211、183、143）
网页安全色 #d3b78f

浅土色具有明度低的特性，它有着淡茶一样的色相，通常用在窗帘和靠垫上面。接下来针对各种浅土色在各种网页中的色彩搭配进行分析。

● 卡通网页设计

以灰暗的深蓝色作为背景色，使整个页面看起来非常稳重，同时给人一种神秘而又高贵气质的感受。

将明度较高的浅土色作为主色，质朴中带着华丽，突出主题又给人以新颖的感觉。

加入明度较低且范围较小的深红色，惹人注目却不会对视觉产生很强的刺激性，同时为页面添加了活泼、轻松的氛围。搭配褐色文字，使整个页面效果坚实。

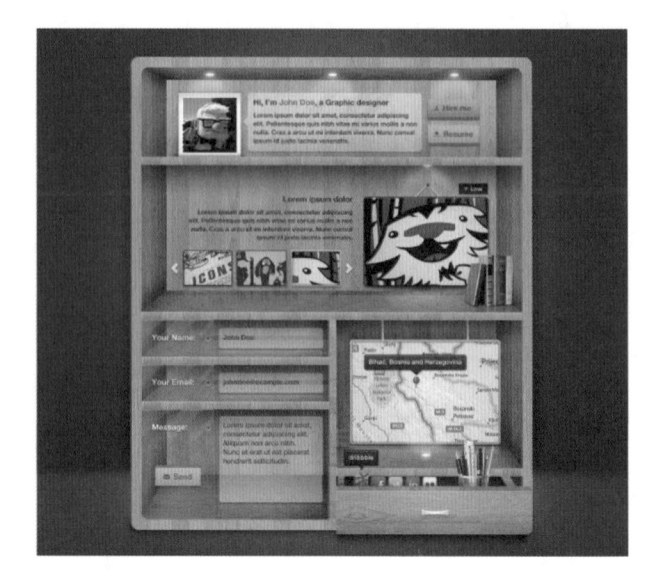

背景色: #3b535f

主　色: #fc7c00

辅　色: #983a32

文本色: #562c14

● 娱乐网页设计

页面将深海的蓝色作为背景色，营造了神秘而沉稳的页面效果，给人一种清凉而稳重的感觉。搭配大面积浅土色作为主色，突出主题，使页面看起来有凉爽而温馨的感觉，为页面营造了活跃、欢快的气氛。

搭配少许深红色作为辅色，不仅点缀了页面，并以其最刺眼的颜色特征衬托主题的耀眼度。明度稍低一点的文字很好地弥补了主体轻浮的颜色特点，使整个页面看起来轻快、灵活的同时，不失稳重效果。

背景色: #0635cd

主　色: #dbdbdb

辅　色: #b31217

文本色: #d4c1ba

4.4.2　配色实例

制作一个电影动画网页，往往要通过电影的风格来决定网页的风格。要决定一个网页的风格，合理掌握色彩搭配效果是非常重要的。接下来针对本网页的色彩搭配分析，教读者如何通过色彩搭配来决定网页的风格。

背景
#ffffff

辅色
#97d2ed

文字颜色
#606060

主色
#d3b78f

➡ 实例 18+ 视频：制作温馨的电影动画网页

　　相信很多人都看过《飞屋环游记》这部动画片，其故事情节曲折感人，曾经风靡全球，下面一起学习它的网页制作步骤和色彩搭配技巧。

🏠 源文件：源文件\第4章\温馨的电影动画网页.psd　　　　🔊 操作视频：视频\第4章\温馨的电影动画网页.swf

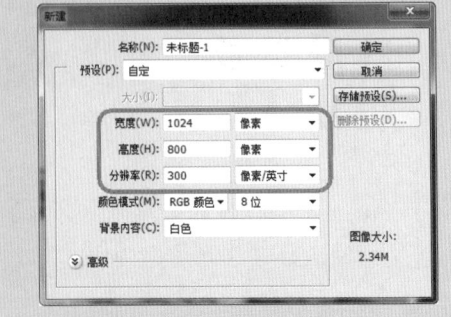

01 ▶ 执行"文件>新建"命令，新建一个空白文档。

02 ▶ 执行"视图>标尺"命令，使用"移动工具"在画布中拖出参考线。

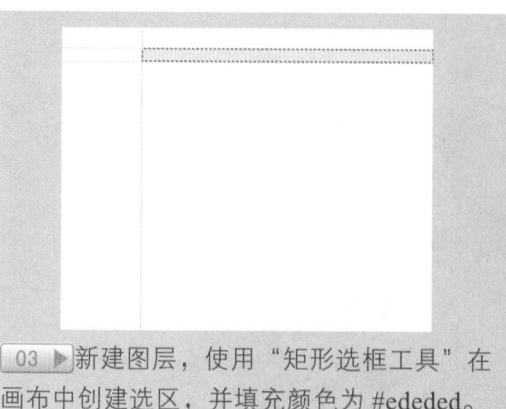

03 ▶ 新建图层，使用"矩形选框工具"在画布中创建选区，并填充颜色为 #ededed。

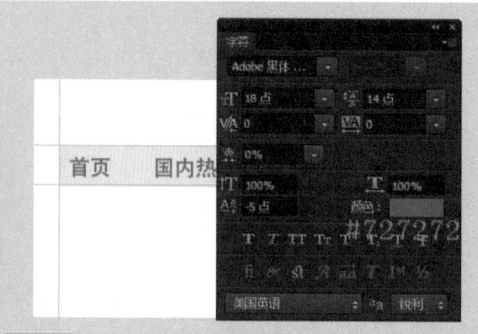

04 ▶ 打开"字符"面板，设置参数值，并在矩形条上输入文字。

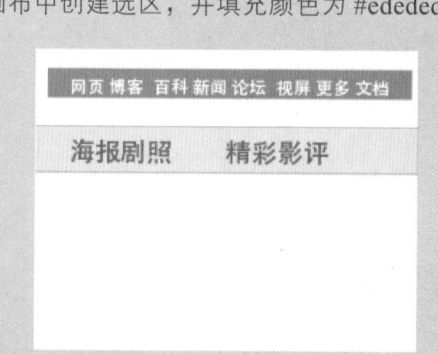

05 ▶ 使用相同方法完成相似内容的制作。

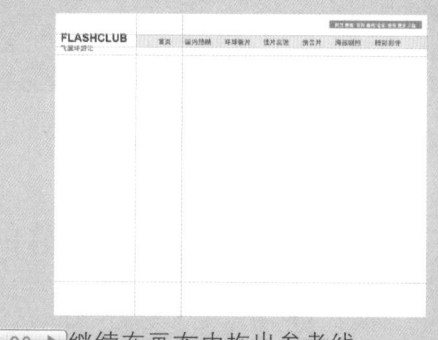

06 ▶ 继续在画布中拖出参考线。

07 ▶ 使用相同的方法创建选区，并填充颜色为 #e4e2d3。

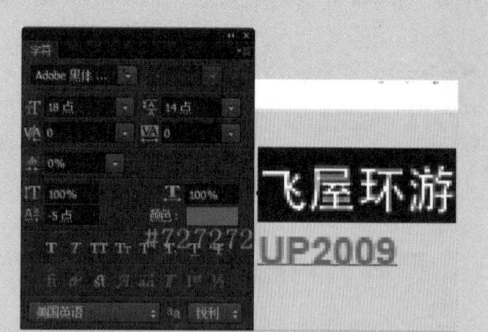

08 ▶ 打开"字符"面板设置参数值，并在图像中输入相应文字。

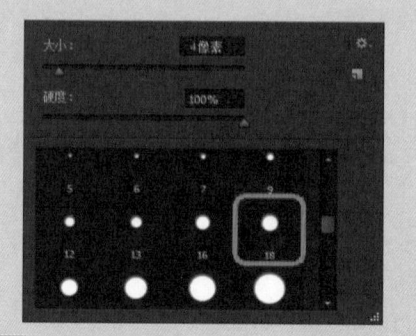

09 ▶ 选择"画笔工具"，设置前景色为 #797979，选择合适的画笔笔触。

10 ▶ 新建图层，在画布中绘制圆点。

飞屋环游　• 奥斯卡最佳动画长片
UP2009　• 英国电影学院奖最佳动画
　　　　• 奥斯卡最佳配乐
　　　　• 英国电影学院奖最佳配乐
　　　　• 金球奖最佳动画

-Up With Titles
-We're in the Cube Now
-Carl Goes Up
-There Dog Dosh

飞屋环游　• 奥斯卡最佳动画长片
UP2009　• 英国电影学院奖最佳动画
　　　　• 奥斯卡最佳配乐
　　　　• 英国电影学院奖最佳配乐
　　　　• 金球奖最佳动画

Up With Titles
We're in the Cube Now
Carl Goes Up
There Dog Dosh

11 ▶ 使用相同的方法输入其他文字。

12 ▶ 执行"文件 > 打开"命令，打开素材文件"素材 \ 第 4 章 \017.jpg"，将其拖入到设计文档中，适当调整其位置和大小。

13 ▶ 使用相同的方法完成其他相似内容的制作，将相关图层进行编组，图像和图层面板如图所示。

提问：如何制作 Logo ？

答：本实例中的 Logo 是由文字组成的，而源文件中的文字在同一个图层上，文字的大小、颜色都不统一。首先输入一样大小、颜色的文字，然后将需要进行特殊设置的文字选中，打开"字符"面板进行相应设置，即可修改。

4.4.3　配色原理分析

将白色作为整个页面的背景色,制作出明快气氛。网页的主色也就是主体图片的颜色浅土色，给人以温和的印象，符合网页主题内容特征。搭配明度较高的天蓝色，更加给人以温馨、欢快的感觉。浅灰色的文字与整个页面的氛围相呼应，给人带来温暖、轻松的感觉。

4.4.4　扩展方案

可以将页面下方文字的浅灰色背景去掉，直接留白，这样可以减少矩形带来的规则和生硬感，使版式更加美观。

也可以使背景颜色与页面左面的绿色矩形条统一，使其与背景呼应于整个页面，给人以轻松的感觉。

4.5　咖啡色

咖啡色是一种明度低的色彩，很容易与其他色彩相搭配，通常用在时装的下装和立体设计的基础部分。

4.5.1　配色分析

咖啡色，就是咖啡的颜色，这是一种明度较低的色彩，给人的感觉是坚实而有活力的，适合用在体现诚实、可信赖为主题的网页设计中。

咖啡色——坚实

RGB（106、75、35）

网页安全色 #6a4b23

● 美食网页设计

将明度较低的深棕色作为背景色，给人以沉稳的感觉。深沉的咖啡色作为主题颜色，同样沉稳而又表现出安定、古雅、高级的感觉。鲜艳的红色给人食欲的同时，使整个页面看起来更加华丽。白色的文字强烈地突出了主题。

背景色：#110300

主　色：#6a4b23

辅　色：#983a32

文本色：#ffffff

● **质朴网页设计**

　　用小面积的黑色与大范围的咖啡色搭配，既突出了主体，又加强了色彩的质感。加入一抹细小绿色，增加了页面的活跃度。白色的文字与页面中的白色色块相呼应，使页面看起来不沉重。

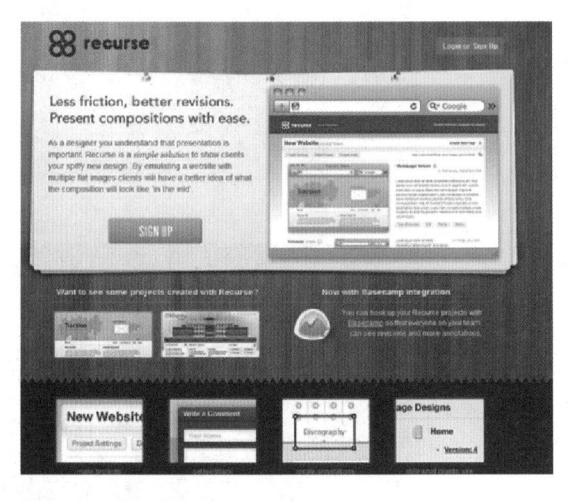

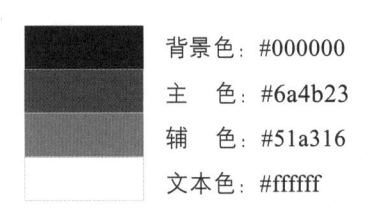

背景色：#000000

主　色：#6a4b23

辅　色：#51a316

文本色：#ffffff

4.5.2　配色实例

　　咖啡色通常给人的印象是欧美宫廷风格的高贵和优雅，所以常用于欧美风格的室内设计的主色调，给人以稳重的感觉，同时散发着一种高贵、优雅的气质。它也可以用在食品网页设计中，接近巧克力的颜色，在营造高贵典雅气氛的同时，也可以增强人们的食欲，给人一种不可抗拒的诱惑感。

辅色
#edd77f

背景
#401f16

主色
#6a4b23

文字颜色
#eae1b1

➡ 实例 19+ 视频：制作高贵的西餐网页

　　近年来，随着东西方文化的相互交融，越来越多的西餐厅如雨后春笋般渐渐崛起。面对这些陌生的新鲜事物，很多人既好奇又感到疑惑，所以这些商家不得不对自己的产品进行推广了。

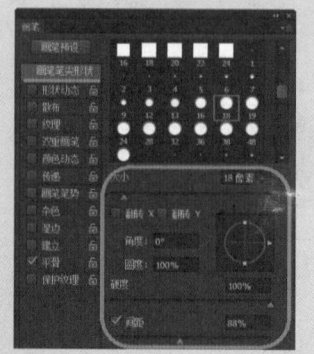 源文件：源文件 \ 第 4 章 \ 高贵的西餐网页 .psd

 操作视频：视频 \ 第 4 章 \ 高贵的西餐网页 .swf

01 ▶ 执行"文件 > 新建"命令，新建一个空白文档。

02 ▶ 新建图层，为画布填充颜色为 #3c1b12。

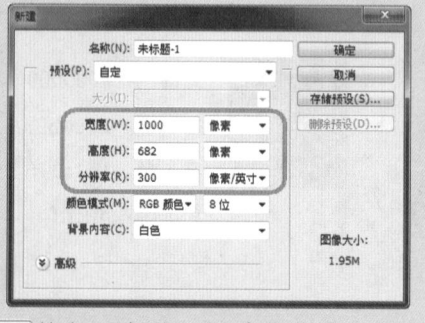

03 ▶ 将图层转换为智能对象，执行"滤镜 > 杂色 > 添加杂色"命令，为画布添加杂色。

04 ▶ 新建图层，使用"矩形选框工具"在画布中创建选区，并填充颜色为 #f9e9b5。

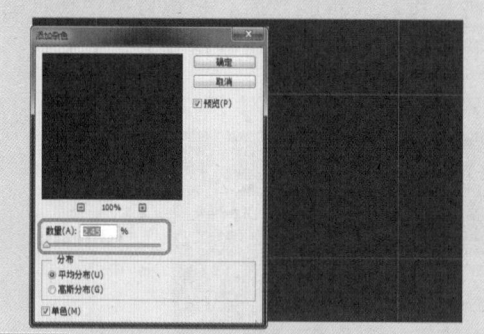

05 ▶ 选择"画笔工具"，打开"画笔"面板，设置参数值。

06 ▶ 关闭"画笔"面板，按下 Shift 键在黄色矩形边缘绘制花边。

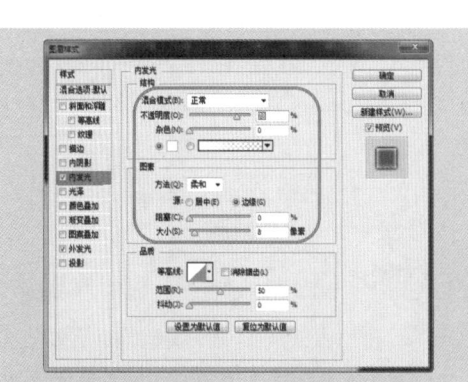

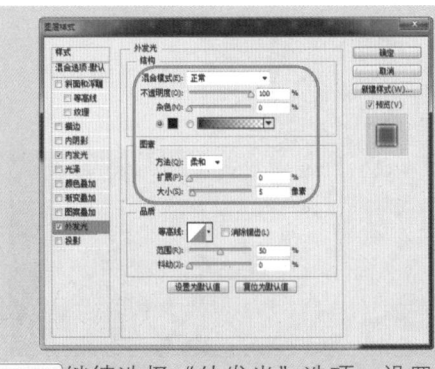

07 ▶双击图层缩览图，选择"内发光"选项，设置参数值。

08 ▶继续选择"外发光"选项，设置参数值。

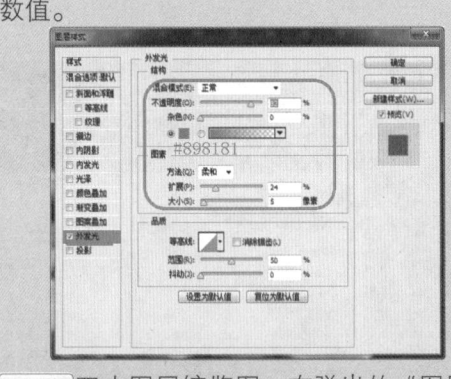

#898181

09 ▶设置完成后单击"确定"按钮，执行"文件 > 打开"命令，将"素材 \ 第 4 章 \024.jpg"拖入设计文档中。

10 ▶双击图层缩览图，在弹出的"图层样式"对话框中选择"外发光"选项，设置参数值。

11 ▶使用相同方法完成相似内容的制作。

12 ▶新建图层，使用"椭圆选框工具"在画布中创建选区，并填充颜色为 #fdedbb。

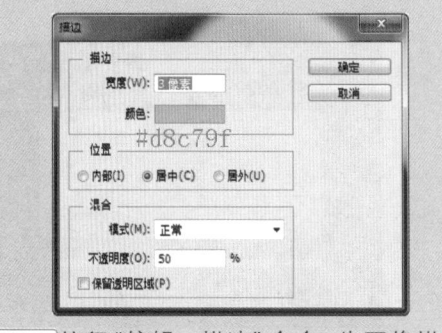

#d8c79f

13 ▶执行"编辑 > 描边"命令，为图像描边。

14 ▶使用相同方法完成相似内容的制作。

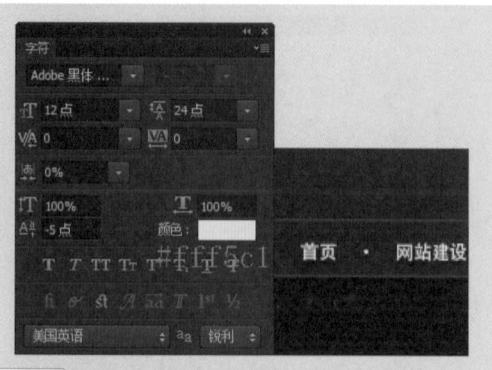 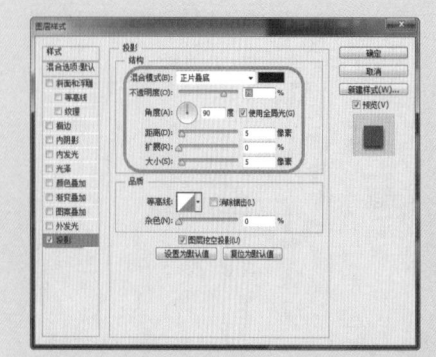

15 ▶ 打开"字符"面板，设置各项参数值，并在图像中输入相应文字。

16 ▶ 打开"图层样式"对话框，选择"投影"选项并设置参数值。

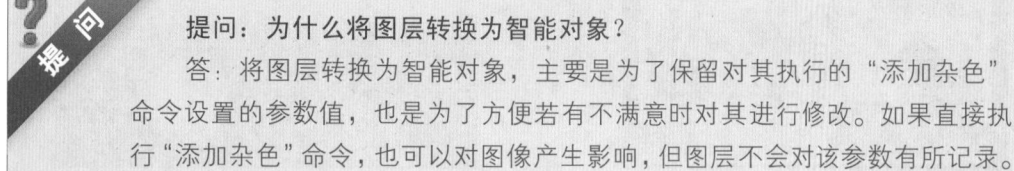 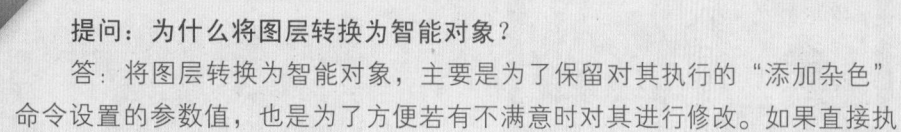

17 ▶ 使用相同方法完成相似内容的制作，并将相关图层进行编组，得到最终效果。

提问：为什么将图层转换为智能对象？

答：将图层转换为智能对象，主要是为了保留对其执行的"添加杂色"命令设置的参数值，也是为了方便若有不满意时对其进行修改。如果直接执行"添加杂色"命令，也可以对图像产生影响，但图层不会对该参数有所记录。

4.5.3 配色原理分析

深棕色的铺垫散发出高贵而稳重的气质。以咖啡色为主色的美食图片，既突出主题又不显得突兀，为画面增添了活力的同时，让人垂涎欲滴。

将金黄色作为辅色，散发着说不尽的华丽与高贵气息。浅黄色的文字与画面正中央的画框呼应于整个页面，为画面增添了一丝活跃而灵动的气氛，使整个页面看起来轻盈、不沉重。

4.5.4 扩展方案

可以将棕色换为相同纯度的蓝色。这种颜色是一种雍容华丽的色彩，加上粗糙的质感，同样可以表现出复古高贵的感觉。

也可以将导航提到页面上方，将焦点图放到下方，这样的版式显然更加符合大多数人浏览页面的习惯。

4.6 棕色

棕色也称为茶色，是一种很容易与其他色彩相搭配的颜色，可以用在任何色彩搭配中。

4.6.1 配色分析

棕色给人安全、安定、安心和依赖的印象。它象征着土地的颜色，是一种具有传统气息的色彩，适合用于表现庄重、典雅的气氛。

棕色——充实

RGB（113、59、18）

网页安全色 #713b12

棕色也适合用来表现具有浓郁芳香的食物，接下来对各种运用到棕色的网页进行分析。

● 日常用品网页设计

整个网页以背景色的明度渐渐提高到主体颜色，变换较为缓慢，使页面整个色调较为柔和、不沉重。几点零星的绿色形成一个三角形，起到了装点画面的效果，又不失稳重。页面下方的白色文字与上方的白色图案相呼应，既稳定了页面，又不显得背景突兀，为严肃的页面添加了活跃的气氛。

背景色：#000000

主 色：#713b12

辅 色：#89c903

文本色：#ffffff

● 皮革用品网页设计

　　整个页面使用棕色作为背景，释放着一种独特高贵而又质朴的气息，给人以稳重而又奢华的感觉。以同色系不同色相和高亮度的颜色作为主色，突出主体的同时，给人眼前一亮的新鲜感。

　　以小块鲜亮的红橙色作为辅色，提高页面耀眼度的同时，减少视觉疲劳，一举两得。白色的文字起到了锦上添花的作用，使整个页面看起来更加活泼、轻盈。

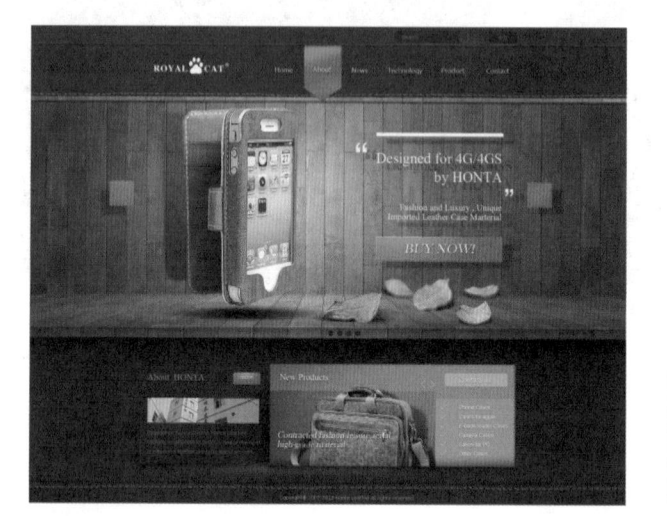

背景色：#713b12

主　色：#73472a

辅　色：#d05414

文本色：#ffffff

4.6.2　配色实例

　　棕色是一种给人以深沉、稳重感觉的颜色，它可以和任何颜色相搭配，而且搭配效果各有不同。

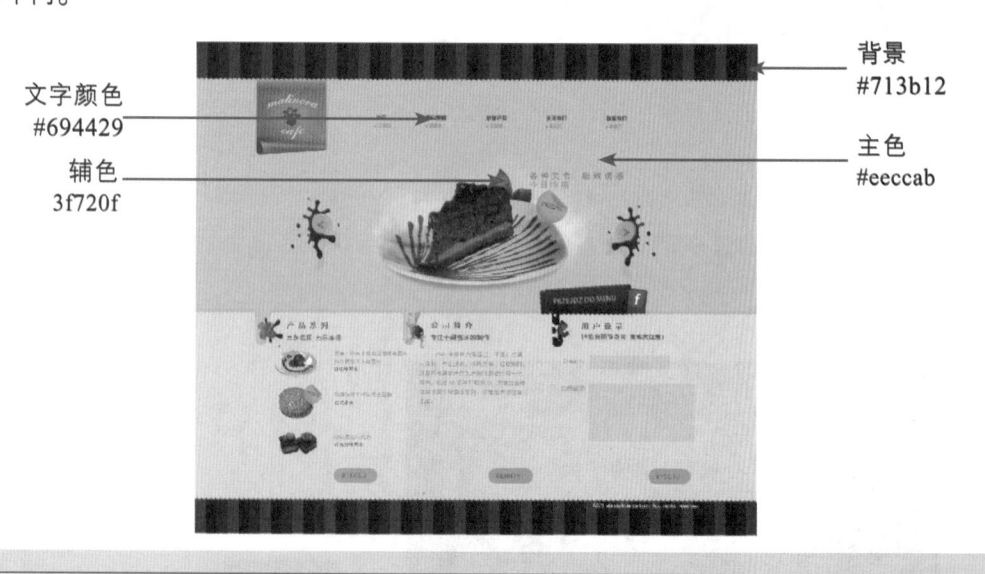

背景
#713b12

文字颜色
#694429

主色
#eeccab

辅色
3f720f

➡ 实例 20+ 视频：制作漂亮的卡通甜点网页

　　说起甜点，给人以甜蜜而又五彩缤纷的感觉。接下来通过一个卡通甜点网页的制作，学习一下如何将这种深沉的颜色与其他多彩的颜色搭配。

源文件：源文件 \ 第4章 \ 漂亮的卡通甜点网页 .psd　　　操作视频：视频 \ 第4章 \ 漂亮的卡通甜点网页 .swf

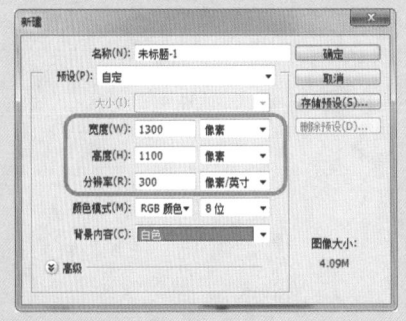

01 ▶ 执行"文件 > 新建"命令，新建一个空白文档。

02 ▶ 新建图层，使用"矩形选框工具"在画布顶端创建选区，并填充颜色为 #2c100b。

03 ▶ 再次创建一个小选区，并填充前景色为 #683824。

04 ▶ 使用相同方法完成相似内容的制作。

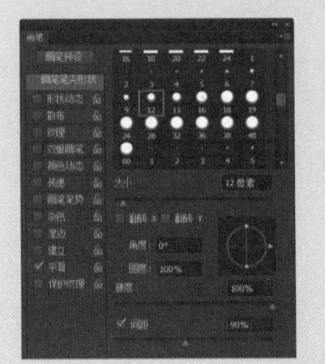

05 ▶ 再次新建图层，创建矩形选区，并填充颜色为 #eeccab。

06 ▶ 选择"画笔工具"，设置前景色为 #eeccab，打开"画笔"面板，设置参数值。

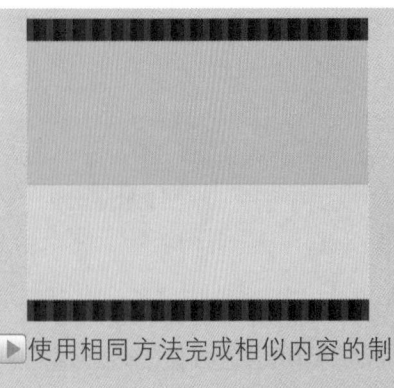

07 ▶关闭"画笔"面板，按下 Shift 键在矩形上边绘制花边。

08 ▶使用相同方法完成相似内容的制作。

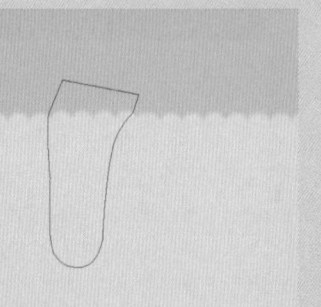

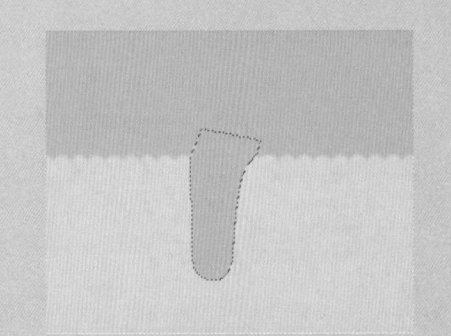

09 ▶选中"图层 3"，使用"钢笔工具"在画布中绘制路径。

10 ▶按下快捷键 Ctrl+Enter 将路径转换为选区，按下 Delete 键删除选区中的内容。

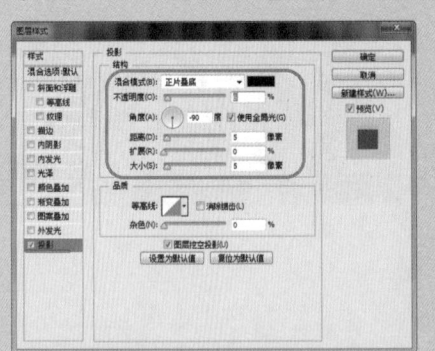

11 ▶使用相同方法完成相似内容的制作。

12 ▶双击该图层缩览图，在弹出的"图层样式"对话框中选择"投影"选项，设置参数值。

13 ▶设置完成后单击"确定"按钮，得到图像效果。

14 ▶执行"文件>打开"命令，将"素材\第4 章\027.jpg"拖入设计文档中。

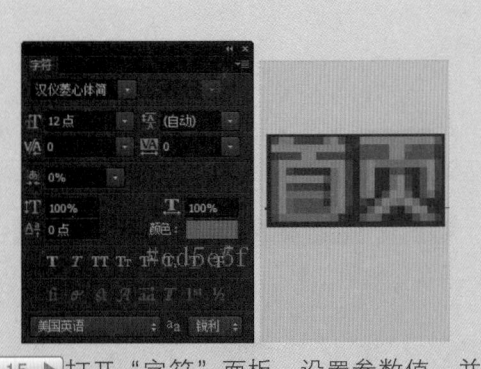

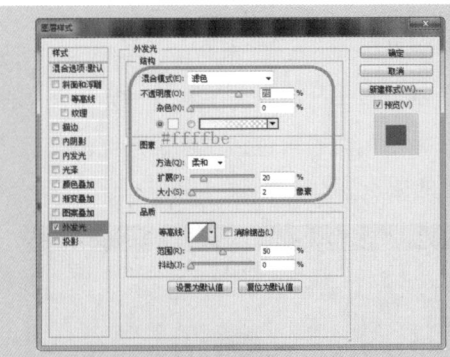

15 ▶打开"字符"面板，设置参数值，并在画布中输入相应文字。

16 ▶打开"图层样式"对话框，选择"外发光"选项，设置参数值。

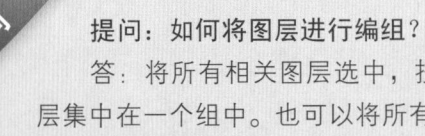

17 ▶设置完成后单击"确定"按钮，使用相同方法完成相似内容的制作，得到页面最终效果。

提问：如何将图层进行编组？

答：将所有相关图层选中，按下快捷键 Shift+G，即可将所有选中的图层集中在一个组中。也可以将所有相关图层选中后执行"图层 > 图层编组"命令，将所有选中的图层编组。

4.6.3　配色原理分析

整个页面虽然并没有使用大范围的棕色，却在页面中起到了很重要的作用，使页面看起来色彩鲜艳又不轻浮。将棕色的文字散布于画布中，与背景颜色呼应于整个页面，使页面看起来更加稳重。

使用接近肤色的颜色做主色，感觉鲜亮而突出。加入少许绿色作为辅助，突出了绿色健康主题的同时，给人以清凉的感觉。

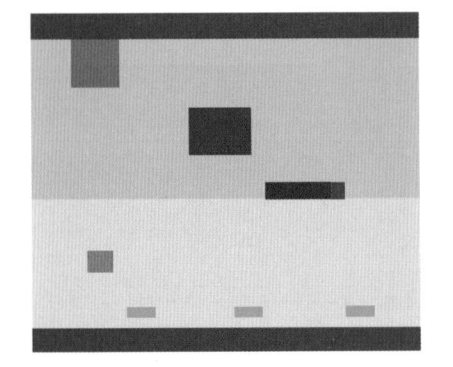

4.6.4 　扩展方案

可以将主体颜色改为与页面左下角的粉色小蛋糕相同的粉色到白色径向渐变，突出页面的层次感。

也可以在画面上半部分的文字下方加入一个粉色的圆角矩形条，使其与页面下方的三个小圆角矩形呼应于整个页面。

4.7 　本章小结

本章针对网页设计中的橙色系的色彩搭配进行了讲解与分析。通过学习读者应该对橙色系的色彩变化有所了解，懂得如何在网页设计中搭配和使用橙色。同时对于网站色彩搭配的知识也要有一定的了解,并能够熟练掌握每个不同的色彩在网站中起到什么样的作用。

第5章 网站配色设计应用
——黄色系

黄色是一种非常明艳的颜色，经常用于信号灯、交通标志等醒目标示的颜色。黄色具有知性、阳光、纯洁和幸福等象征意义，给人以明亮、快乐等印象。本章主要介绍网页中黄色的搭配和运用技巧。

5.1 鲜黄色

鲜黄色是一种明度较高的色彩。这种明快、积极的颜色让人感觉鲜艳、耀眼，也可以令人食欲大增，被用于食品题材的设计。

5.1.1　配色分析

鲜黄色是一种醒目的颜色，散发出快乐、希望、动感的气息。将这种色相鲜艳的颜色运用在网页设计中，可以很好地表达活跃和时尚个性的感觉。

鲜黄色——开放	RGB（255、241、0） 网页安全色 #fff100

鲜黄色也是一种给人以温暖感觉的色调。接下来针对各种运用到黄色的网页进行分析。

◉ 通讯网站设计

整个页面只是小范围使用黄色，靠其艳丽明亮的特征给人以醒目的感觉，搭配上低明度的深灰色，再辅以浅灰色的背景，使整个页面看起来疏密有致、灵动轻盈，同时又不失端庄。

页面浅灰色的背景与明度较高的黄色搭配，柔和而又轻巧，使整个页面看起来明亮许多。文字颜色与背景颜色的反差恰到好处，很好地装点了页面。

本章知识点

- ☑ 鲜黄色——开放
- ☑ 含羞草——幸福
- ☑ 铬黄色——运动
- ☑ 香槟黄——闪耀
- ☑ 淡黄色——柔和

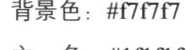

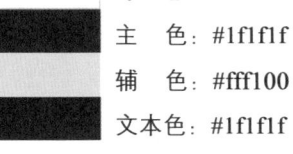

背景色：#f7f7f7

主　色：#1f1f1f

辅　色：#fff100

文本色：#1f1f1f

● 美食网站设计

　　整个页面给人以强烈的视觉冲击力。使用鲜黄色到橙色作为背景，两种较为醒目的颜色互相搭配，突出活力的同时，给人以强烈的视觉刺激。

　　将艳丽的黄色与深红色搭配，给人强烈视觉刺激的同时，又令人食欲大增。加入黑色的文字为整个页面营造出一种活跃、欢快、轻盈的感觉。

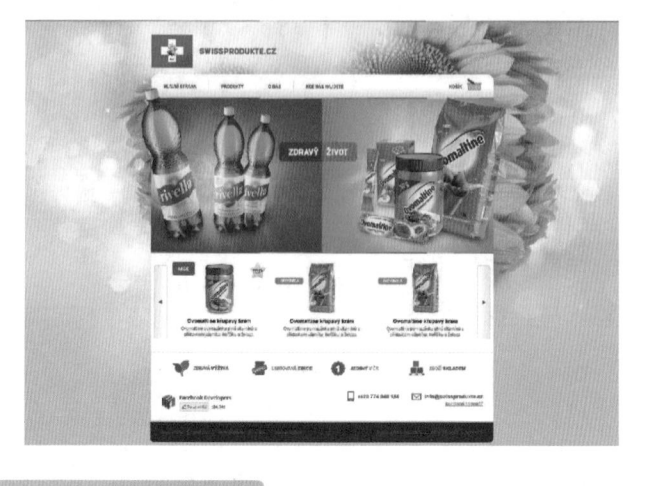

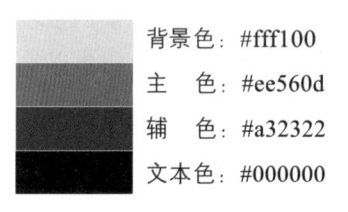

背景色：#fff100
主　色：#ee560d
辅　色：#a32322
文本色：#000000

5.1.2　　配色实例

　　将鲜黄色运用在网页设计中，可以体现网页的个性风格，给人以欢快、活跃的积极情绪，将这种鲜艳的明亮色调与明度低的冷色调相搭配，可以给人以醒目、靓丽而积极向上的感觉。接下来一起学习如何在网页配色设计中使用鲜黄色。

辅色
#ee1c25

文字颜色
#000000

主色
#fff100

背景
#ffffff

➡ 实例 21+ 视频：制作明艳的商务网站

　　黄色在空气中的穿透力在七彩色中排在第三位，也是一种较容易造成视觉疲劳的颜色。同时它的明度仅次于白色，带给人以光明与希望的感觉。

　　本实例是一个服装网站的色彩搭配设计，接下来重点通过色彩搭配效果与运用做详细的分析。

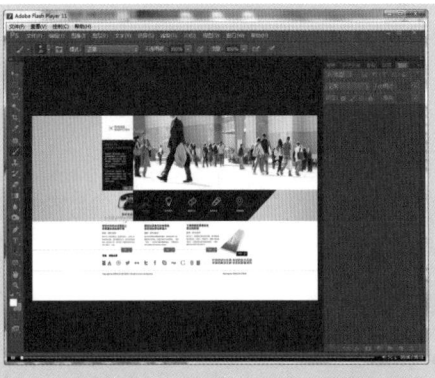

🏠 源文件：源文件 \ 第 5 章 \ 明艳的商务网站 .psd

📶 操作视频：视频 \ 第 5 章 \ 明艳的商务网站 .swf

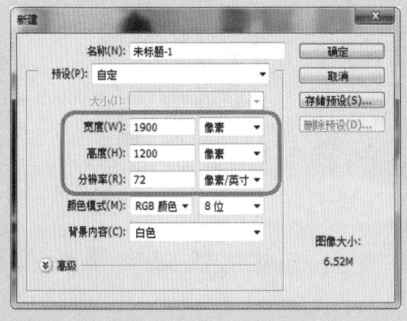

#fff100　　#eacd19

01 ▶ 执行"文件 > 新建"命令，新建一个空白文档。

02 ▶ 新建图层，使用"矩形选框工具"在画布中创建选区，并填充径向渐变。

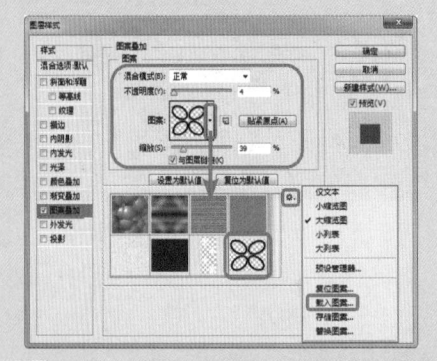

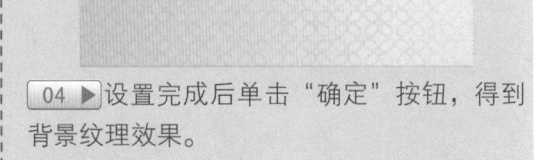

03 ▶ 双击该图层缩览图，选择"图案叠加"选项，设置参数值，并按照图示载入外部纹理素材"素材 \ 第 5 章 \001.apt"。

04 ▶ 设置完成后单击"确定"按钮，得到背景纹理效果。

05 ▶ 执行"文件 > 打开"命令，将素材文件"素材 \ 第 5 章 \002.jpg"拖入设计文档中。

06 ▶ 选择"矩形工具"，在画布中绘制白色的形状。

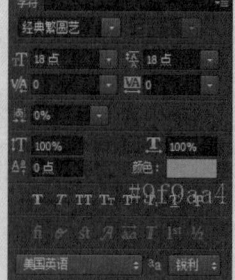

07 ▶使用相同的方法，将素材文件"素材\ 第 5 章 \003.png"拖入设计文档中。

08 ▶打开"字符"面板，设置参数值，并输入相应文字。

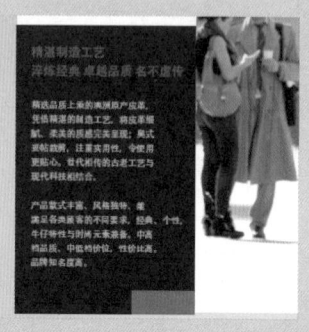

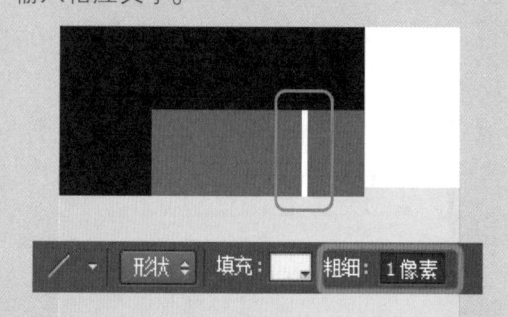

09 ▶使用相同方法完成相似内容的制作。

10 ▶选择"直线工具"，在画布中绘制白线。

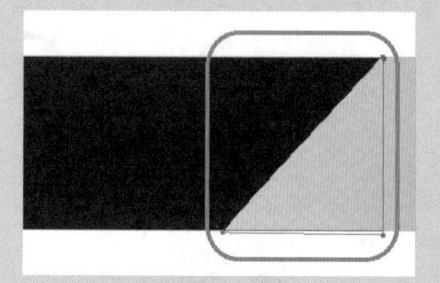

11 ▶选择"矩形工具"，设置"填充"为#1b0b30，在画布中绘制矩形。

12 ▶选择"钢笔工具"，设置"路径操作"为"减去顶层形状"，减去矩形右边不需要的部分。

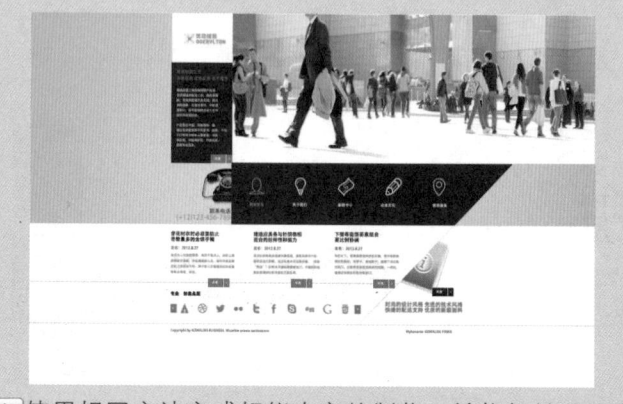

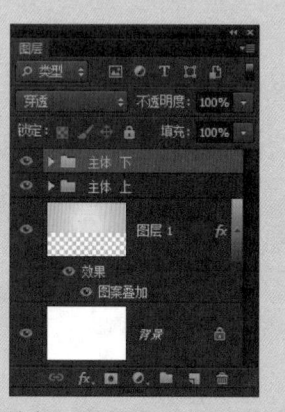

13 ▶使用相同方法完成相似内容的制作，并将相关图层进行编组，得到页面最终效果。

提问：如何使用其他方法绘制梯形？

答：使用"矩形选框工具"创建选区并填充颜色为 #1b0b30，取消选区，选择"钢笔工具"，设置"工具模式"为"路径"，将矩形不需要的部分用路径框选，按下快捷键 Ctrl+Enter，将路径转换为选区，按下 Delete 键，删除选区内容，即可绘制好一个梯形。

5.1.3　配色原理分析

将白色作为背景颜色，为整个页面制造出明快的气氛，给人眼前一亮的感觉。鲜亮的黄色可以突出主题，又不会与背景颜色产生突兀感。使用深紫色作为辅色，突出主体的同时为页面添加了一丝神秘气息。搭配页面下方的黑色文字，使页面获得等重的呼应，给人以稳重的感觉。

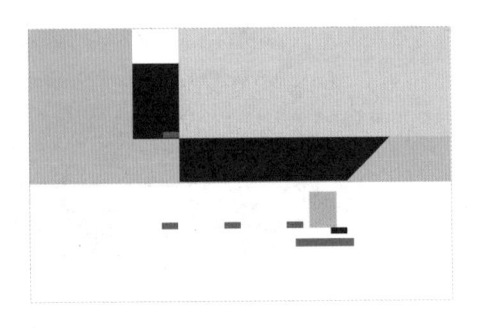

5.1.4　扩展方案

可以将黄色换为互补的蓝色，使整个页面的热度冷却下来，给人一种更加稳重、沉静的感觉。

也可以在页面的底部加一块深紫色，并按照上方的斜线进行造型，使整体版式效果更加独特，强化商务风格。

5.2　含羞草

含羞草能够表现出天生自然的意象。这种颜色的名称取自一种植物的颜色，有一种活力和生机勃勃的跃动感。

5.2.1　配色分析

与黄色一样，这种颜色可以让人联想到幸福。在颜色设计搭配中，这种颜色与暖色系和冷色系或中间色调都可以搭配。

含羞草——幸福	RGB（237、212、67） 网页安全色 #edd400

这种颜色是由黄色和一定量的橙色混合而成，接下来针对各种运用到含羞草这种颜色的网页进行分析。

● **家居网站设计**

白色的背景为整个页面制造明快的气氛。利用褐色同色系中色相的不同改变作为主色，突出立体感，给人以轻盈、温馨的感觉。

加入整片含羞草色，增添活跃、动感气氛。同时搭配中间色调，为整个页面营造出一种悠闲的意境，给人一种放松的感觉。与主体相同颜色的文字，呼应于整个页面，制造出自然、和谐的气氛。

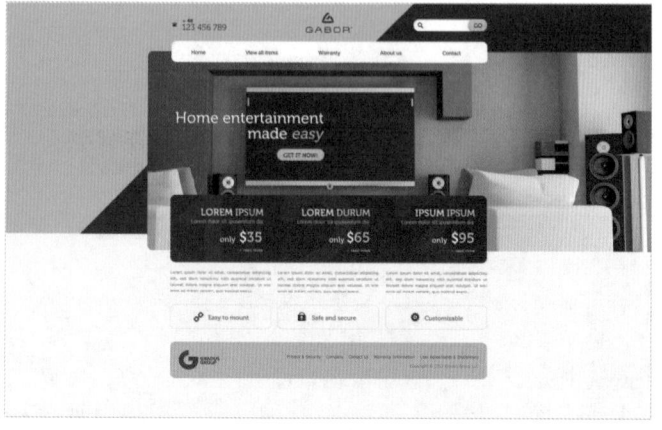

背景色：#fafbf4
主　色：#837062
辅　色：#edd400
文本色：#ffffff

● **手机网站设计**

整个页面以含羞草色为主色，与背景、文字为中间色相搭配，营造出自然、和谐的氛围，同时突出主题。加入少许的紫色、绿色和蓝色作为辅助，使画面表现出丰富、华丽、不单调的效果。整个页面给人感觉朴素而大方、简洁而丰富。

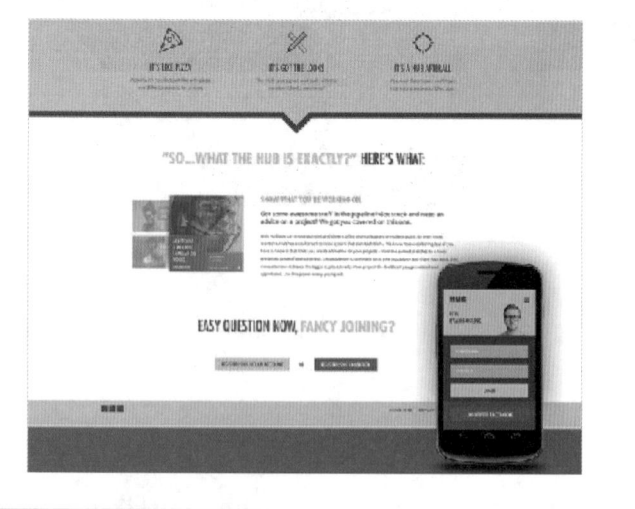

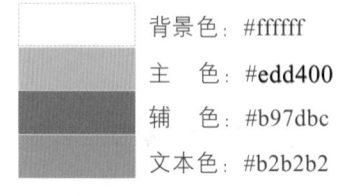

背景色：#ffffff
主　色：#edd400
辅　色：#b97dbc
文本色：#b2b2b2

5.2.2　配色实例

也许是受到了橙色的影响，含羞草给人一种活力四射的感觉。在网页设计中，通常用这种颜色表现温馨、幸福的效果。接下来对运用这种表现幸福颜色的网站做详细的步骤介绍和颜色分析。

辅色
#9b4c08

文字颜色
#000000

主色
#fee682

背景
#edd400

实例 22+ 视频：制作活跃的旅游度假网站

　　如何设计好一个网页对于一个企业来说是非常重要的，而合理的色彩搭配是设计一个优秀网页最值得注意的要点之一。

🏠 源文件：源文件 \ 第 5 章 \ 活跃的旅游度假网站 .psd　　🎬 操作视频：视频 \ 第 5 章 \ 活跃的旅游度假网站 .swf

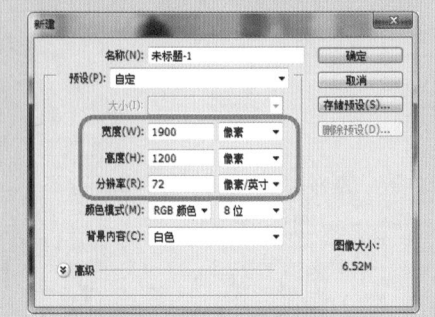　　

`01 ▶` 执行"文件 > 新建"命令，新建一个空白文档。

`02 ▶` 使用"渐变工具"为画布填充线性渐变 #edd400 到 #fdaf04。

 提示　　选择"渐变工具"后，可以直接将前景色和背景色设置为要填充的渐变颜色，然后单击选项栏中的 ▬▬▬▬ 按钮，在弹出的渐变编辑器面板中选择"前景色到背景色"选项，即可在画布中填充渐变。

03 ▶ 执行"文件 > 打开"命令，将素材文件"素材 \ 第 5 章 \008.jpg"拖入设计文档中，并适当调整其位置和大小。

04 ▶ 为其添加图层蒙版，并使用黑色柔边画笔在图像边缘涂抹，使其与背景图层完全融合。

05 ▶ 使用相同方法完成相似内容的制作。

06 ▶ 载入并选择相应的笔刷，设置"前景色"为黑色，在画布中反复进行涂抹。

07 ▶ 设置图层"混合模式"为"叠加"，"不透明度"为 50%，并将其拖移至"图层 2"下方。

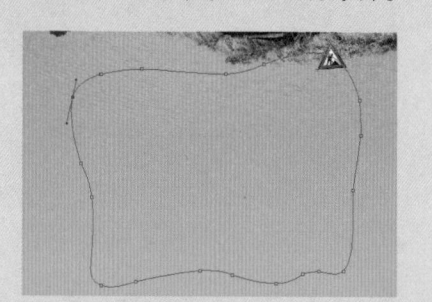

08 ▶ 在"图层 1"下方新建图层，使用"钢笔工具"在画布中绘制路径。

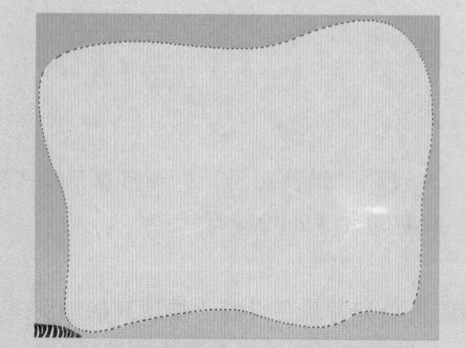

09 ▶ 按下快捷键 Ctrl+Enter，将路径转换为选区，并填充颜色为 #fee682。

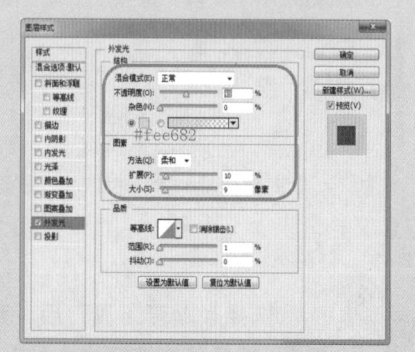

10 ▶ 打开"图层样式"对话框，选择"外发光"选项，设置参数值。

11 ▶ 设置完成后单击"确定"按钮，使用相同方法完成相似内容的制作。

12 ▶ 打开"字符"面板，设置参数值，并在画布中输入相应的文字。

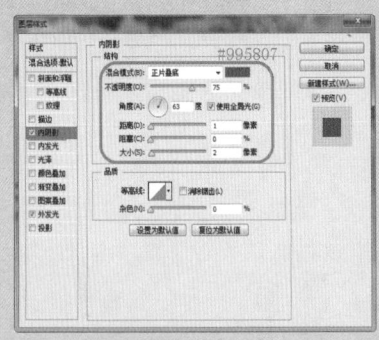

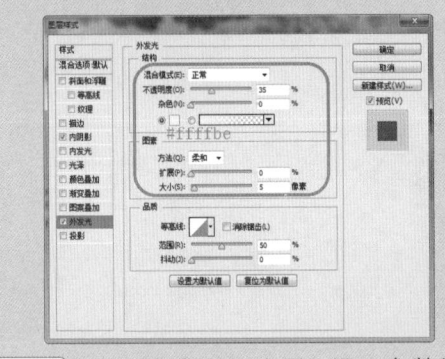

13 ▶ 打开"图层样式"对话框，选择"内阴影"选项，设置参数值。

14 ▶ 选择"外发光"选项，设置参数值。

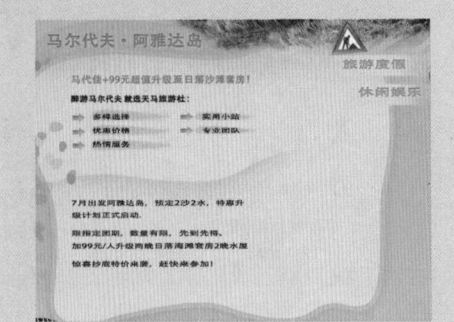

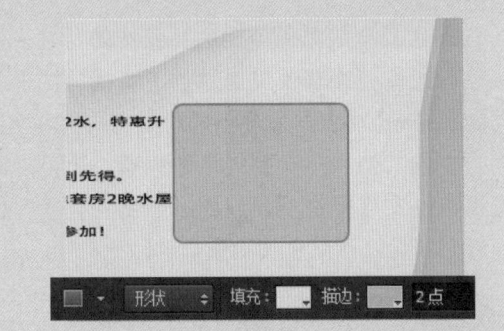

15 ▶ 设置完成后单击"确定"按钮，使用相同方法完成相似内容的制作。

16 ▶ 选择"矩形工具"，设置"填充"为 #fee682，"描边"为 #ffb02b，然后绘制形状。

17 ▶ 复制该形状，按下快捷键 Ctrl+T，将其进行适当缩放。

18 ▶ 使用相同方法拖入素材文件"素材\第5 章 \007.jpg"，并为其创建剪贴蒙版。

19 ▶ 使用相同方法完成相似内容的制作，并将相关图层进行编组，得到页面最终效果。

提问：如何取消描边？

答：本实例中使用"矩形工具"创建形状，为其上方的图层创建剪贴蒙版后，还会保留描边，如果在实际操作中不需要描边，单击"形状描边类型"图标，选择"无颜色"即可取消描边。

5.2.3　配色原理分析

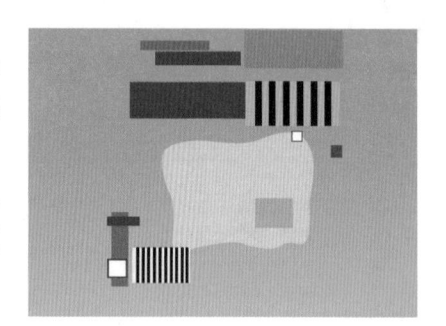

　　将含羞草的黄色与橙色渐变作为背景，融合两种颜色的优点，为整个页面添加了幸福、温馨并且有活力的跃动感。加以同为黄色系的更浅的色调作为主色，突出主题，使人感觉到纯洁的气息。小范围的深褐色与黑色的文字相搭配，起到了压制的作用，使整个页面看起来活跃而又不失稳重。

5.2.4　扩展方案

　　页面下方的版底信息部分可以采用与主体相同的面包片状背景，从而使页面布局方式更完整有趣。

　　也可以用橙红色作为背景颜色，突出主题的同时，以强烈的视觉冲击力刺激浏览者的大脑。

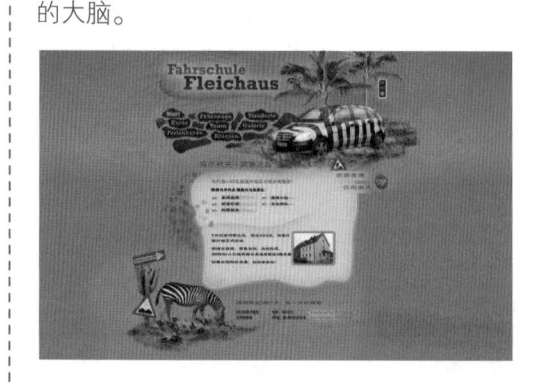

5.3　铬黄

铬黄是一种略偏橙色的黄色，明度略低于纯黄色，色彩意象也从热情张扬变为健康活力，表现出一种运动的感觉。

5.3.1　配色分析

在网页设计中，将这种颜色作为基本色来使用，会带给人一种积极健康、热力四射的感觉，非常适合表现年轻和活力。

RGB（253、208、0）
网页安全色 #fdd000

在实际配色中，使用邻近色与铬黄搭配，可以表现出一种青春洋溢、青翠欲滴的感觉。下面对运用这种色彩的具体配色进行分析。

● 冰饮类网站设计

这是一款非常明艳的冰饮类网站页面。页面直接采用大片的铬黄作为焦点图的背景，密集的水珠表现出绝佳的清凉感。

焦点图中的人物衣着清爽，表情夸张到位，进一步强化了热力四射的氛围。页面下方则采用小面积的嫩绿和红色作为点缀，而红色又恰好与焦点图中其他的颜色产生呼应，整体页面色调协调而活泼。

背景色：#ffffff
主　色：#f6cf00
辅　色：#eb6862
文本色：#ecc250

● 艺术类网站设计

艺术、设计和影视传媒类的网站都非常注重体现个性和与众不同的感觉，而黄色这种耀眼而又难以驾驭的颜色恰好能够满足这种要求。

这款艺术类网站页面采用铬黄作为背景，恰到好处的明度能够提供比纯黄色更加柔和舒适的刺激感。使用邻近的橙红色和红色作为辅色。这两种颜色相对比较温暖艳丽，所以不会破坏画面的氛围，也不会降低铬黄的新鲜程度。页面的留白很充裕，轻松、舒适的感觉诠释得很到位。

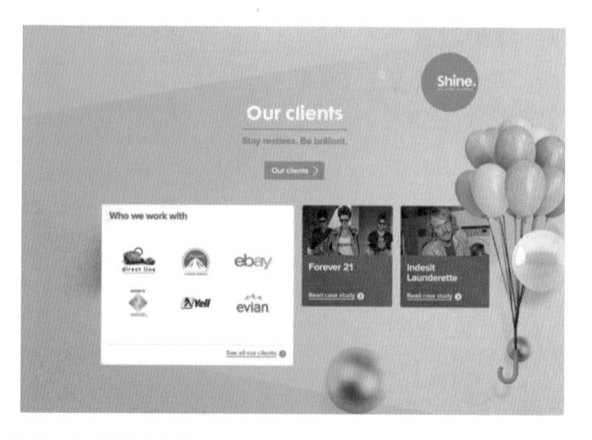

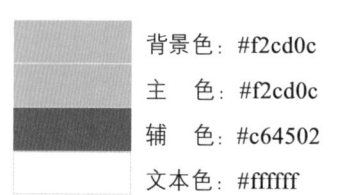

背景色：#f2cd0c
主　色：#f2cd0c
辅　色：#c64502
文本色：#ffffff

5.3.2　　配色实例

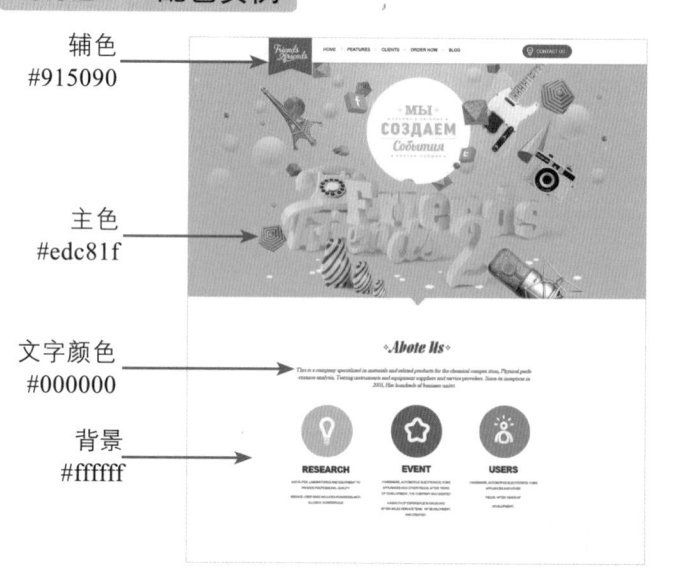

辅色
#915090

主色
#edc81f

文字颜色
#000000

背景
#ffffff

实例中使用了一张铬黄色背景的图像作为焦点图。这张卡通风格的图像立体感和空间感非常好，足够支撑起整个页面的视觉焦点。

下方的黄色、紫红色和青色圆点在页面上方都有与之相呼应的色块和元素。整体配色效果活泼，尽管版式简单，但却非常吸引人。

➡ 实例 23+ 视频：制作个性的艺术网站

制作艺术性的网站时，一定要注意在色彩搭配上不仅仅只是美观那么简单，还要让浏览者感到有强烈的视觉冲击力。下面来制作一个非常具有个性的艺术网站。

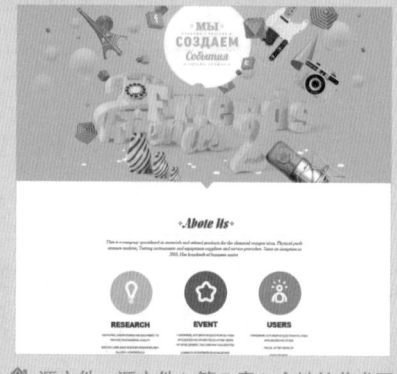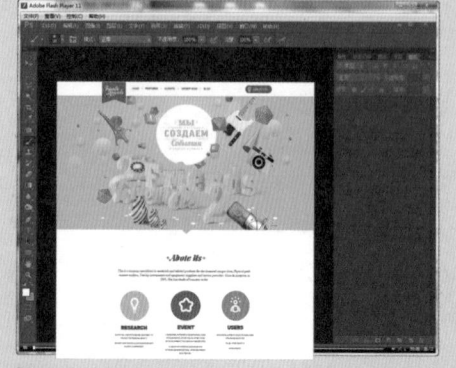

🏠 源文件：源文件 \ 第5章 \ 个性的艺术网站 .psd　　🔊 操作视频：视频 \ 第5章 \ 个性的艺术网站 .swf

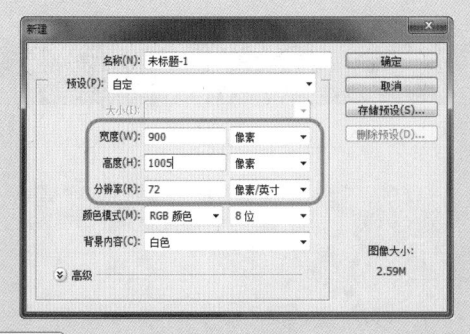

01 ▶ 执行"文件 > 新建"命令，新建一个空白文档。

02 ▶ 使用"矩形工具"在页面上方创建一个任意颜色的矩形，作为焦点图的背景。

03 ▶ 设置"路径操作"为"合并形状"，使用"钢笔工具"在色块下方加一个小三角。

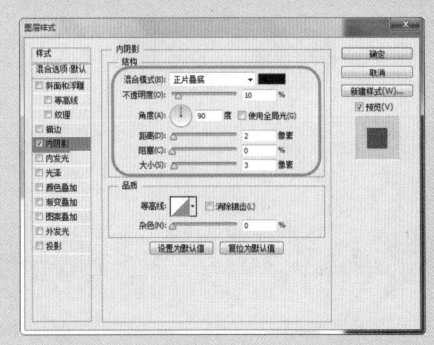

04 ▶ 打开"图层样式"对话框，选择"内阴影"选项，设置参数值。

05 ▶ 设置完成后单击"确定"按钮，得到形状效果。

06 ▶ 将素材图像"素材 \ 第 5 章 \014.jpg"拖入设计文档中，并将其剪切至下方的形状。

07 ▶ 再将标签素材"素材 \ 第 5 章 \015.png"拖入到焦点图左上方。

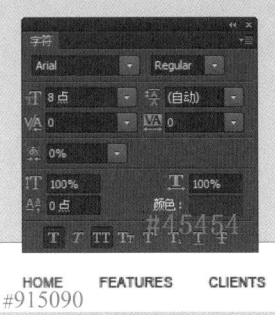

08 ▶ 在"字符"面板中适当设置字符属性，然后输入导航文字。

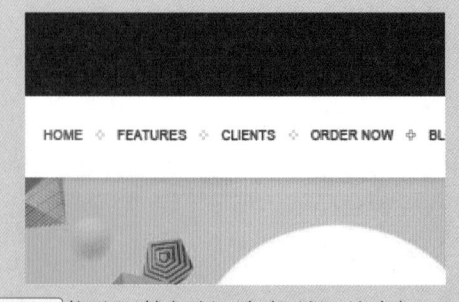

09 ▶ 使用"矩形工具"在两个词组中间加分隔符,颜色为 #fbe27e。

10 ▶ 将分隔符复制到每组单词的中间。

11 ▶ 在焦点图右上方创建一个"半径"为 20 像素、"填充"为 #915090 的圆角矩形。

12 ▶ 使用前面讲解过的方法为按钮添加图标和文字。

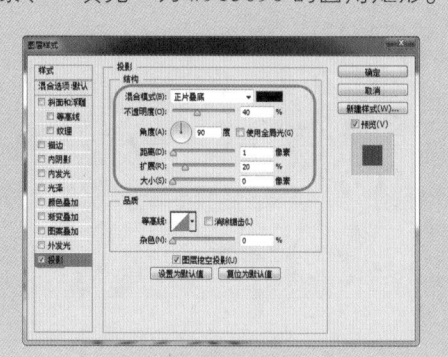

13 ▶ 双击文字图层缩览图,打开"图层样式"对话框,选择"投影"选项,设置参数值。

14 ▶ 设置完成后单击"确定"按钮,得到文字投影效果,然后将相关图层编组。

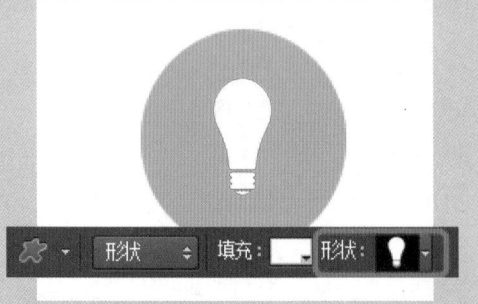

15 ▶ 使用相同方法制作页面下方的文字部分和圆点。

16 ▶ 使用"自定形状工具"在黄色圆点上创建一只白色的灯泡。

17 ▶ 再使用"自定形状工具"以"减去顶层形状"绘制水滴，然后适当调整形状。

18 ▶ 使用"多边形工具"，适当设置参数值，然后在紫色椭圆上绘制一颗白色的星形。

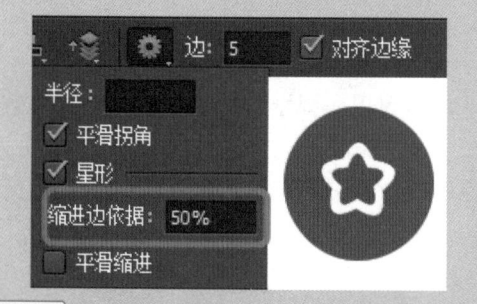

19 ▶ 重新修改参数值，然后以"减去顶层形状"模式挖空星形。

20 ▶ 使用相同的方法制作其他图标。

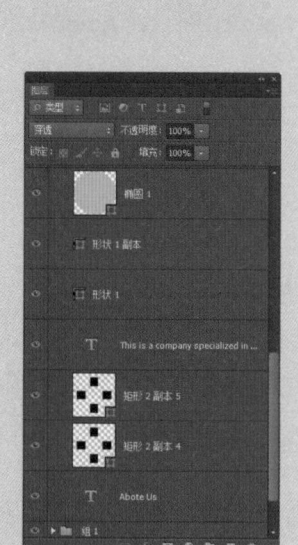

21 ▶ 使用相同方法完成其他内容的制作，得到最终页面效果，操作完成。

提问：为何在"自定形状工具"中找不到灯泡和水滴形状？

答：如果无法在形状选区器中找到灯泡和水滴形状，可单击该面板右上方的█按钮，在弹出的菜单中选择全部选项，载入 Photoshop 预设的全部形状即可。

5.3.3　配色原理分析

页面使用白色作为背景，焦点图则为铬黄色，页面整体效果呈现出活泼热情的感觉，极具动态感的图像也提升了页面的动感。

紫红色和青色的加入使页面配色颜色更加丰富，同时也有效缓解了高纯度、高明度黄色带来的刺激感。

5.3.4　扩展方案

可以将鲜艳的黄色换为极具柔媚感的粉红色，进一步增强刺激感。主色调改变以后，低纯度的紫红色标签将会拉低粉红色的刺激和艳丽感，需要换成其他鲜艳的颜色。

也可以在页面下方添加一块青色，这块颜色将与黄色形成鲜明的对比，强化整个页面的层次感和空间感，而且有区分分类信息的作用。

5.4　香槟黄

香槟黄给人的感觉像香槟的泡沫一样会轻快地裂开。这种明亮、清澈的色彩最能突出黄色所具备的智慧光芒。使用邻近色的暖色调搭配香槟黄，可以表现出一种轻快的感觉。

5.4.1　配色分析

在网页设计中，将这种颜色作为基本色来使用，会给人一种充满希望的感觉。香槟黄是由黄色加入大量的白色混合而成，所以也略带一些白色的色彩意味。

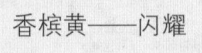

香槟黄——闪耀

RGB（255、249、177）
网页安全色 #fff9b1

● 化妆品网站设计

整个网页以香槟黄色与白色渐变搭配作为背景色，突出页面的层次感，营造出和谐的气氛，给人以干净、爽朗的感觉。

将同色系中显示张扬个性的大范围黄色作为辅色，搭配与其特性完全相反的低调象牙色，不仅突出主题，而且为页面营造了活跃、张扬的气氛，同时小范围的主色使页面看起来沉稳而不单调、华贵而不庸俗。

将零散、刺眼的鲜红色均匀分布在整个页面中，使其在整个页面中突出且与整个页面相呼应，给人以甜蜜、清透的感觉。

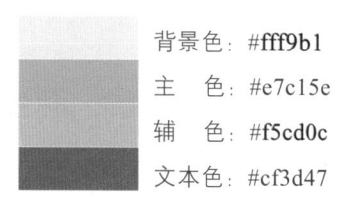

背景色：#fff9b1

主　　色：#e7c15e

辅　　色：#f5cd0c

文本色：#cf3d47

🍴 美食网站设计

以黄色系明度的不同改变作为背景色，为页面添加了空间感，给人以神秘而又深奥、清凉而又明亮的感觉。与其邻近色相搭配，给人以无法抗拒的食欲感，同时很好地突出主题，给人以眼前一亮的感觉。

页面中使用绿色作为辅助，突出健康食品的主题，同时使页面看起来色彩丰富但不杂乱，不会显得主体颜色与背景颜色相冲突。白色的文字为页面添加了活跃、明快的气氛，给人一种欢快的跃动感。

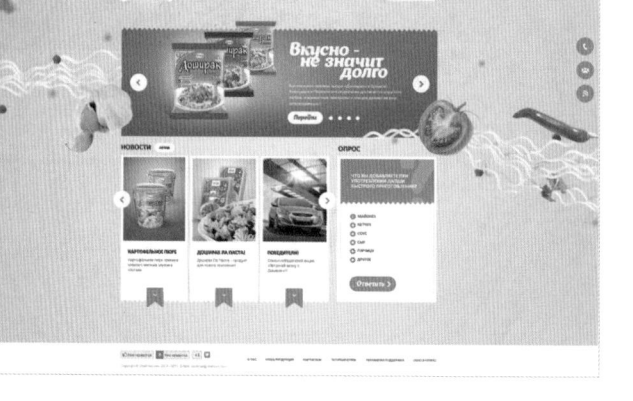

背景色：#fff9b1

主　　色：#db3c1f

辅　　色：#22700a

文本色：#ffffff

5.4.2　配色实例

香槟黄色由少量黄色和大量的白色调配而成，它的明度与白色非常接近，所以它也受到白色的影响，给人一种纯洁、稀薄的感觉。

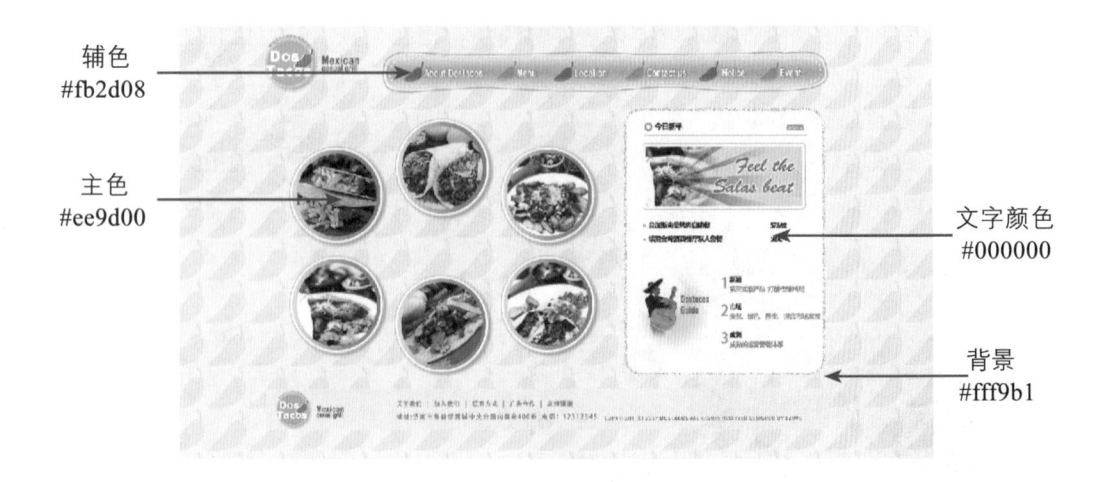

辅色
#fb2d08

主色
#ee9d00

文字颜色
#000000

背景
#fff9b1

实例 24+ 视频：制作精致的美食网站

　　本实例设计一个美食网站，一定要注意在色彩搭配上不仅仅只是要美观那么简单，还要让浏览者感到有食欲。下面通过该实例详细了解一下香槟色的具体配色方法和色块布局方式。

🏠 源文件：源文件 \ 第 5 章 \ 精致的美食网站 .psd

🎞 操作视频：视频 \ 第 5 章 \ 精致的美食网站 .swf

01 ▶ 执行"文件 > 新建"命令，新建一个空白文档。

02 ▶ 新建"图层 1"，并为画布填充颜色为 #fdf9ca。

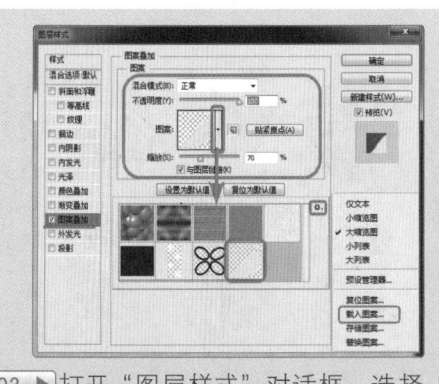

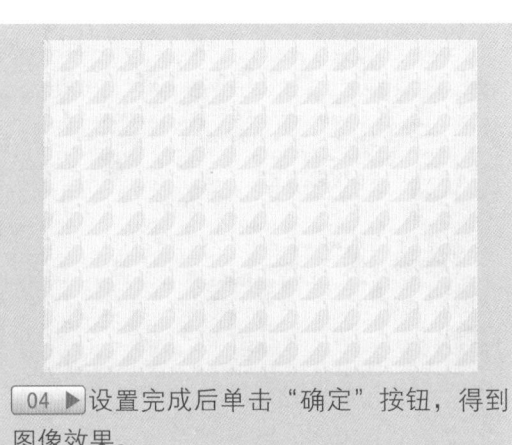

03 ▶打开"图层样式"对话框，选择"图案叠加"选项，设置参数值（请使用素材纹理）。

04 ▶设置完成后单击"确定"按钮，得到图像效果。

05 ▶执行"文件＞打开"命令，将素材文件"素材\第5章\018.png"拖入设计文档中。

06 ▶使用相同的方法拖入另一张素材文件"素材\第5章\019.png"。

07 ▶打开"字符"面板，设置参数值，并在画布中输入相应文字。

08 ▶再次使用相同的方法拖入另一张素材文件"素材\第5章\020.png"。

09 ▶选择"矩形工具"，打开"填充"面板，选择渐变选项进行相应设置，并在画布中绘制形状。

10 ▶复制该形状至"椭圆1"下方，将其等比例放大，并修改其"填充"为白色，"描边"为 #f6d671。

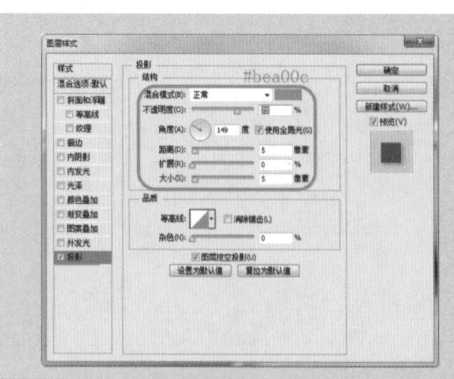

11 ▶ 打开"图层样式"对话框,选择"投影"选项,设置参数值。

12 ▶ 将"椭圆1"和"椭圆2"移至"图层4"下方,并使用相同方法完成相似内容的制作。

13 ▶ 使用相同方法完成相似内容的制作。

14 ▶ 复制与 Logo 相关的图层,将其合并后适当缩放,并修改其"混合模式"为"明度"。

15 ▶ 使用相同方法完成相似内容的制作,并将相关图层进行编组,得到页面最终效果。

　　将图层"混合模式"改为"明度",是为了将彩色调的图像改变成灰色调的图像,而将 Logo 与其相关的文字图层合并是为了节省步骤,并不是必要的操作,读者也可以不合并图层,修改完图层的"混合模式"后,再修改文字图层的"混合模式",效果是一样的。

提问：如何等比例缩放图像？

答：选中要缩放的图像图层，按下快捷键 Ctrl+T，即可出现变换框，按下 Shift 键的同时拖动变换框 4 个拐角的控制柄，即可等比例缩放图像。按下 Shift+Alt 键的同时拖动变换框 4 个拐角的控制柄，则可以从中心等比例缩放图像。

5.4.3　配色原理分析

使用橙色作为美食网站的主色，让人有食欲大增的感觉。采用小范围的红色和绿色作为辅色，起到了很好的点缀效果，使整个页面看起来色彩丰富。香槟黄色的背景营造了明快的气氛，给人以轻快、放松的感觉。

5.4.4　扩展方案

页面也可以使用更具口感的橙色与轻快的香槟黄色作为背景，突显页面的层次感，并且取两种颜色特质的优点，给人以温馨、欢快的感觉。

也可以在页面的底部添加一个与页面上方的导航相同渐变颜色的渐变条，就可获得等重的呼应，同时使整个页面看起来更加稳重，不会显得头重脚轻。

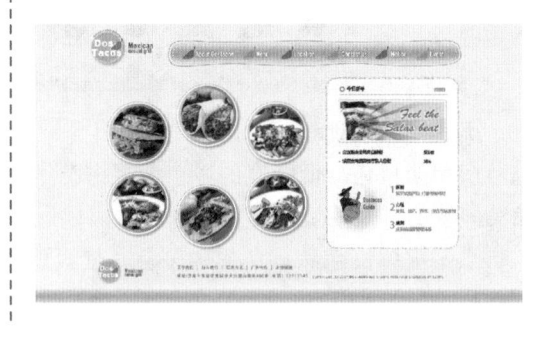

5.5　淡黄色

淡黄色色相清淡而温柔，给人感觉如奶油般的柔和与甜蜜。这是一种非常招人喜爱的色彩，在设计中即使大范围使用，也不会让人感到过于刺激或单调，反而会使人心情放松。

5.5.1　配色分析

将淡黄色搭配高纯度高明度的色彩，可以表现如孩童般纯真的感觉。搭配低纯度、低明度的色彩，可以表现出华贵、优美的氛围。

淡黄色——柔和	RGB(255、234、180) 网页安全色 #ffeab4

淡黄色也是一种让人感觉非常温暖的颜色，通常像室内灯光采用这种柔和的颜色，使人心情放松，给人温馨的感觉。下面通过运用这种颜色的网站进行颜色分析，了解淡黄色在网站中的运用。

女性网站设计

整个网页以高明度的黄色及柔和的浅粉色作为背景，给人感觉闪耀而柔和，但同时给人稍许刺眼的感觉。搭配大片的淡黄色作为主色，缓和了紧张感，使页面整体显得轻柔、温润。

加入少许的同色系高明度的黄色作为辅色，为整个页面添加了欢快、活跃的旋律，给人以轻柔、如家一般温馨的感觉。

加入背景色同色系的明度低一些的深粉色的文字，弥补了因背景色范围小而造成的空虚感，同时使整个页面色调层次分明，与背景色相呼应而又减缓了红色给人造成的视觉疲劳，整个页面给人轻松、欢快、温馨的感觉。

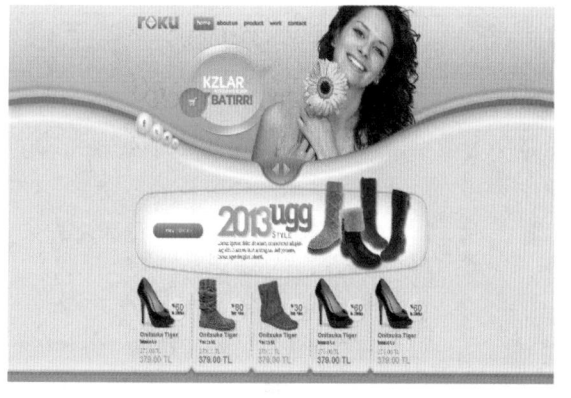

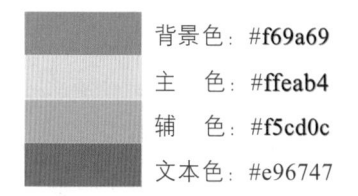

背景色：#f69a69

主　色：#ffeab4

辅　色：#f5cd0c

文本色：#e96747

美食网站设计

使用淡黄色与低纯度的冷色调相搭配作为背景，活泼了整个页面的效果，体现出华贵、优美的氛围。搭配浅灰作为主色，给人以沉稳、质朴的感觉。

小范围的红色和蓝色作为辅色，使页面色彩更加丰富，给人以华丽、欢快的感觉。同时浅淡的橙色活跃了整个页面气氛，使页面看起来不单调。

背景色：#ffeab4

主　色：#dbdbdb

辅　色：#e74226

文本色：#ebbf7e

5.5.2　配色实例

淡黄色由一定量的白色与黄色调配而成，同时集合两种颜色特质的优点，既有白色给人的明亮感，又有黄色给人的轻快感，所以特别招人喜爱。

主色
#ffeab4

辅色
#899f45

背景
#ffffff

文字颜色
#767676

➡ 实例 25+ 视频：制作悠闲的韩食网站

淡黄色通常运用在休闲类的网页设计色彩搭配中,将其运用在网页设计的色彩搭配中,也可以表现出一种悠然自得的效果。接下来通过对一个食品网页的制作,继续对淡黄色在网页设计中的搭配效果进行详细分析。

🏠 源文件: 源文件 \ 第 5 章 \ 悠闲的韩食网站 .psd

🔊 操作视频: 视频 \ 第 5 章 \ 悠闲的韩食网站 . swf

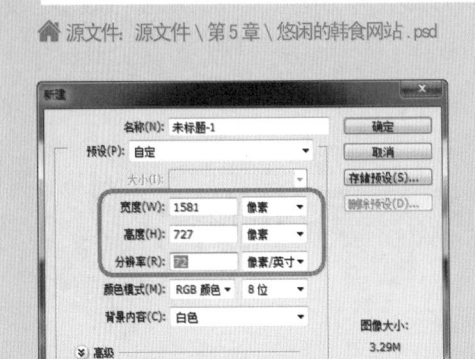

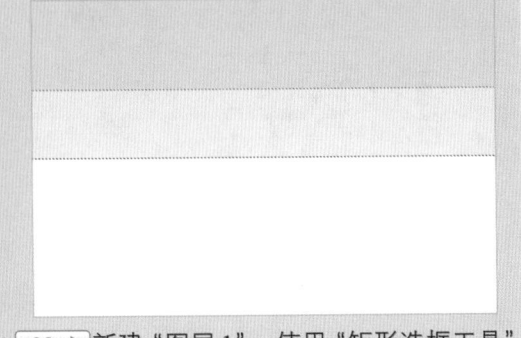

01 ▶执行"文件 > 新建"命令，新建一个空白文档。

02 ▶新建"图层 1"，使用"矩形选框工具"在画布中创建选区，并填充颜色为 #f8f1df。

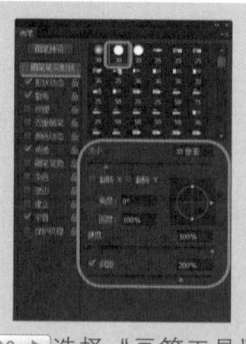 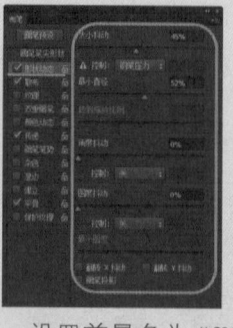 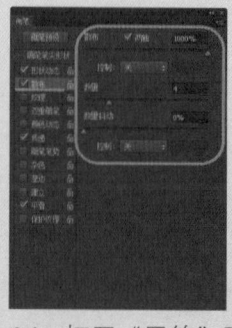 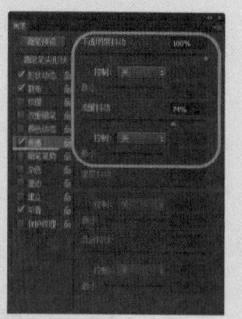

03 ▶ 选择"画笔工具"，设置前景色为 #f9bc3d，打开"画笔"面板，分别选择"画笔笔尖形状"、"形状动态"、"散布"、"传递"选项并设置参数值。

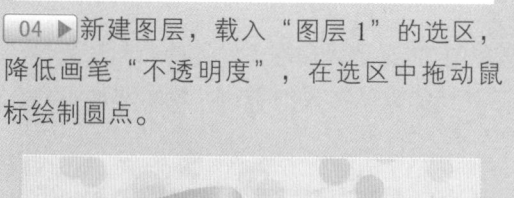

04 ▶ 新建图层，载入"图层 1"的选区，降低画笔"不透明度"，在选区中拖动鼠标绘制圆点。

05 ▶ 执行"文件 > 打开"命令，将素材文件"素材 \ 第 5 章 \023.png"拖入设计文档中，并适当调整其位置和大小。

06 ▶ 在"图层 3"下方新建图层，使用黑色柔边画笔涂抹出丝带的投影。

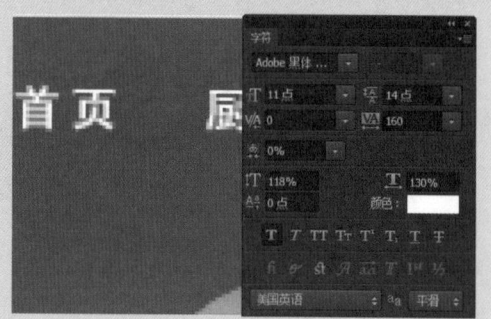

07 ▶ 打开"字符"面板，设置参数值，并在画布中输入相应文字。

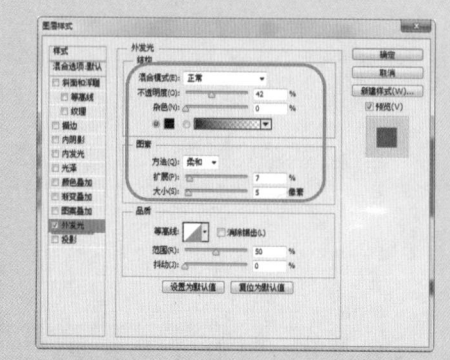

08 ▶ 打开"图层样式"对话框，选择"外发光"选项，设置参数值。

09 ▶ 设置完成后得到图像效果，然后使用相同方法完成相似内容的制作。

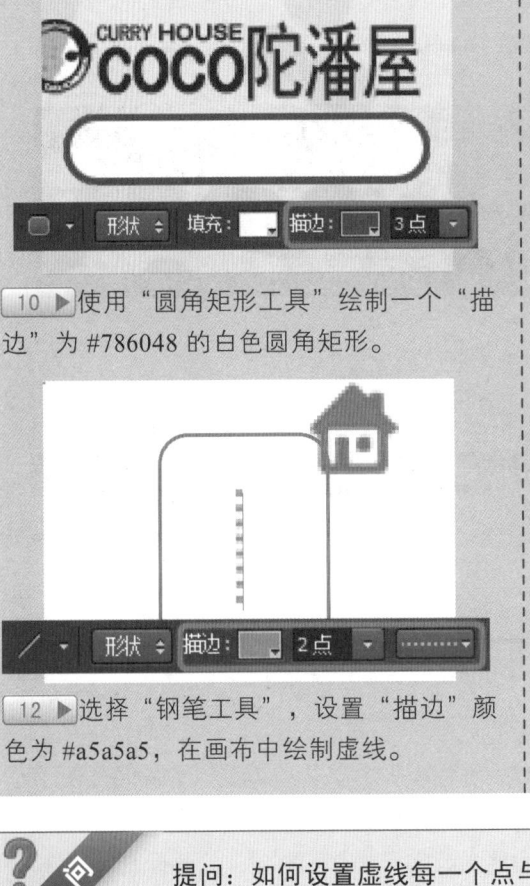

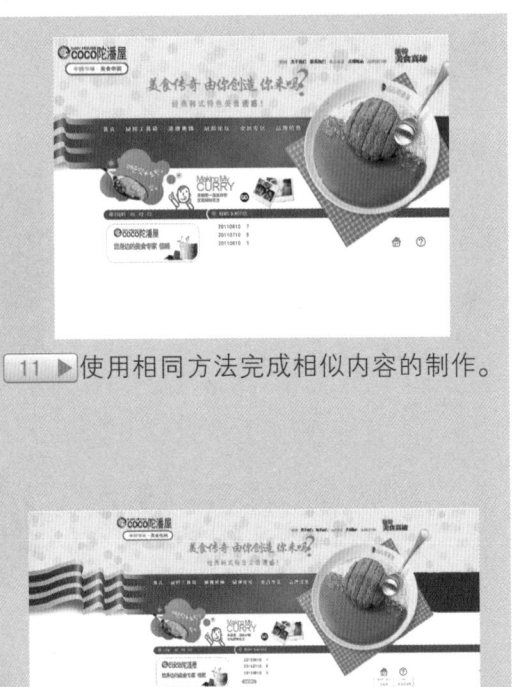

10 ▶ 使用"圆角矩形工具"绘制一个"描边"为 #786048 的白色圆角矩形。

11 ▶ 使用相同方法完成相似内容的制作。

12 ▶ 选择"钢笔工具"，设置"描边"颜色为 #a5a5a5，在画布中绘制虚线。

13 ▶ 使用相同方法完成相似内容的制作，得到图像最终效果。

提 问

提问：如何设置虚线每一个点与点之间的距离？

答：在实际设计操作中，为了页面的美观，可能对每一个小细节都有非常严格的要求，例如本实例中的虚线。但可能有时一些风格比较粗犷的网页就不像本实例中这么细致了。这时可以单击"形状描边类型"按钮，在弹出的下拉菜单中单击"更多选项"按钮，即可弹出"描边"按钮，在这个对话框中可以重新编辑描边样式。

5.5.3　配色原理分析

使用小面积的淡黄色与大范围的白色作为背景色，使整个页面明亮却不刺眼。使用橙色系的咖啡色作为主色，带给人一种可口的诱惑感觉，同时弥补了大片白色给页面造成的空旷感。

利用深绿色作为辅色，丰富了页面色彩效果，浅灰色的文字加重了页面色彩质量，使页面看起来稳重、不轻浮。

5.5.4　扩展方案

　　将主色与淡黄色搭配作为渐变背景色，突出页面层次感，同时不会像白色一样看起来有轻飘飘的感觉。

　　为了使页面下方的深色背景不影响文字阅读，最好能够将下方的文字换成浅色。

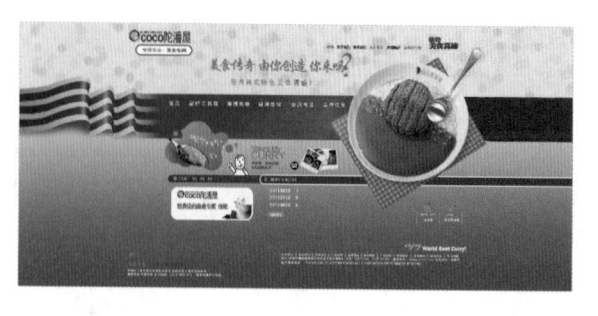

　　也可以在页面的底部添加一个与页面上方的导航相同渐变颜色的渐变条，宽度最好和页面中间的细条相同，这样可以使页面色调与版式更协调、更完整。

5.6　本章小结

　　黄色是有彩色中明度最高的色彩，传递出一种温暖、热情的正能量，像一颗温暖的小太阳一般温暖人心。黄色又是一种特别娇贵的颜色，任何其他颜色的混入都会立刻使其褪去耀眼华丽的色感。当不断加入白色时，黄色会逐渐趋向于燥热和朴素；当不断加入黑色时，黄色会逐渐变得滞重，如果此时再加入少量红色，就会得到敦厚的土黄色。

　　总而言之，黄色是"善变"的，它是如此的热情耀眼、个性张扬，但却极难驾驭，令设计师们又爱又恨。

第6章 网站配色设计应用 ——绿色系

绿色是大自然中常见的颜色。绿色与人类息息相关，它代表了生命与希望、和平与安全、恬静与满足，也充满了青春活力，是网页设计使用最为广泛的颜色之一。本章将针对网页中的绿色搭配进行学习。

6.1 苹果绿

苹果绿正如青苹果一样清爽，那青涩的稚嫩让人心情变得格外明朗。它代表着健康与生命，所以经常用于与自然、健康和教育相关的站点。

6.1.1 配色分析

苹果绿色调明朗、青春，与原色、间色搭配，给人开朗、豪放的印象；与邻近色搭配，呈现出悠然、惬意的印象；与补色或分离互补色相搭配，会呈现一种和谐、舒适的感觉。

苹果绿——新鲜	RGB（157、201、42） 网页安全色 #9dc92a

● 健身类网站设计

新鲜、明快的苹果绿与同色系搭配，展现出积极向上的动力，有一种鲜活的气息，给人一种惬意的感觉，与少许的黑色和红色搭配，有一种蓄势待发的力量。

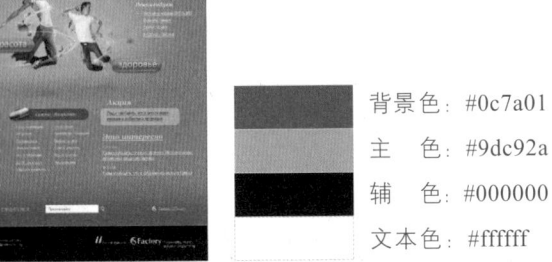

	背景色：#0c7a01
	主　色：#9dc92a
	辅　色：#000000
	文本色：#ffffff

● 娱乐类网站设计

网页使用大面积的苹果绿，使人心情舒畅，优雅、轻松的氛围中流露出一种强大的生命力，给人鼓舞的力量。与高明度的白色搭配，使画面更加精妙与艺术。

本章知识点

☑ 苹果绿——新鲜

☑ 翡翠绿——希望

☑ 黄绿色——清新

☑ 浓绿色——昂扬

☑ 浅绿色——稚嫩

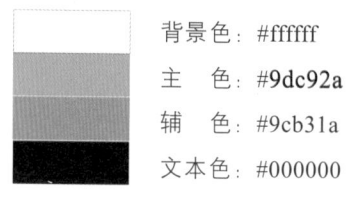

背景色: #ffffff
主　色: #9dc92a
辅　色: #9cb31a
文本色: #000000

6.1.2 　配色实例

　　绿色是深受欢迎的颜色之一。苹果绿是由黄色与青色调和而成的色彩，由于包含的黄色较多，给人活泼的感觉，在网页中适合表现健康活力的形象，或者壮观的自然景象。

　　实例中苹果绿在深紫色的衬托下，显得更加生机勃勃，让人脑海中呈现初春乍暖、万物复苏的美妙景象。

主色
#9dc92a

文字颜色
#cbcbcb

背景
#ffffff

辅色
#9dc92a

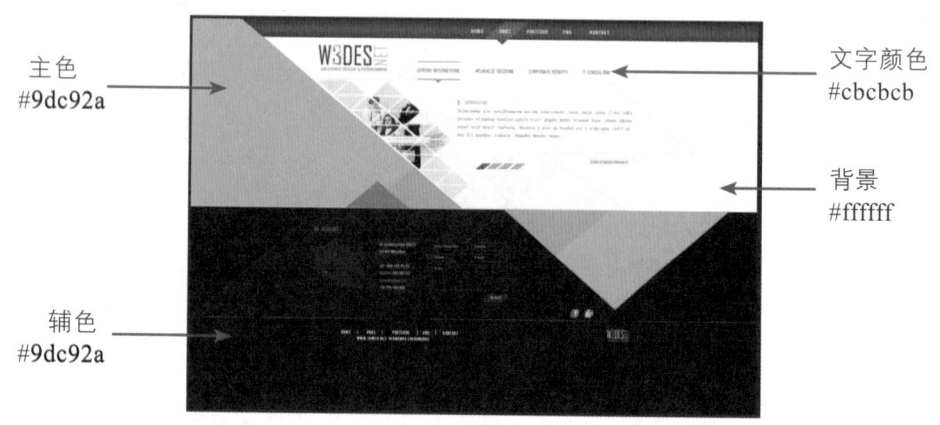

➡ 实例 26+ 视频：制作工作室网站

　　画面中的苹果绿与深紫色形成强烈的对比，视觉上给人一种强烈的刺激感，使画面更加华丽与充实。

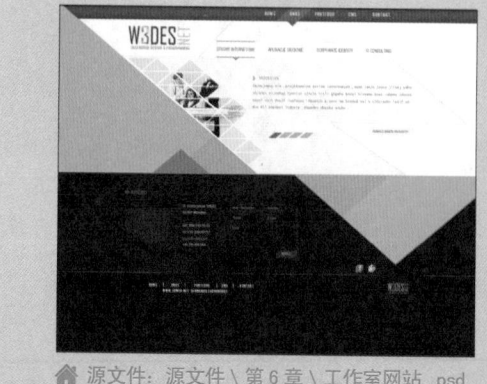

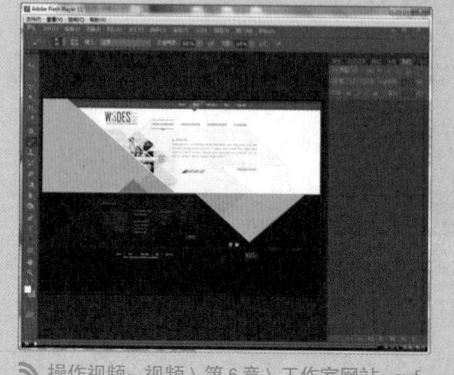

源文件: 源文件 \ 第 6 章 \ 工作室网站 .psd

操作视频: 视频 \ 第 6 章 \ 工作室网站 .swf

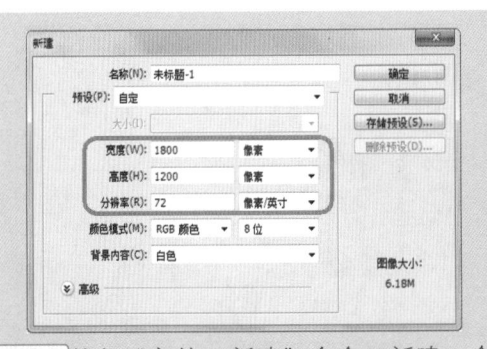

01 ▶ 执行"文件 > 新建"命令，新建一个空白文档。

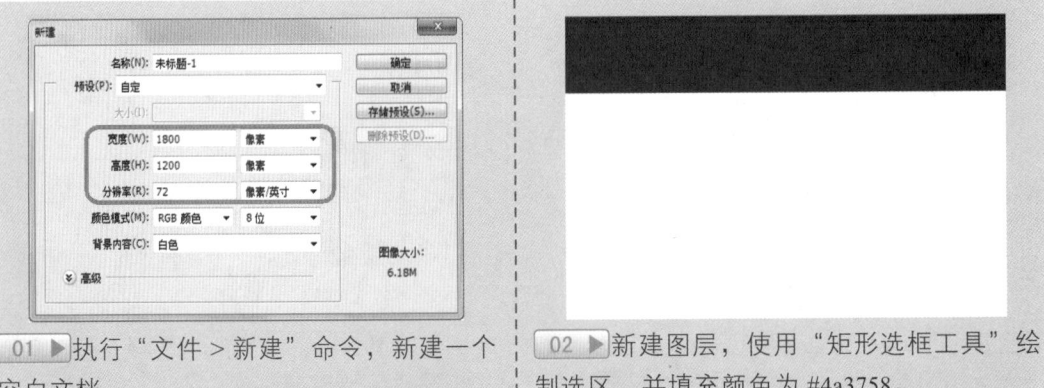

02 ▶ 新建图层，使用"矩形选框工具"绘制选区，并填充颜色为 #4a3758。

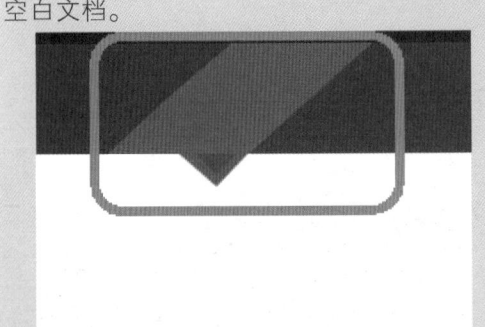

03 ▶ 新建图层，分别使用"钢笔工具"绘制不同的路径，将路径转换为选区，并填充颜色为 #7e4d9f。

04 ▶ 载入"图层 1"选区，新建图层，然后使用"渐变工具"为选区填充由黑到白再到黑的线性渐变。

05 ▶ 修改图层"不透明度"为 10%，制作出导航的立体效果。

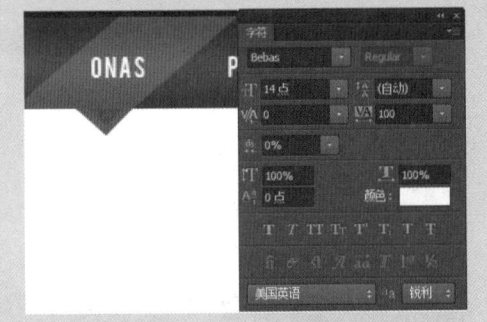

06 ▶ 打开"字符"面板设置参数，在导航上输入文字，然后将相关图层编组为"导航"。

07 ▶ 新建图层，使用"钢笔工具"绘制路径并转换为选区，填充颜色为 #9dc92a。

08 ▶ 使用相同方法完成其他内容的制作。

09 ▶ 执行"文件 > 打开"命令，打开素材图像"素材\第 6 章\001.jpg"，将其拖入到设计文档中，并将其剪贴至下方图层。

10 ▶ 使用相同方法完成其他内容的制作，然后将相关图层编组为"主体"。

11 ▶ 新建图层，使用"矩形选框工具"绘制选区，并填充颜色为 #201827。

12 ▶ 使用相同方法制作其他的色块。

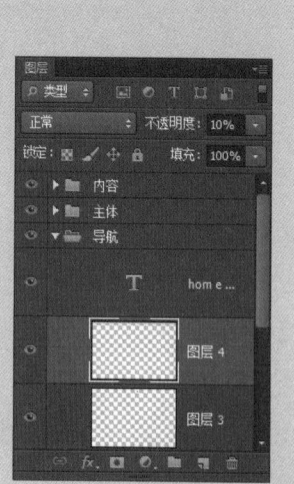

13 ▶ 使用相同方法完成其他内容的制作，并将相关图层编组，操作完成。

提问：色彩的三要素是什么？

答：构成色彩的要素分为 3 种，一是我们感知的光的波长，通常以其为特征对光进行区分；二是按照色彩的明度区分；三是按饱和度区分。

6.1.3　配色原理分析

清新的苹果绿与神秘的深紫色搭配，表现出华丽而又刺激的视觉碰撞，使绿色更加生机勃勃，紫色更加睿智内敛。

白色的文字与深色背景形成强烈的对比，给人一种干净利落的印象，让人感觉亲近、柔和、舒服。

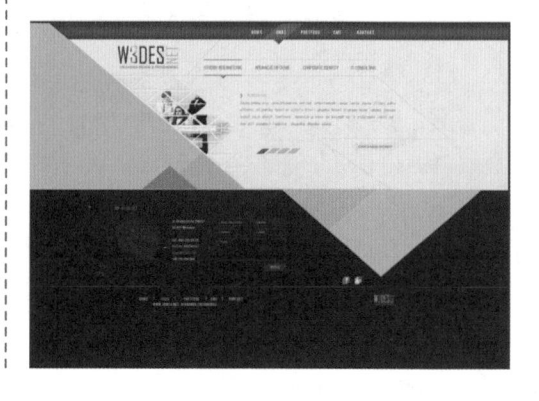

6.1.4　扩展方案

蓝色是很常用的商务色，这种明艳的冷色能够更好地表现出空旷、冷静和睿智的感觉，使页面更具说服力。

在温和的背景下，画面会显得更加亲切，给人温暖的感觉。这里可以将黄色与绿色搭配，使其更具亲和力。

6.2　翡翠绿

翡翠绿象征着希望，给人积极的鼓舞，同时也展现出一种强大的生命力。翡翠绿中包含少量的青色，散发着翡翠一般温润的气质，在视觉上不会给人强烈刺激感，在网页设计中被广泛使用。

6.2.1　配色分析

翡翠绿是由等量的青色与黄色混合而成，给人内敛的印象。与同类色搭配，可以呈现出华丽的气息和无垢的自然氛围；与对比色搭配使人感觉轻松、优雅，又流露出希望。

RGB（21、174、103）

网页安全色 #15ae67

● 电子产品类网站设计

大面积的翡翠绿，传达出理智、果断的印象，白色的文字与背景，使画面条理清晰，使整体显得自然、和平，适用于电子产品类的网站中，这样更加具有说服力。

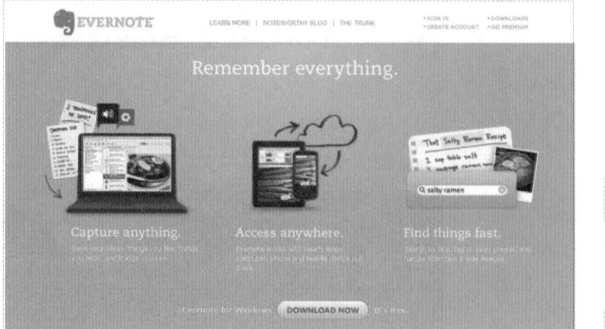

背景色: #ffffff
主　色: #2fb06e
辅　色: #cad5d7
文本色: #ffffff

● 饮品类网站设计

翡翠绿在背景的衬托下，显得更加清新自然，与同色系搭配表现出整体的和谐统一，营造出健康、自然、和谐的氛围，符合网站的主题。

背景色: #e9e9df
主　色: #1bae67
辅　色: #0b7241
文本色: #545351

6.2.2　配色实例

该实例是一款游戏网站，整个画面以平稳的翡翠绿为主，能表现出自然界的和平与希望。与邻近色的搭配，带来了缓和、舒适的感觉。没有过多艳丽的色彩，但却很好地凸显出了平和温润的感觉。

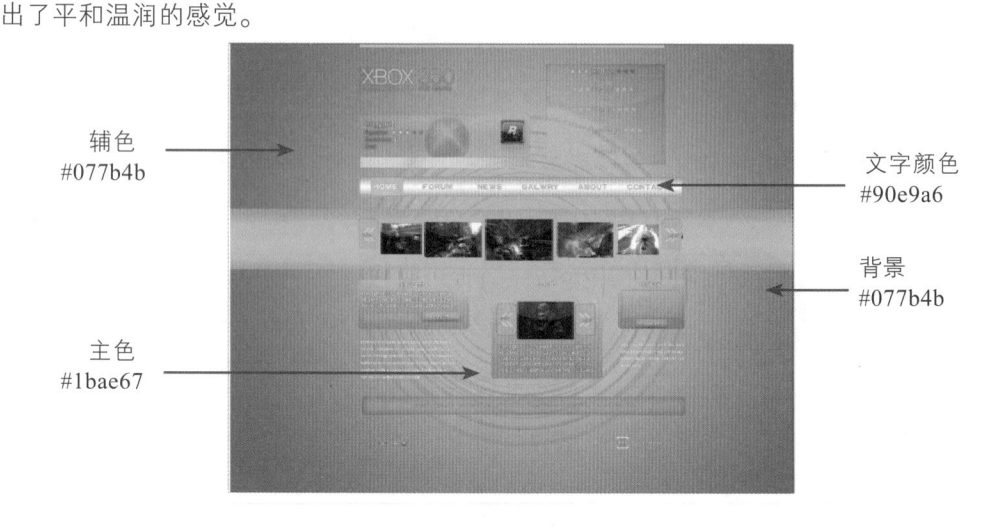

辅色
#077b4b

文字颜色
#90e9a6

背景
#077b4b

主色
#1bae67

实例 27+ 视频：制作游戏类网站

　　浓绿色到翡翠绿的渐变奠定了平和、温润的氛围，清爽、规则的排版干脆利落，银灰色显得更加有质感，传达出一种别具一格的风采。

源文件：源文件 \ 第 6 章 \ 游戏类网站 . psd

操作视频：视频 \ 第 6 章 \ 游戏类网站 . swf

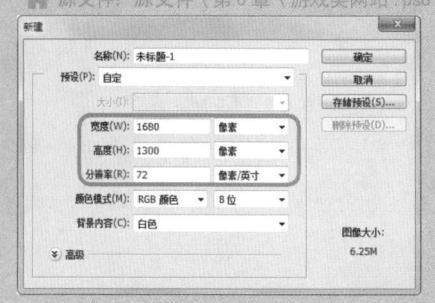

`01` ▶ 执行"文件 > 新建"命令，新建一个空白文档。

`02` ▶ 使用"渐变工具"为画布填充 #057549 到 #2ed765 的径向渐变。

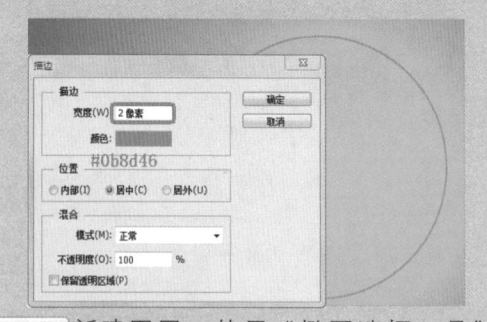

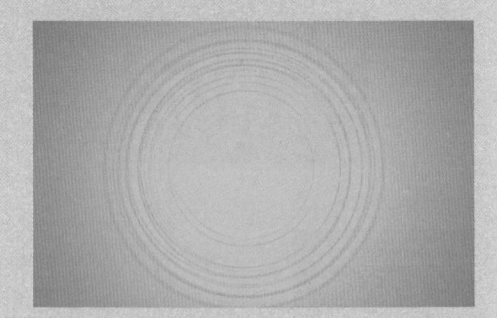

`03` ▶ 新建图层，使用"椭圆选框工具"绘制选区，并执行"编辑 > 描边"命令。

`04` ▶ 使用相同方法绘制其他正圆，并修改图层"不透明度"为 30%。

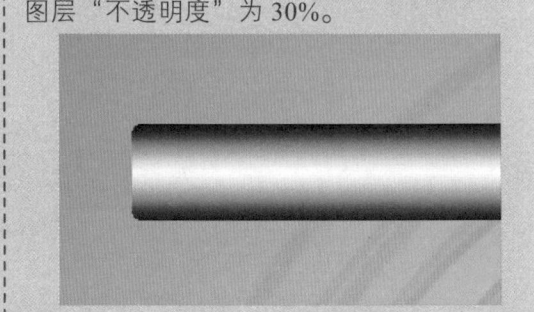

`05` ▶ 新建图层，使用"圆角矩形工具"绘制一个白色的圆角矩形。

`06` ▶ 载入图层选区，新建图层，使用"渐变工具"为选区填充黑、白、黑线性渐变。

07 ▶修改图层"不透明度"为30%，得到导航立体效果。

08 ▶新建图层，绘制圆角矩形路径，将其转换为选区，然后填充由 #99f42e 到 #32e068 的径向渐变。

09 ▶打开"字符"面板，设置各参数值，并使用"横排文字工具"输入导航文字。

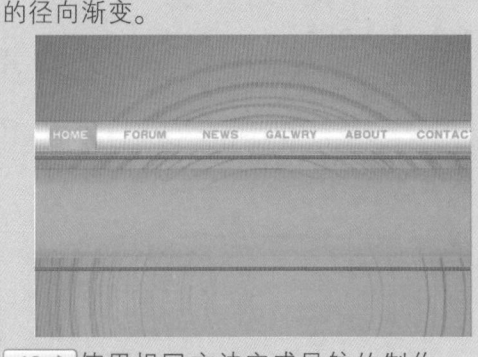

10 ▶使用相同方法完成导航的制作。

11 ▶打开素材图像"素材\第6章\007.jpg"，并将其拖入设计文档中。

12 ▶使用相同方法完成其他素材的拖入。

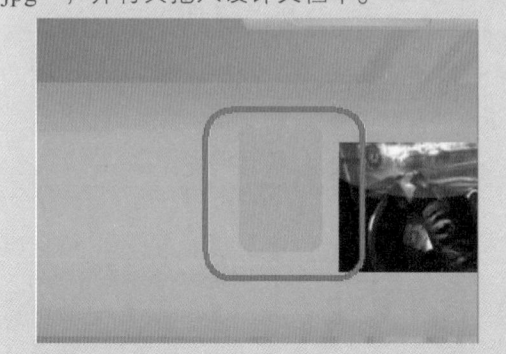

13 ▶新建图层，使用"圆角矩形工具"绘制路径并转为选区，填充颜色为 #34b761。

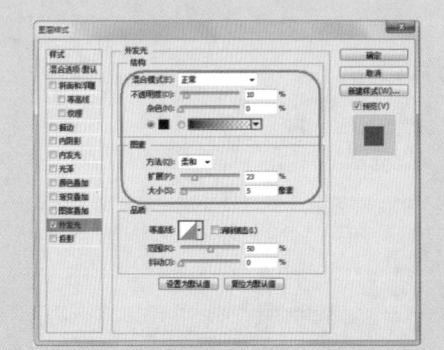

14 ▶打开"图层样式"对话框，选择"外发光"选项，设置参数值。

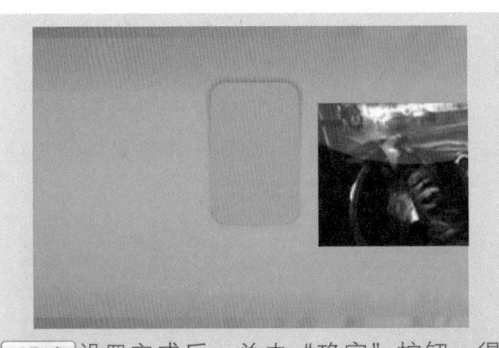

15 ▶ 设置完成后，单击"确定"按钮，得到按钮的发光效果。

16 ▶ 使用相同方法完成其他内容的制作。

17 ▶ 使用相同方法完成其他内容的制作，将相关图层编组。

提问：什么是色彩混合？

答：色彩混合是指至少两种颜色相互混合而产生新的色彩方法，主要包括加色混合、间色混合和中性色混合。

6.2.3　配色原理分析

大面积使用绿色，给人以平稳、理智的印象。与邻近色的搭配，呈现出友好、和平的态度，巧妙地安排白色的布局，给人耳目一新的感受。

不同纯度的绿色经过巧妙的组合，营造出一个清爽的世界，增添了愉悦的气氛。

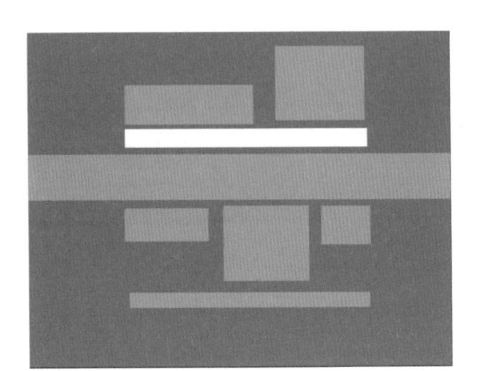

6.2.4　扩展方案

可以将绿色换为邻近的青色。蓝色到青色的渐变色能够构建出非常出色的空间感，配合前景中半透明的框体，时尚感十足。

也在网页的下方添加一个白色长条，与白色导航起到上下呼应的效果，使画面的整体配色更加平衡。

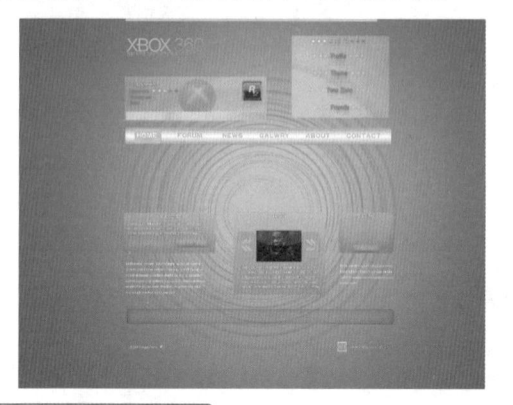

6.3　黄绿色

黄绿色如同初春的嫩芽，为万物带来生机，清新而自然。黄绿色是由黄色掺入一定量的青色混合而成的色彩，所以明度偏高，带来一种大自然的气息，给人以清新的享受。

6.3.1　配色分析

黄绿色与同类色、相近色搭配，会呈现出统一的效果，表现出自然的协调感；与对比色搭配，会呈现出鲜明、艳丽的感觉。

黄绿色——清新

RGB（207、220、41）
网页安全色 #cfdc29

● **水果类网站设计**

大面积的黄绿色既艳丽又明亮，给人新鲜健康的感觉，符合该类网站的主题。与同色系搭配表现出整体统一的效果，加上热情的红色系的搭配，使平庸的画面更加饱满，彰显了温和、亲切、自然的氛围。

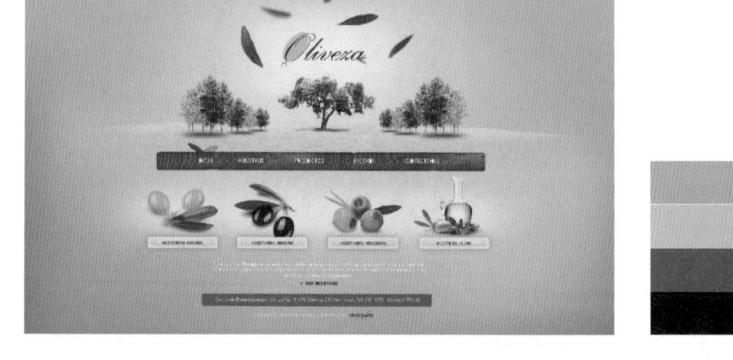

背景色：#9cbc13
主　色：#cfdc29
辅　色：#3a5b00
文本色：#000000

● 生活类网站设计

　　大面积采用绿色系搭配组合，营造一个轻松的环境，让人全身放松，仿佛能感受到阳光的滋润和花草的芳香。

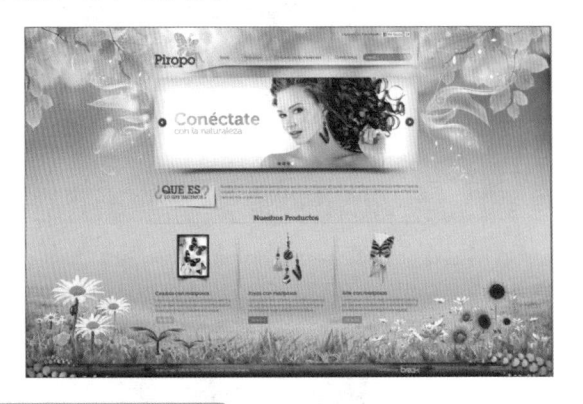

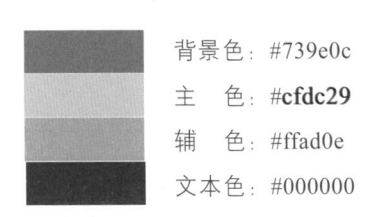

背景色：#739e0c

主　色：**#cfdc29**

辅　色：#ffad0e

文本色：#000000

6.3.2　配色实例

　　洁白的云彩和晨光下的美好景象，共同营造出一个世外桃源般的仙境，将自然的魅力展露无遗。配上褐色并且充满神秘气息的船，留给人无限的遐想与梦幻般的感觉。红色与黄色的加入让人感觉温暖、舒服，展现出一幅安静、祥和的美好画面。

文字颜色
#000000

辅色
#292929

主色
#cfdc29

背景
#ffffff

➡ 实例 28+ 视频：制作广告类网站

　　以柔静的白色作为背景，绿色不同纯度的变化，使画面呈现出统一的效果，给人明快和希望的感觉。

⌂ 源文件：源文件 \ 第 6 章 \ 广告类网站 .psd　　🔊 操作视频：视频 \ 第 6 章 \ 广告类网站 .swf

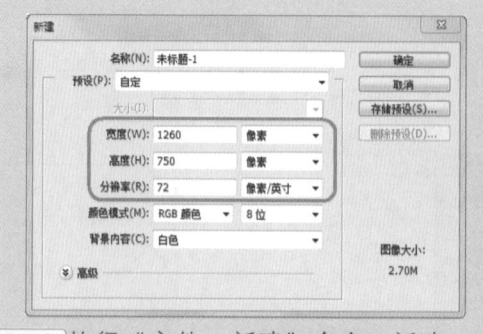

01 ▶执行"文件 > 新建"命令，新建一个空白文档。

02 ▶执行"文件 > 打开"命令，打开素材图像"素材 \ 第 6 章 \013.jpg"，将其拖入到设计文档中。

03 ▶新建图层，使用"椭圆选框工具"绘制选区，填充为白色。

04 ▶按快捷键 Ctrl+T，并按住 Shift 键将椭圆向右移动，然后多次按快捷键 Ctrl+Alt+Shift+T，并将图层进行合并。

05 ▶继续按快捷键 Ctrl+T，按住 Shift 键将椭圆向下移动，然后多次按快捷键 Ctrl+Alt+Shift+T。

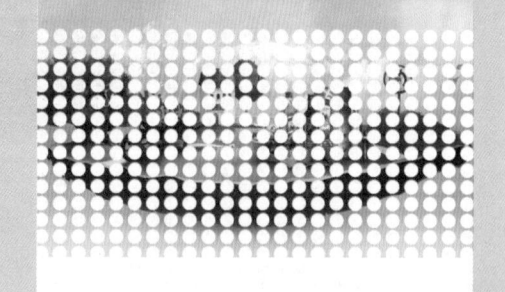

06 ▶使用相同方法完成其他内容的制作。

07 ▶执行"编辑 > 变换 > 扭曲"命令，适当调整图像。

08 ▶使用"磁性套索工具"沿着船的底边绘制出选区，按住 Alt 键添加反向蒙版。

09 ▶ 修改图层的"不透明度"为 50%。

10 ▶ 新建图层，载入"图层 1"选区，使用黑色柔边画笔绘制出船的阴影。

11 ▶ 使用相同方法为其添加蒙版，并修改图层"不透明度"为 80%，然后将相关图层编组为"背景图"。

12 ▶ 打开"字符"面板，设置各参数值，并在画布中输入导航文字。

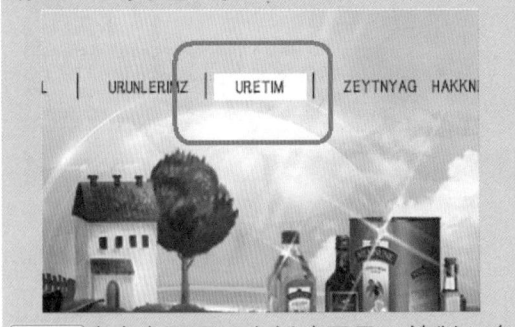

13 ▶ 在文字图层下方新建图层，绘制一个白色矩形，将相关图编组为"导航"。

14 ▶ 使用相同方法拖入素材图像，并复制该图层。

15 ▶ 按快捷键 Ctrl+T，将其"旋转 180 度"并"水平翻转"。

16 ▶ 为该图层添加蒙版，使用黑色柔边画笔适当涂抹，制作出投影效果。

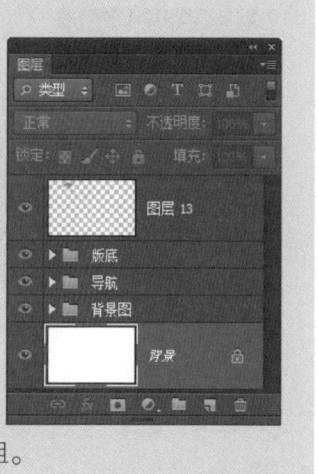

 17 ▶ 使用相同方法完成其他内容的制作,并将相关图层进行编组。

提问：色彩分为哪几类?

答：色彩的来源早在我国古代时期就被广泛流传,民间把黑、白、玄(偏红的黑)称为色,而把青、黄、赤称为彩。现在国际上把色彩分为两大类,即无彩色系和有彩色系。

6.3.3　配色原理分析

黄绿色比较容易与其他颜色搭配,搭配暖色系的深绿色与褐色,非常引人注目。

与多种明度较高的多元色彩相搭配,表现一种欢乐的氛围,在白色的背景下,显得更加清新自然,表达对美好、自由生活的向往和追求。

6.3.4　扩展方案

可以将天空白云背景改为常规的天蓝色,岛屿也应该改变色调,否则大面积的绿色和蓝色搭配会产生不协调感。

也可以在页面最下方加一条与焦点图背景相同的绿色,使页面上下方的色块构成呼应关系。

6.4　浓绿色

浓绿色是和平的色彩，具有镇静和抑制亢奋的作用，能够安抚人的心灵，令人感到舒适。浓绿色是翡翠绿加少许的红色和黑色调和而成，色调平稳，纯度偏低，给人一种和谐、融洽的感觉。

6.4.1　配色分析

浓绿色与同类色、邻近色系搭配，能够带给人舒爽、缓和的心情；与原色、间色、复色搭配时，能展现出张扬、奔放的个性，让人印象深刻；与补色搭配时，能展现一幅充裕、富饶的景象。

浓绿色——昂扬

RGB〔60、125、82〕
网页安全色 #3c7d52

● **商业类网站设计**

大面积使用浓绿色非常适用于商业网站，给人一种老练、成熟的印象，不经意间让人产生信任感。少量棕色、深蓝色与黑色的点缀，恰到好处地强调出了重点。

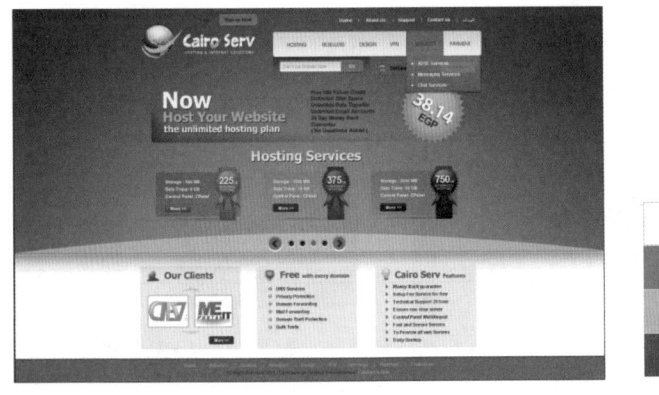

背景色：#ffffff
主　色：#3c7d52
辅　色：#aec95f
文本色：#454545

● **绿茶网站设计**

浓绿色与同色系搭配，让人感觉舒适、悠闲，给人亲近大自然的感觉，棕色和橙色的点缀使画面不再单调，增添了几分醇厚和复古的气息。

背景色：#174637
主　色：#3c7d52
辅　色：#190a1d
文本色：#ffffff

6.4.2　配色实例

艳丽的红色搭配清爽的绿色，为视觉带来强烈的冲击，黑、白、灰三色作为背景，为画面增添了几分空旷和寂寥。

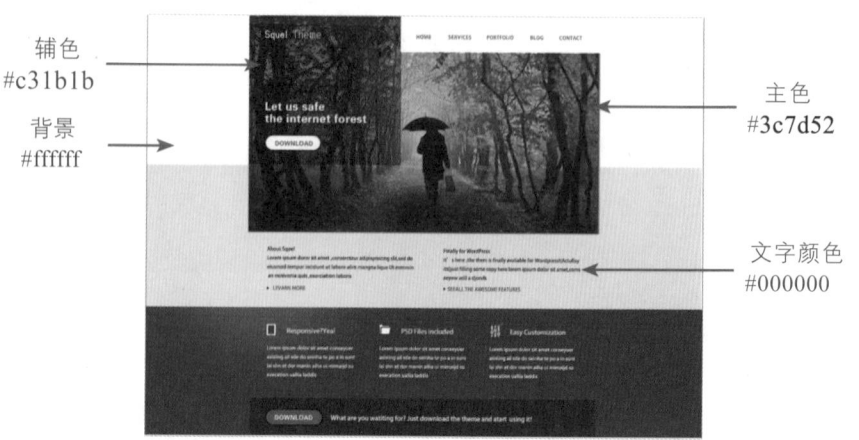

辅色
#c31b1b

背景
#ffffff

主色
#3c7d52

文字颜色
#000000

➡ 实例 29+ 视频：制作保险类网站

浓绿色间夹杂着灰褐色，营造出苍凉的情景，在背景的衬托下，整个画面又流露一丝冷寂，表达人们对幸福的渴望。

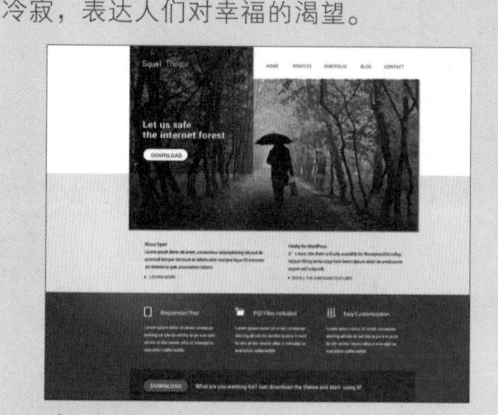

源文件：源文件 \ 第 6 章 \ 保险类网站 .psd　　　操作视频：视频 \ 第 6 章 \ 保险类网站 .swf

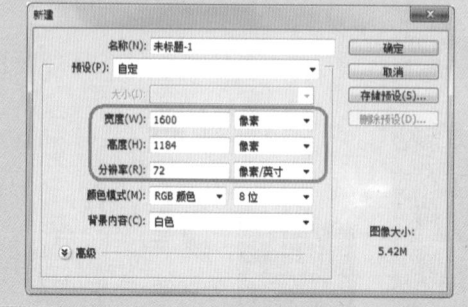

01 ▶ 执行"文件 > 新建"命令，新建一个空白文档。

02 ▶ 新建图层，使用"矩形选框工具"绘制选区，填充为黑色，修改图层"不透明度"为 10%。

03 ▶使用相同方法绘制另一个矩形。

04 ▶新建图层，使用白色柔边画笔，适当涂抹画布。

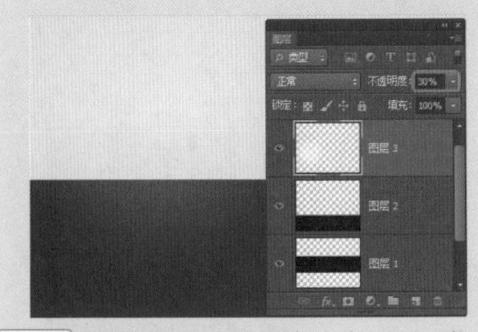

05 ▶修改图层"不透明度"为 30%，将相关图层编组为"背景"。

06 ▶执行"文件 > 打开"命令，打开素材图像"素材 \ 第 3 章 \018.jpg"，将其拖入到设计文档中。

07 ▶新建图层，使用"矩形选框工具"绘制矩形选区，填充颜色为 #c31b1b，并修改图层"混合模式"为"亮光"。

08 ▶打开"字符"面板，设置各参数，并在画布中输入文字。

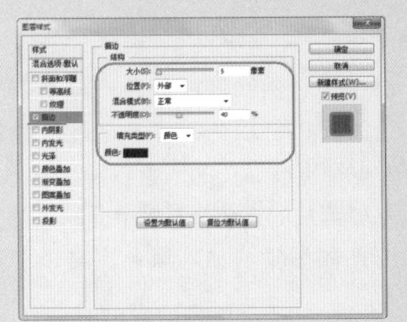

09 ▶新建图层，使用"圆角矩形工具"绘制一个白色的圆角矩形。

10 ▶打开"图层样式"对话框，选择"描边"选项，设置参数值。

`11 ▶` 设置完成后单击"确定"按钮,得到图像的描边效果。

`12 ▶` 使用相同方法完成其他文字的制作,将相关图层编组为"主体"。

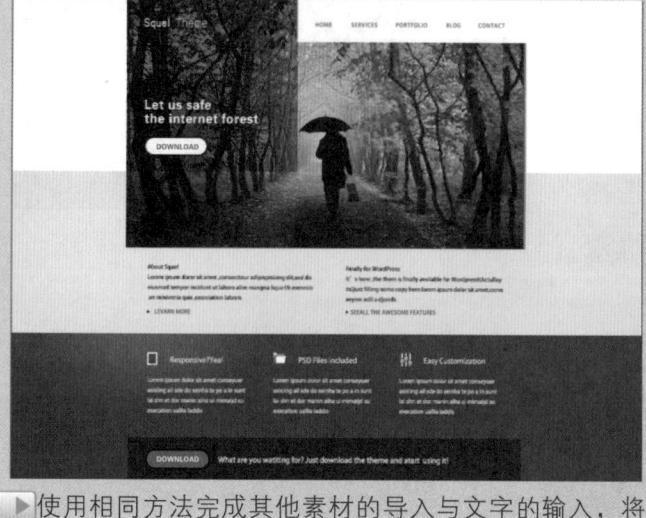

`13 ▶` 使用相同方法完成其他素材的导入与文字的输入,将相关图层进行编组。

提 问

提问:配色的规律是什么?

答:配色的一般规律是,无论什么颜色都能作为主色,并与其他色相组合成互补色、对比色、邻近色或同类色关系的色彩组织。

6.4.3 　 配色原理分析

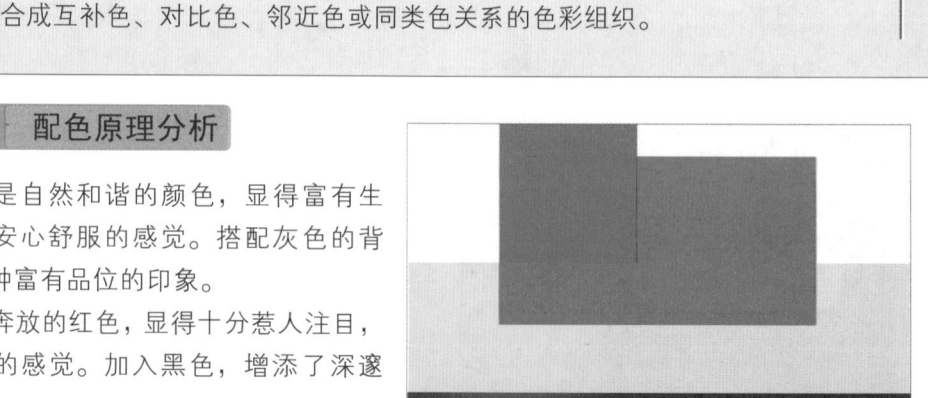

　　绿色是自然和谐的颜色,显得富有生机,给人安心舒服的感觉。搭配灰色的背景给人一种富有品位的印象。

　　点缀奔放的红色,显得十分惹人注目,给人成熟的感觉。加入黑色,增添了深邃的魅力。

使用浓绿色与灰色作为背景，整体感
觉和谐统一，红色块与其形成了对比，但
并不显得突兀。

也可以将页面下方的黑条去掉，减轻
这个部分信息的色彩重量，以免分散对焦
点图的聚焦程度。

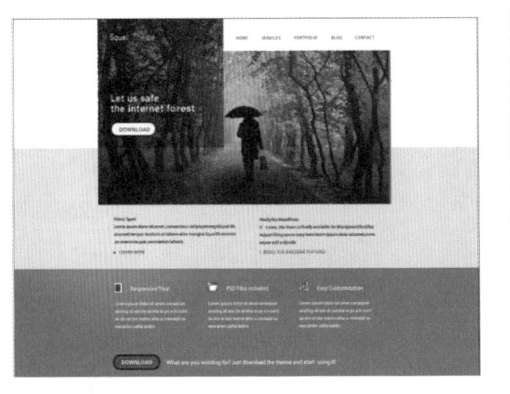

6.5　浅绿色

　　浅绿色纯度适中，明度极高，由少量的青色与绿色调和而成。浅绿色有很强的中立性，
给人安静、新鲜、清爽和稚嫩的感觉。又让人感觉到安静中多了一份豁达，给人亲近柔和
的印象。

6.5.1　配色分析

　　浅绿色与邻近色或同类色搭配，会给人优雅、淡然的舒畅感觉；与对比色搭配，会让
人眼前明亮，展现出美好动人的风采；与互补色搭配，可以营造安定、舒适的氛围。

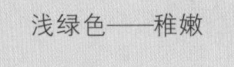

浅绿色——稚嫩

RGB（195、226、204）
网页安全色 #

● 儿童类网站

　　该网站是儿童教育网站，运用柔和的颜色，给人方便、安定的感觉。绿色象征着希望、
健康，充满生机。画面既展现出孩子的稚嫩可爱，也给人清新和活力的感觉。

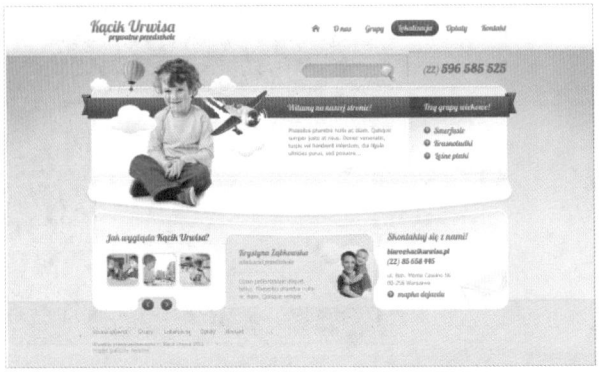

背景色：#8fc7a6

主　色：**#c3e2cc**

辅　色：#d03b51

文本色：#1b7e19

● 女性主题网站设计

灰绿色到浅绿色的过渡自然，画面清新而柔和。加以纯洁的白云的点缀，共同营造柔美和谐的氛围，令人心情舒畅。

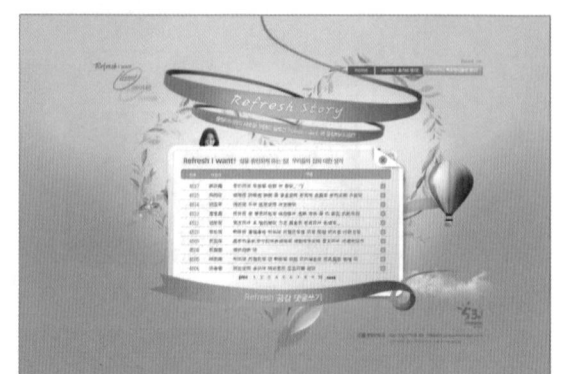

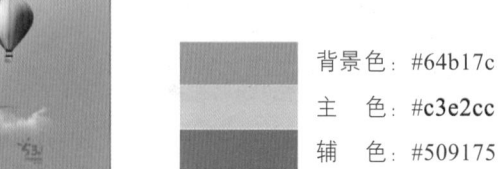

背景色：#64b17c

主　色：**#c3e2cc**

辅　色：#509175

文本色：#737373

6.5.2　配色实例

本实例大面积使用浅绿色作为背景，并加以明度的变化，创建出富有层次的视觉效果。苹果绿的点缀强化了页面色调，描绘了一幅如仙境般美好的画面。

辅色
#c9e506

文字颜色
#c3c3c3

背景
#c3e2cc

主色
#c3e2cc

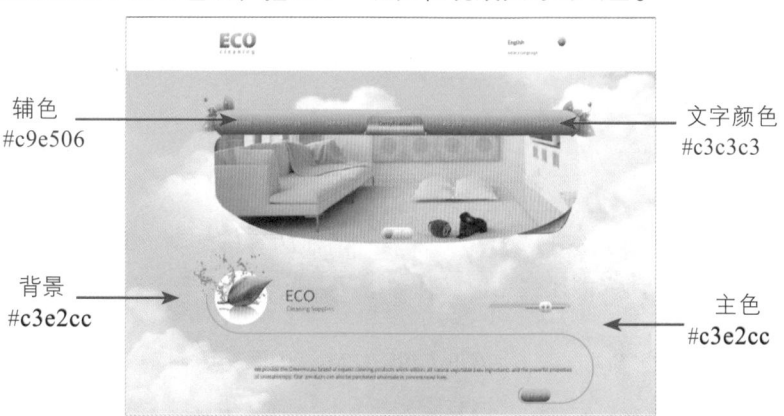

➡ 实例 30+ 视频：制作家居类网站

白色在网页中是最普遍使用的基本背景色，可以和大部分颜色配合使用，具有干净纯洁的意味，象征纯洁、清白。

🏠 源文件：源文件 \ 第 6 章 \ 家居类网站　　　🔊 操作视频：视频 \ 第 6 章 \ 家居类网站 . swf

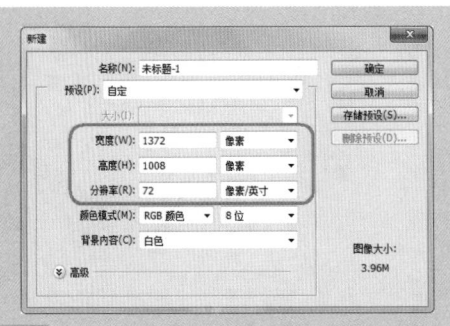

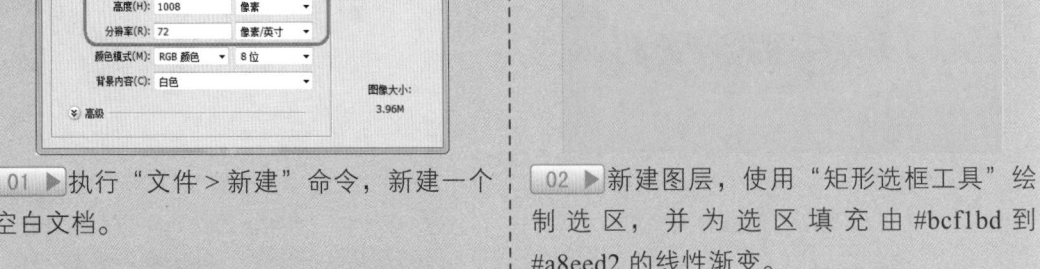

01 ▶执行"文件>新建"命令，新建一个空白文档。

02 ▶新建图层，使用"矩形选框工具"绘制选区，并为选区填充由 #bcf1bd 到 #a8eed2 的线性渐变。

03 ▶设置"前景色"为 #b5f0ee，使用"画笔工具"在画布中适当涂抹。

04 ▶新建图层，使用"画笔工具"载入画笔"素材 \ 第 6 章 \ 云朵 .abr"，并在画布中绘制云朵。

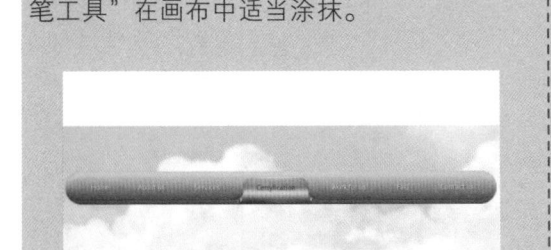

05 ▶执行"文件>打开"命令，打开素材图像"素材 \ 第 6 章 \019.jpg"，将其拖入到设计文档中。

06 ▶新建图层，使用"钢笔工具"绘制路径并转换为选区，并填充任意颜色。

07 ▶使用相同的方法拖入素材图像，为其创建剪贴蒙版。

08 ▶使用相同的方法拖入素材图像，将其拖入到设计文档中，适当调整图层顺序。

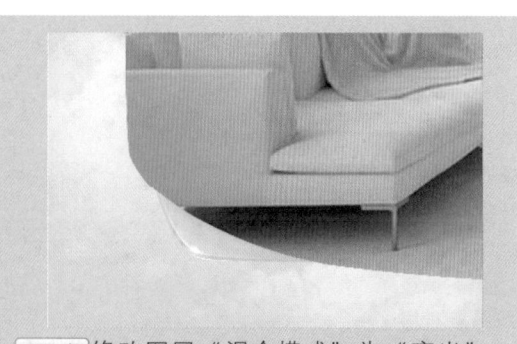

09 ▶ 复制该图层，执行"编辑 > 变换 > 水平翻转"命令，将其适当调整位置。

10 ▶ 修改图层"混合模式"为"亮光"，并设置"填充"为 60%，将相关图层编组。

11 ▶ 新建图层，使用"圆角矩形工具"绘制圆角矩形路径并转换为选区，执行"编辑 > 描边"命令。

12 ▶ 使用"橡皮工具"适当涂抹，并使用相同方法完成其他描边的制作。

13 ▶ 新建图层，使用"椭圆选框工具"绘制选区，并填充为白色。

14 ▶ 使用相同方法打开素材图像"素材 \ 第 6 章 \021.tif"，将相关素材拖入设计文档中，修改"混合模式"为"正片叠底"。

15 ▶ 使用相同方法拖入其他素材，并适当调整位置。

16 ▶ 复制该图层，将其水平翻转，然后配合图层蒙版制作出倒影效果。

17 ▶ 使用相同方法导入素材并输入文字，并将相关图层进行编组，得到网页最终效果。

提问：制作儿童类网站如何配色？

答：网站主要的客户是孩子或父母，应该运用更柔和的颜色，给人方便、安定的感觉，使用孩子们喜欢的原色会使鲜明的色彩表现出充满活力的感觉。

6.5.3　配色原理分析

大面积的浅绿色稚嫩、清透，给人凉爽的感觉，经常用于休闲与时尚类网站。与苹果绿搭配，能展现青春的气息，散发出活力、宁静、清新的特质，让人心情平和 。

浅绿色运用的范围比较广，易于与其他色彩搭配。

6.5.4　扩展方案

白色与浅绿色的间隔搭配，使整体的格局一目了然，一种来自心底的舒适惬意感油然而生，营造一种无拘无束的感觉。

蓝色的天空使画面的亮度提高，再配以绿色，让人充分享受到大自然的新鲜空气，使人的心情豁然开朗。

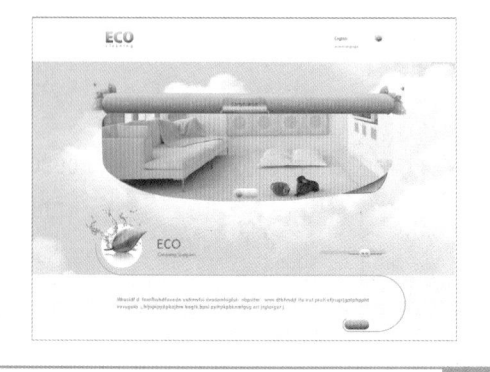

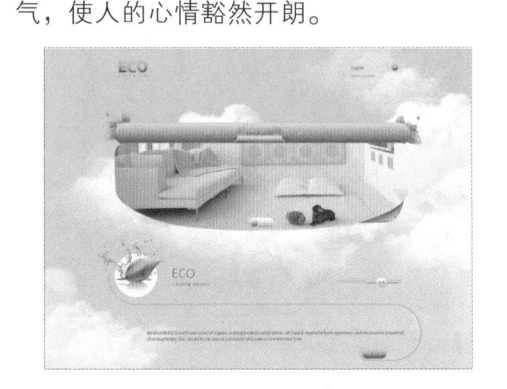

6.6 孔雀绿

孔雀绿拥有孔雀一样的高贵与优美，给人一种精美和高品位的感受。孔雀绿是由青色掺入一定量的绿色调和而成，纯度和明度都适中，不浓艳，不疏离，也不黯淡，透露出一股舒适的感觉。

6.6.1 配色分析

与同类色、邻近色搭配，表现出一种宁静、自然、和谐的气息；与对比色搭配，可以展示出秀丽美好的效果；与互补色搭配，给人一种活跃、友好的感觉，体现对生活的积极性。

孔雀绿——品格

RGB（0、128、119）
网页安全色 #008077

● **家具类网站设计**

孔雀绿的高贵与橙色的时尚搭配，同时形成了对比，让人感觉时尚、富有活力，给人一种愉悦的心情。深色背景的衬托下，更能表现出清晰、动感的效果。

背景色：#1d1309
主　色：**#008077**
辅　色：#ed8825
文本色：#ffffff

● **其他类网站设计**

与多种明度和纯度较高的多元色彩相搭配，形成了对比，表现出一种欢乐的氛围，整体配色显得和谐。运用到网页中，可以增强品质感和个性感。

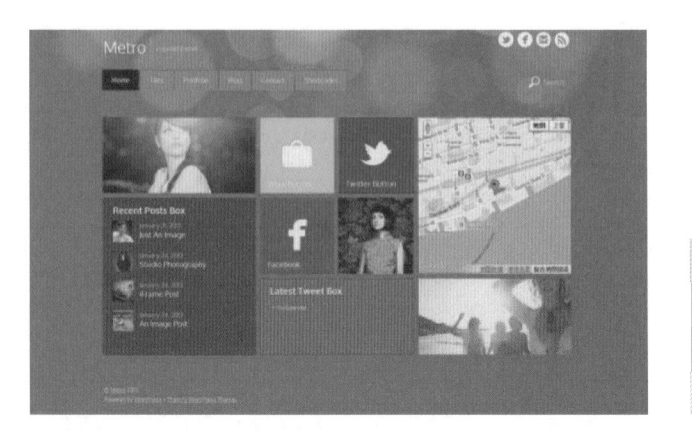

背景色：**#008077**
主　色：**#a7389d**
辅　色：#f28633
文本色：#ffffff

6.6.2　配色实例

　　孔雀绿与同类色的搭配，能够体现出清幽的效果，展现出了一种生机，有一种回归大自然的心态，非常适用于农产品之类的行业。

辅色
#09502e

文字颜色
#ffffff

主色
#008077

背景
#e9eae2

➡ 实例 31+ 视频：制作饮品类网站

　　孔雀绿透露出孔雀所具有的高贵，可以用来表现古典和流行的感觉。

🏠 源文件：源文件 \ 第6章 \ 饮品类网站.psd

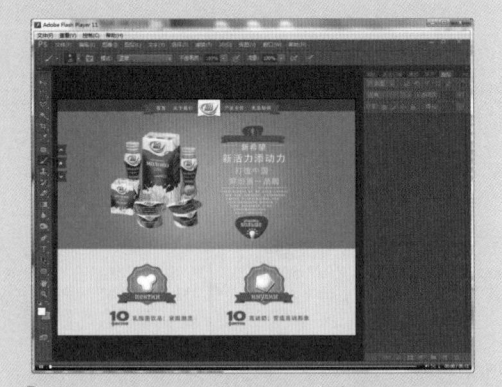

📡 操作视频：视频 \ 第6章 \ 饮品类网站.swf

01 ▶ 设置"背景色"为 #e9eae2，执行"文件 > 新建"命令，新建一个空白文档。

02 ▶ 新建图层，使用"矩形选框工具"在画布上方绘制选区，填充颜色为 #124a3d。

03 ▶ 使用相同的方法绘制另一个矩形。

04 ▶ 新建图层，设置"前景色"为 #03e1cf，使用"画笔工具"适当涂抹画布，修改图层"不透明度"为50%。

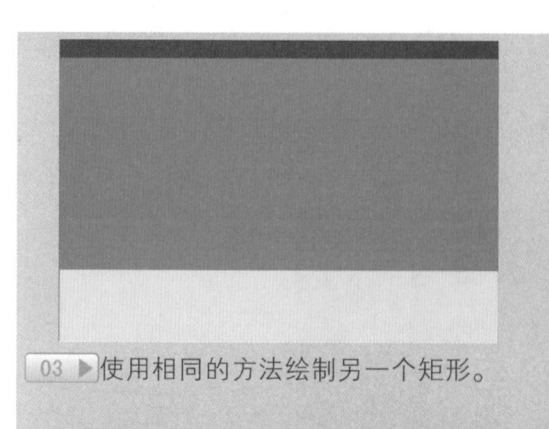

05 ▶ 执行"文件 > 打开"命令，打开素材图像"素材 \ 第 6 章 \023.png"将其拖入到设计文档中。

06 ▶ 打开"字符"面板，设置参数，在导航上输入文字，将相关图层编组为"导航"。

07 ▶ 使用相同方法完成其他内容的制作。

08 ▶ 新建图层，使用"钢笔工具"绘制路径并转换为选区，填充颜色为 #09502e。

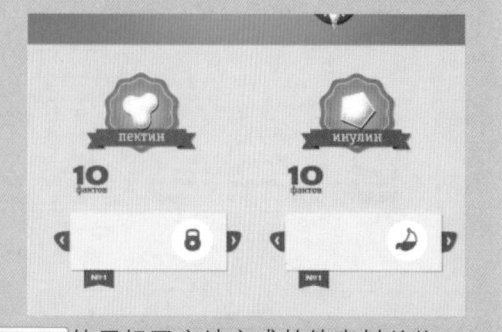

09 ▶ 使用相同方法完成其他内容的制作。

10 ▶ 使用相同方法完成其他素材的拖入。

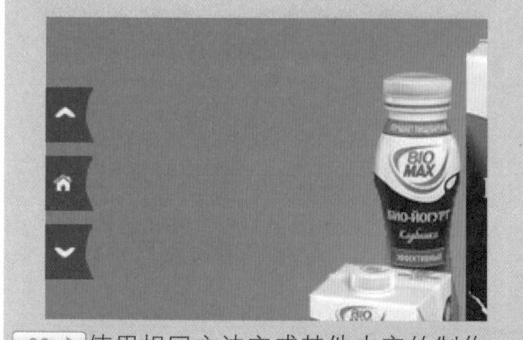

 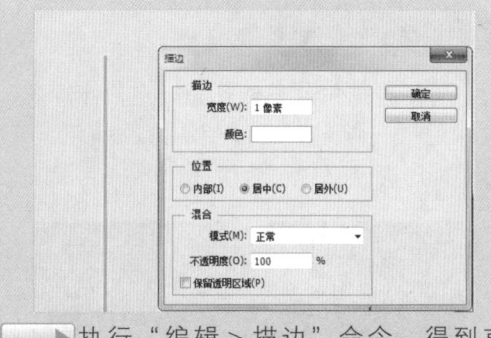

11 ▶ 新建图层，使用"直线工具"绘制一条黑色的直线像素。

▶ 执行"编辑 > 描边"命令，得到直线的描边效果，并修改图层"不透明度"为 20%。

 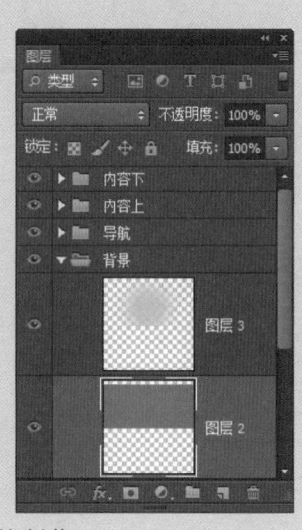

13 ▶ 使用相同方法完成文字内容的输入，至此完成网页的制作。

 **提问：网页配色的基本方法是什么？**

　　答：把鲜明的色彩用做中心色彩时，以这个颜色为基准，主要使用与其他邻近的颜色，使其具有统一性，需要强调的部分使用别的颜色，或利用这种颜色的对比色。

6.6.3　配色原理分析

　　画面中以大面积的孔雀绿与同色系的搭配，使画面充满了活力与朝气。些许红色的点缀，形成了强烈的对比，更加呈现出天然、健康、生命的气息。

　　乳白色为底色，给人一种干净、整洁的印象，符合乳饮品网站的主题。

6.6.4　扩展方案

可以将略带蓝色的孔雀绿换为嫩绿色。嫩绿色是一种充满生机和活力的颜色，能够表现出温暖、亲和的感觉。

也可以将页面下方文字的方块背景去掉，仅保留圆形图标作为装饰。

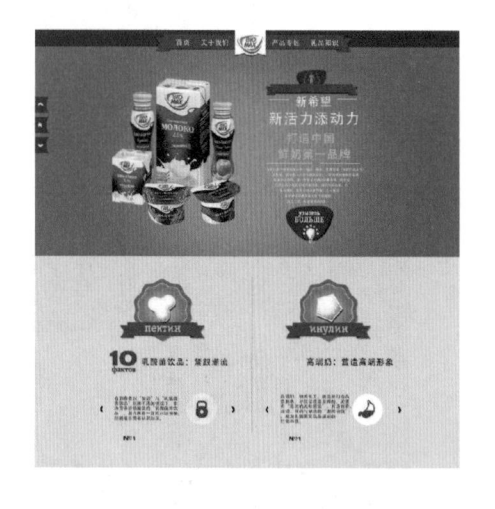

6.7　本章小结

本章主要讲述了有关绿色系的色彩搭配的相关知识，绿色让人联想到春天、嫩芽等景物，将这些景物的色彩运用到设计中，往往能够产生不同的效果。本章列举了 6 种较为常见的绿色，并分别对它们的色彩意象和使用方法进行了阐述和说明。

第 7 章 网站配色设计应用
——蓝色系

蓝色给人镇定、庄重、理智的印象，同时给人冰冷的感觉，使人联想到大海、湖水和天空。蓝色象征青春、成功、正直和信用等，被大量应用于商业性网站。

7.1 天蓝色

天蓝色的清新透彻总能让人联想到广阔的天空，让人觉得开放自由。微凉的色感给人沉着冷静之感，运用到设计中可以展现出理智正规的气质。

7.1.1　配色分析

天蓝色与不同明度的蓝色系色彩进行搭配，能够传达出清醒冷静、果断理智的效果。与纯度高的色彩进行搭配，让人心情舒畅，营造了健康、活泼的氛围。

天蓝色——冷静	RGB（0、123、187） 网页安全色 #007bbb

本章知识点

- ☑ 天蓝色——冷静
- ☑ 水蓝色——清澈
- ☑ 深蓝色——正派
- ☑ 浅蓝色——温馨
- ☑ 蔚蓝色——爽快

● **旅行社网站设计**

画面中辽阔的天空、纯洁的白云让人感觉到旅行的乐趣与自由，耀眼的热气球压制了冰冷的蓝色，营造出明朗、刺激的气氛，使页面充满了活力。

背景色：#007bbb
主　色：#61c3ff
辅　色：#ff3f3c
文本色：#ffffff

● **设计领域网站设计**

网页本身的设计反映了这个公司的实例，采用大面积的天蓝色，给人一种冰爽、冷静的感觉。小面积的橙色与红色很好地点缀了页面。

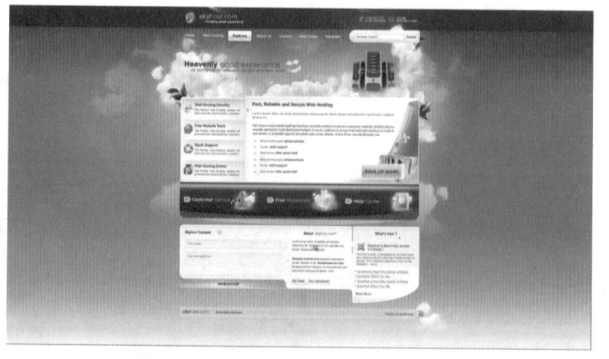

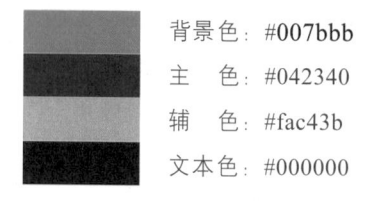

背景色：#007bbb
主　　色：#042340
辅　　色：#fac43b
文本色：#000000

7.1.2　配色实例

　　天蓝色能传达出信赖感，让人冷静、踏实，适用于商业类的平面设计中。该实例大面积采用天蓝色，让人感到亲近。少量黄色和黑色的点缀增强了页面的华丽感，使画面的主题更加突出、醒目、引人注意。充分的余白和简单的布局，给人洗练的印象。

文字颜色
#ffffff

主色
#007bbb

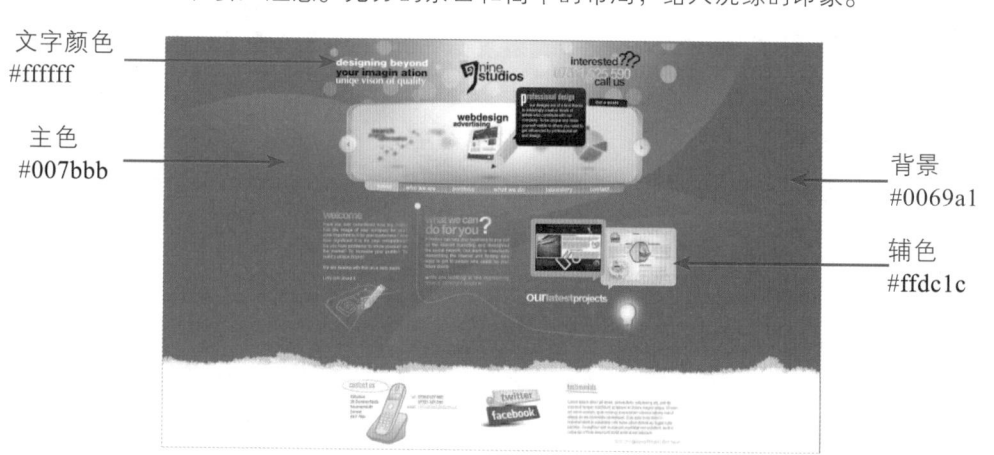

背景
#0069a1

辅色
#ffdc1c

➡ 实例 32+ 视频：制作工作室网站

　　在网页的设计中，余白也是一个重要的展示空间，因此可以利用排列和面积的对比，达到大胆配色的目的。

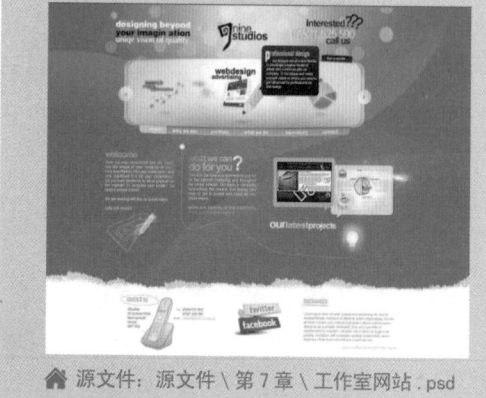

🏠 源文件：源文件 \ 第 7 章 \ 工作室网站 .psd　　　🔊 操作视频：视频 \ 第 7 章 \ 工作室网站 .swf

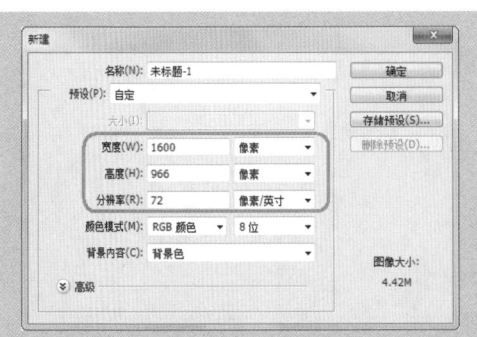

01 ▶设置"背景色"为 #0169a0，执行"文件 > 新建"命令，新建一个空白文档。

02 ▶新建图层，使用"钢笔工具"绘制路径，并转换为选区，填充由 #007bbb 到"不透明度" 0% 的线性渐变。

03 ▶修改图层"不透明度"为 80%，并复制该图层，适当调整位置。

04 ▶打开素材图像"素材 \ 第 7 章 \001.png"，将其拖入到设计文档中，然后将相关图层编组为"背景"。

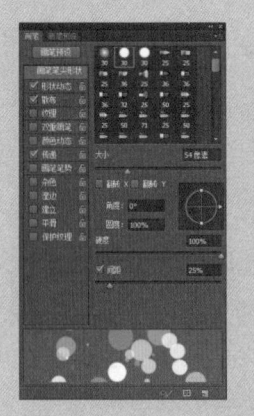 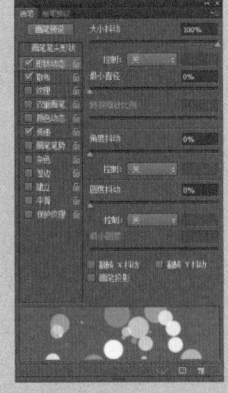 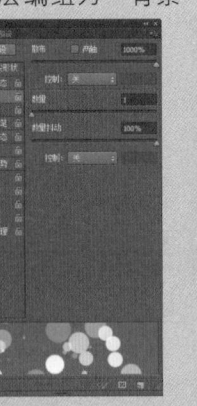  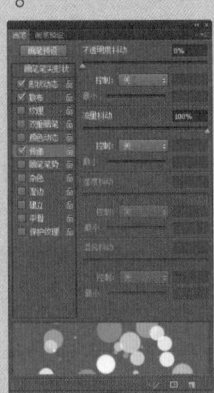

05 ▶使用"画笔工具"，单击"切换画笔面板"按钮，在"画笔"面板中设置各参数。

06 ▶使用"画笔工具"在画布中适当涂抹。

07 ▶修改图层"不透明度"为 80%。

08 ▶ 新建图层，设置"前景色"为 #48abe0，使用"画笔工具"在画布中适当涂抹，并降低"不透明度"至 60%。

09 ▶ 修改"前景色"为白色，继续使用"画笔工具"涂抹。

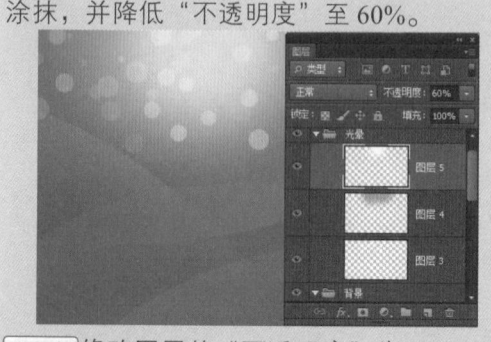

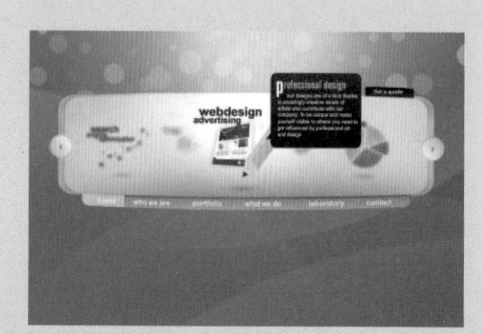

10 ▶ 修改图层的"不透明度"为 80%，并将相关图层编组为"光晕"。

11 ▶ 执行"文件 > 打开"命令，打开素材图像"素材 \ 第 7 章 \002.png"将其拖入到设计文档中。

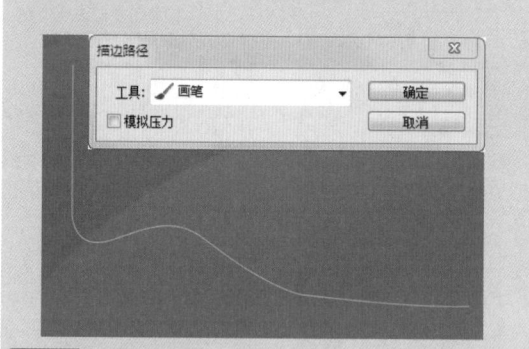

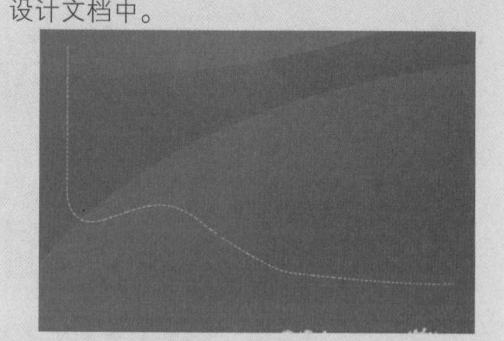

12 ▶ 设置"画笔工具"，新建图层，使用"钢笔工具"绘制路径，单击鼠标右键，在快捷菜单中选择"描边路径"命令。

13 ▶ 使用"橡皮工具"适当涂抹，得到虚线效果。

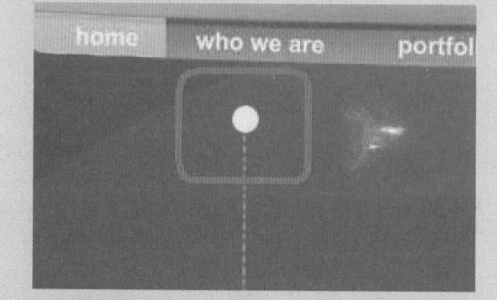

14 ▶ 新建图层，使用"椭圆工具"绘制一个正圆像素。

15 ▶ 使用相同的方法拖入素材图像，并适当调整位置。

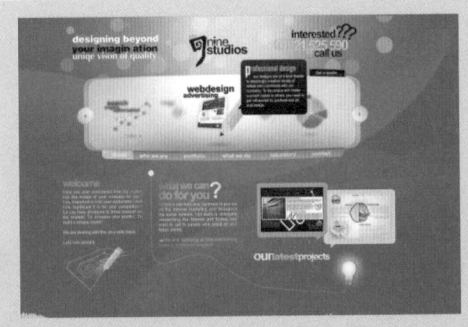

16 ▶载入图层选区，按快捷键 Ctrl+Shift+I 反选选区，新建图层，设置"前景色"为 #68e4cd，使用"画笔工具"适当涂抹选区。

17 ▶使用相同方法完成其他内容的制作。

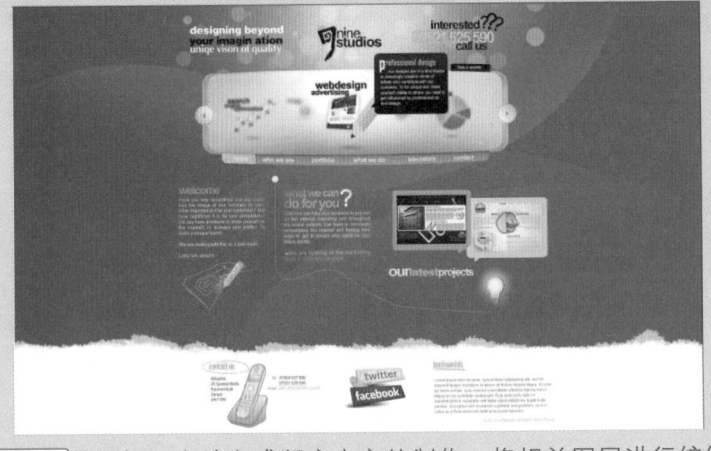

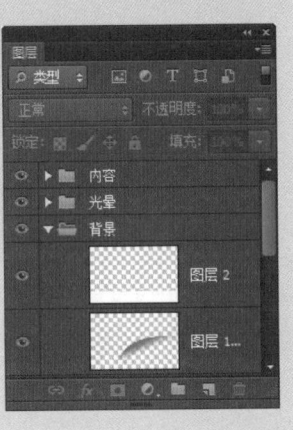

18 ▶使用相同方法完成版底内容的制作，将相关图层进行编组。

提问：网页布局中留白有什么作用？

答：网站标志和主导航栏间，子菜单和主菜单间，主图像和文本部分间，标题和正文之间等，都应当保持适当的空间，这样有利于整体的协调和均衡，看起来和使用起来也方便，这是一个好的网站必备的要素。

7.1.3 配色原理分析

天蓝色与同色系搭配，具有镇定、庄重的效果，给人理智的印象，同时也缓解了眼部的疲劳。

少量黄色、红色的点缀，在蓝色的衬托下，使画面更加活泼，彰显了各自的魅力。运用鲜明的颜色与恰当的留白来表现舒适的感觉。

7.1.4　扩展方案

天蓝色与黄色形成鲜明对比，充分发挥色彩的表现力，使画面充满了活力与创新思维，给人清新爽朗的感觉。

版底下方添加蓝色的线条，可与页面上方大面积的蓝色构成呼应关系，使整体版式更加均衡与协调。

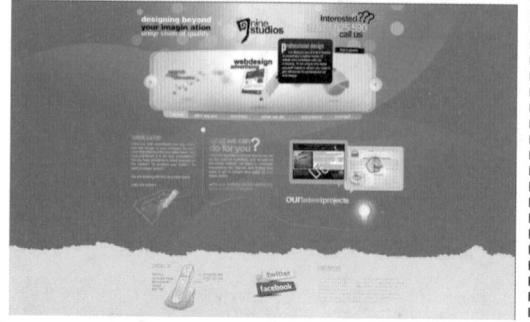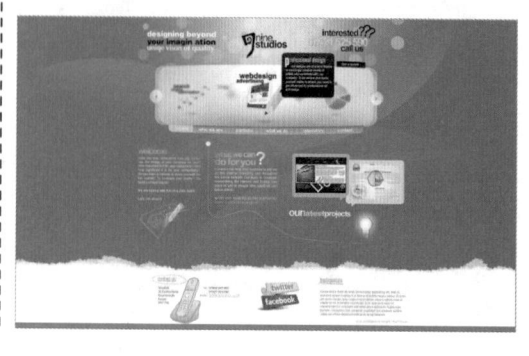

7.2　水蓝色

水蓝色如同清澈的河水，让人心旷神怡，水蓝色色调明亮，总给人一种生机勃勃的感觉，适用于夏日饮品类网页或广告中，清澈的色相展现出滋润、凉爽的感觉，在烈日炎炎的夏日带给人一丝凉意。

7.2.1　配色分析

水蓝色与同色系搭配，给人一种温和、清爽、洁净的感觉。与对比色搭配，能够表现出一种时尚感。

水蓝色——清澈

RGB（113、199、212）
网页安全色 #71c7d4

● **夏日饮品类网站设计**

清爽的蓝色，让人联想到大海的辽阔，点缀着让人安心的绿色，使人拥有一份宁静的好心情。

背景色：	#ffffff
主　色：	#71c7d4
辅　色：	#63945c
文本色：	#fdfdfd

● 饮品类网站设计

水蓝色带给人轻松、明快的印象。加入红色的点缀，使画面更加活泼，与水蓝色形成对比。灰色背景的衬托，使画面呈现出一种典雅的气质。

背景色：#ebeade

主　色：#71c7d4

辅　色：#d57748

文本色：#9c9d96

7.2.2　配色实例

通过红、绿、蓝三色进行组合，在白色的映衬下，顿时画面热闹起来，让人联想起热烈精彩的足球赛场，大胆的配色洋溢着青春别样的风采，将人的激情调动起来。

辅色
#d93720

主色
#71c7d4

文字颜色
#fefefe

背景
#ffffff

➡ 实例 33+ 视频：制作体育类网站

将红色与蓝色两种比较鲜明的色彩进行搭配，能够给人以强烈的视觉冲击力，起到振奋精神的作用。

🏠 源文件：源文件 \ 第 7 章 \ 体育类网站 .psd　　📶 操作视频：视频 \ 第 7 章 \ 体育类网站 .swf

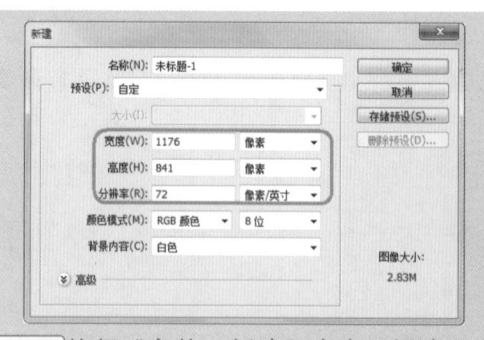

01 ▶执行"文件 > 新建"命令，新建一个空白文档。

02 ▶新建图层，使用"矩形选框工具"绘制矩形选区，并填充颜色为 #d8361f。

03 ▶使用相同的方法绘制出其他的矩形，并将相关图层编组为"背景"。

04 ▶新建图层，使用"钢笔工具"绘制出不规则路径。

05 ▶按快捷键 Ctrl+Enter 将路径转换为选区，并填充任意颜色。

06 ▶执行"文件 > 打开"命令，打开素材图像"素材 \ 第 7 章 \004.jpg"将其拖入到设计文档中，为其创建剪贴蒙版。

07 ▶新建图层，使用"矩形选框工具"绘制选区，填充为黑色。

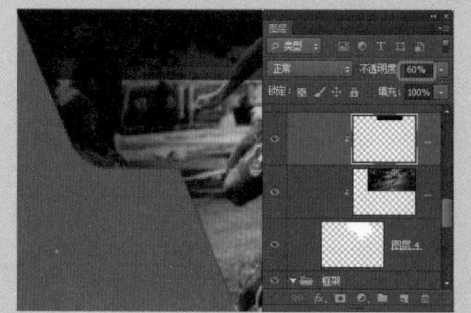

08 ▶将其剪贴至下方图层，并修改图层"不透明度"为 60%。

09 ▶ 打开"字符"面板，设置各参数，使用"横排文字工具"在画布中输入文字，并修改图层"不透明度"为 60%。

10 ▶ 新建图层，设置"前景色"为 #d22b19，使用"直线工具"在画布中绘制一条直线，并适当调整图层顺序。

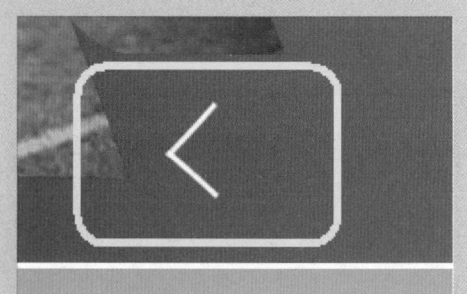

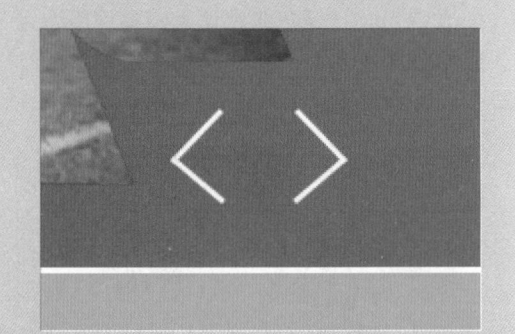

11 ▶ 新建图层，使用"直线工具"绘制白色的箭头。

12 ▶ 复制该图层，执行"编辑 > 变换 > 水平翻转"命令，按住 Shift 键向右拖动。

13 ▶ 使用相同方法完成其他内容的制作，并将相关图层进行编组。

提问：体育类网站如何配色？

　　答：体育类网站大部分通过照片带给我们运动的健康和趣味感，在大多数情况下都利用蓝色、绿色等色彩给人轻快的感觉，或利用黄色、红色等色彩来强调活动性。

7.2.3　配色原理分析

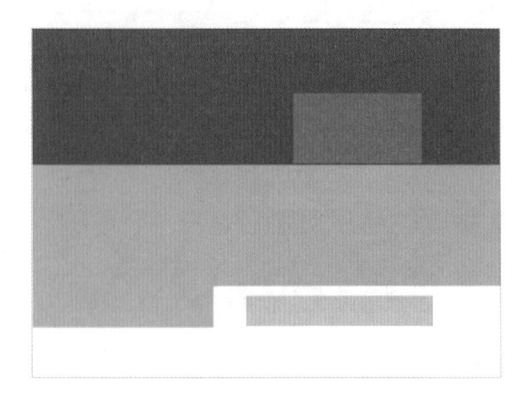

红色的背景强烈刺激了人的视觉系统，绿色在红色的衬托下更加具有活力和愉悦感，蓝色的加入，引起人的丰富联想。

在白色的背景下使用灰色的文字，提高文本的可读性。画面整体给人昂扬的斗志和挑战的动力。

7.2.4　扩展方案

黄绿色与浅绿色搭配让人感觉清新，给人以希望和生命力，在背景的衬托下有一种鲜活的青春气息。

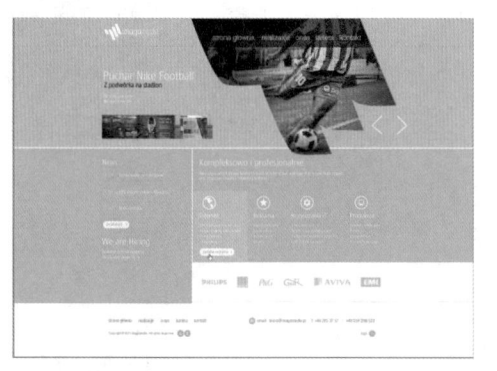

在网页的下方添加一个红色长条，增强画面的层次感，与蓝色形成对比，给人愉悦、兴奋的感觉。

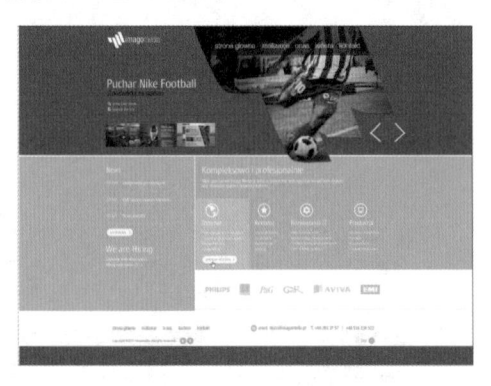

7.3　深蓝色

深蓝色有较高的纯度，给人一种冷静、简洁的感觉。它不仅拥有蓝色系的镇定、冷静、理智等特征，还具备冷酷、正派的特点，适用于办公、商务类型的网页，能够给人留下稳重与理智的印象。

7.3.1　配色分析

深蓝色属于高纯度的色彩，与同类色、邻近色搭配，更能彰显出其幽深、智慧的色相特征；与对比色相搭配时，会呈现出奋发向上的效果，激发人的积极性。

深蓝色——正派

RGB（0、64、152）
网页安全色 #004098

● 航空公司网站设计

大面积的深蓝色，并没有过分的华丽与独特的样式，却展示出自己的尖端技术与安全性。白云与图片的点缀使得冷静呆板的氛围大大得到改善。页面整体效果呈现出极端的冷静、高科技和炫酷的感觉。

背景色：#031a4c
主　色：**#004098**
辅　色：#63a3fb
文本色：#ffffff

● 生活类网站设计

　　天蓝色给人一种低调的品味。没有华丽的色彩，给人一种柔静的感觉，些许绿色增添了几分韵味，体现了现代都市的简约、大方、舒适的感觉。

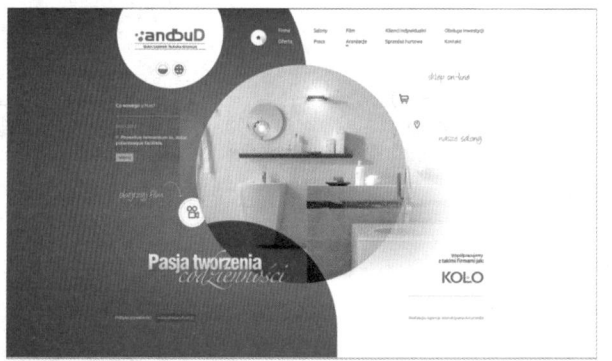

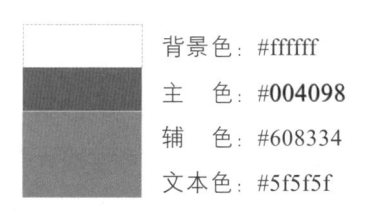

背景色：#ffffff
主　色：**#004098**
辅　色：#608334
文本色：#5f5f5f

7.3.2　配色实例

　　采用不同明度的蓝色搭配组合，给人一种神秘和危机感。深蓝色与玫红色形成了鲜明的对比，更加彰显了玫红色的激情与能量。整体效果呈现出一种神秘和孤傲的霸气。

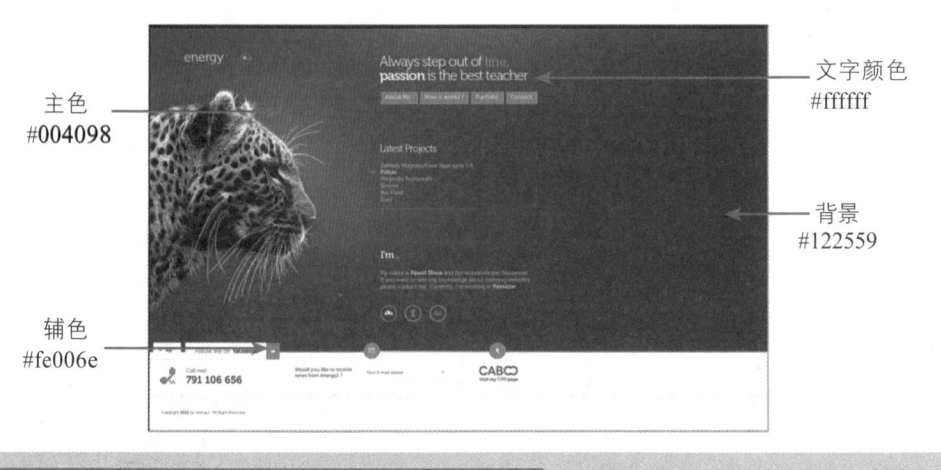

主色
#004098

辅色
#fe006e

文字颜色
#ffffff

背景
#122559

➡ 实例34+视频：制作广告类网站

　　在网页中，使用高质量的照片可以很有效地传达出某种特殊意义，照片的选择与照片的加工与排序，决定了这个网站的气氛。

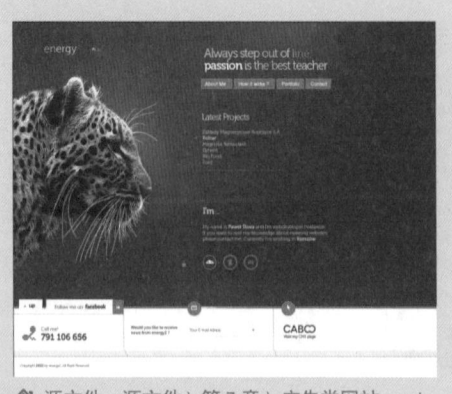

源文件：源文件 \ 第 7 章 \ 广告类网站 . psd

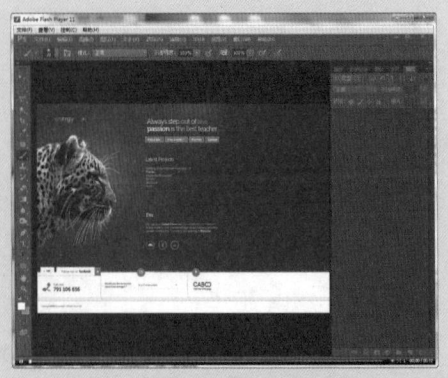

操作视频：视频 \ 第 7 章 \ 广告类网站 . swf

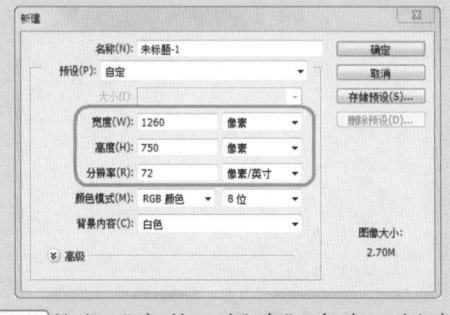

01 ▶执行"文件 > 新建"命令，新建一个空白文档。

02 ▶新建图层，使用"矩形选框工具"绘制选区，并填充颜色为 #122559。

03 ▶载入选区，新建图层，设置"前景色"为 #0f4f88，并使用"画笔工具"适当涂抹画布，将相关图层编组为"背景"。

04 ▶执行"文件 > 打开"命令，打开素材图像"素材 \ 第 7 章 \006.jpg"，将其拖入到设计文档中，并使用"橡皮工具"适当涂抹边缘。

05 ▶设置"前景色"为 #fe006e，使用"矩形工具"绘制矩形像素。

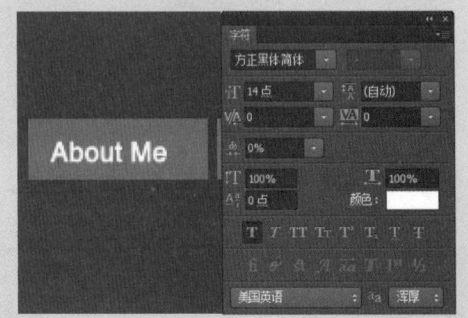

06 ▶打开"字符"面板，设置各参数，使用"横排文字工具"在画布中输入文字。

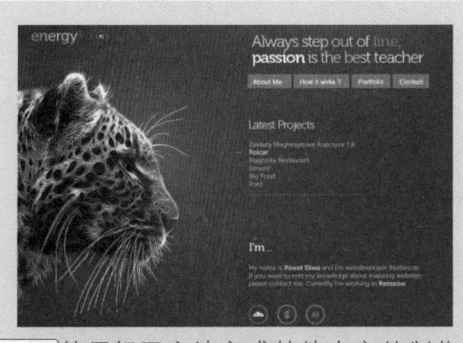

07 ▶使用相同方法完成其他内容的制作，将相关图层编组为"内容"。

08 ▶新建图层，设置"前景色"为#fe006e，使用"直线工具"绘制一条直线。

09 ▶使用"矩形选框工具"绘制选区，并使用"橡皮工具"涂抹选区。

10 ▶新建图层，使用"椭圆选框工具"绘制正圆选区，并填充前景色。

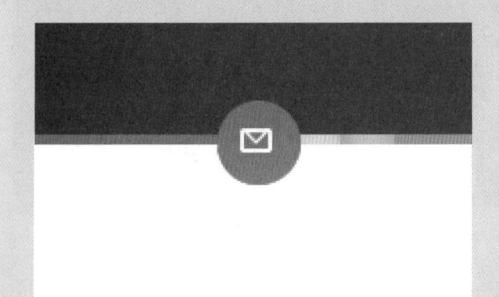

11 ▶新建图层，使用"直线工具"绘制出信封。

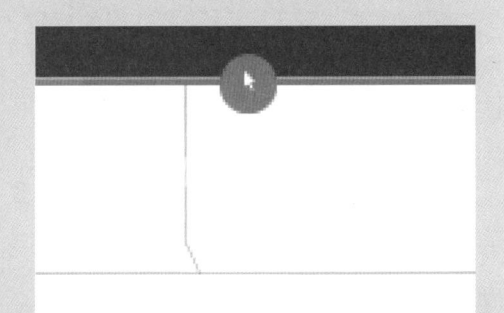

12 ▶使用相同方法完成其他内容的制作。

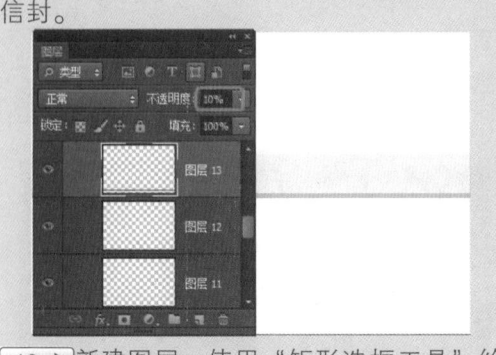

13 ▶新建图层，使用"矩形选框工具"绘制选区，并填充颜色为#027bff，修改图层"不透明度"为10%。

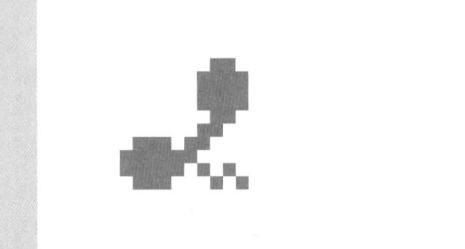

14 ▶新建图层，设置"前景色"为#ff0175，使用"矩形工具"绘制像素。

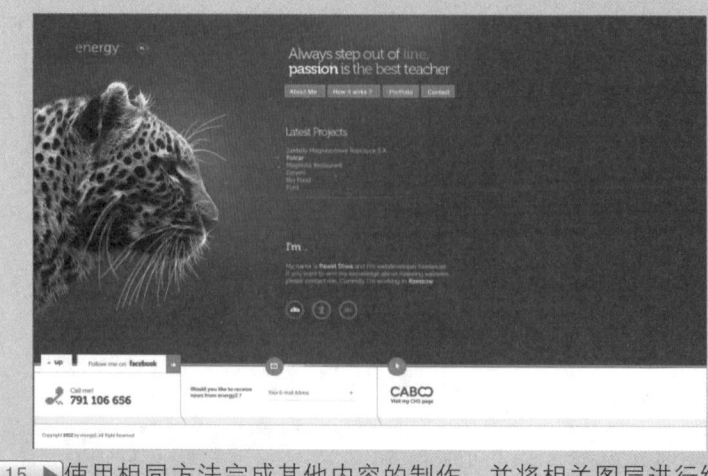
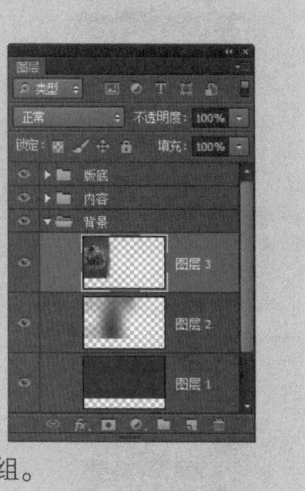

15 ▶ 使用相同方法完成其他内容的制作，并将相关图层进行编组。

提问：导航栏设计的原则是什么？

答：导航在网页界面中是很重要的要素，只要把导航要素设计的直观、简单、明了，才能给用户带来最大的方便，无论页面的东西多么富有创意，导航却复杂难懂，那么就很难成为一个出色的网站。

7.3.3 配色原理分析

深蓝色总能给人一种身临其境的感觉，与蓝色系搭配，让人更加冷静，表现出一种冷酷、正派的印象。少量红色的点缀展现出了激情，同时也激发了人的积极性。

搭配简洁的白色，传达出了智慧、理性的效果。

7.3.4 扩展方案

可以将深蓝色换成暗青色。暗青色常被用于各种科幻片和灾难片，更适合表现蓄势待发前的短暂宁静。

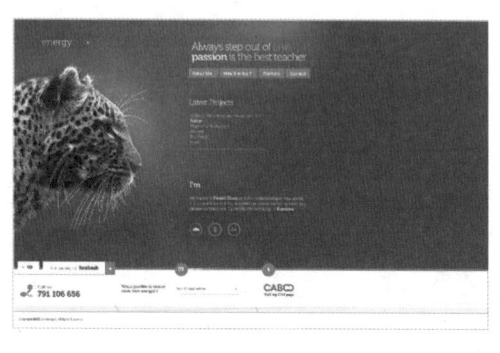

还可以将页面下方的文字信息提到最顶端，页面下方留出一块细长的白边作为版底信息的背景。

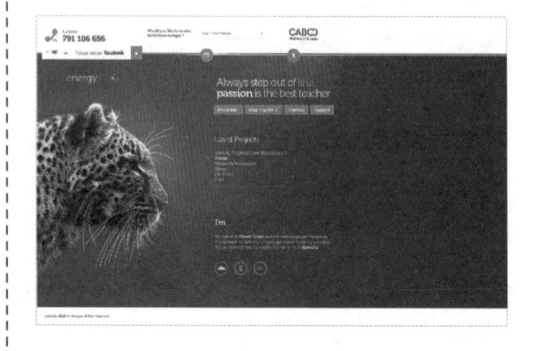

7.4　浅蓝色

浅蓝色有着稚嫩而温和的色调，给人温馨、柔美、梦幻般的感觉，让人联想到天空的颜色，给人留下清澈透亮、明媚干净的印象。这种颜色适用于婴幼儿与化妆品的网页配色，营造出安逸美好的画面。

7.4.1　配色分析

浅蓝色是由少量青色与黄色调和而成的色彩，适合作为过渡色。浅蓝色与同类色、邻近色搭配，能表现出清爽、洁净的感觉，与对比色搭配，能营造出朦胧而美好的画面，给人一种梦幻般的感觉。

浅蓝色——温馨	RGB（224、241、244） 网页安全色 #e0f1f4

● **儿童类网站设计**

大面积的浅蓝色，带给人温馨、抚慰，与清爽的绿色搭配，让人感觉清澈和明亮。热情的橙色，大方的红色，使画面更加丰富多彩，营造出轻松、随意的气氛。

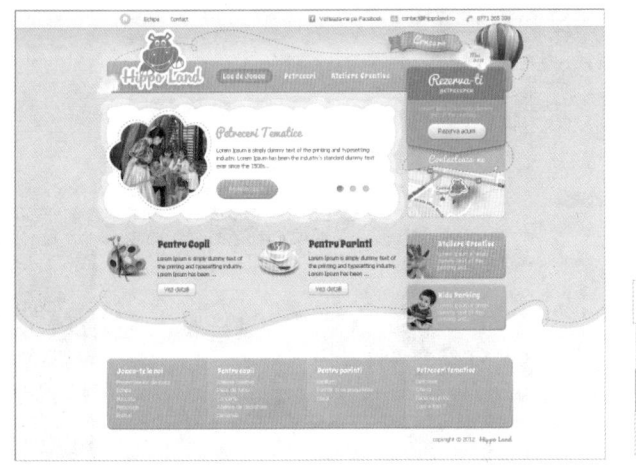

背景色：#f5fdfd
主　色：#3c7d52
辅　色：#aed044
文本色：#ffffff

● **卡通类型网站设计**

浅蓝色的天空，带给人清爽、透彻的感觉，营造出一种干净、明朗的气氛。嫩绿色与红色的搭配表现出动态的效果，鲜明的色彩使画面充满了活力。

背景色：#e0f1f4
主　色：#aed136
辅　色：#ed1373
文本色：#494949

7.4.2 配色实例

采用浅蓝色与同色系搭配作为背景，显得格外温馨、舒适，在背景的衬托下，橙色显得格外耀眼，些许红色的点缀，表现出了健康、自然的状态。

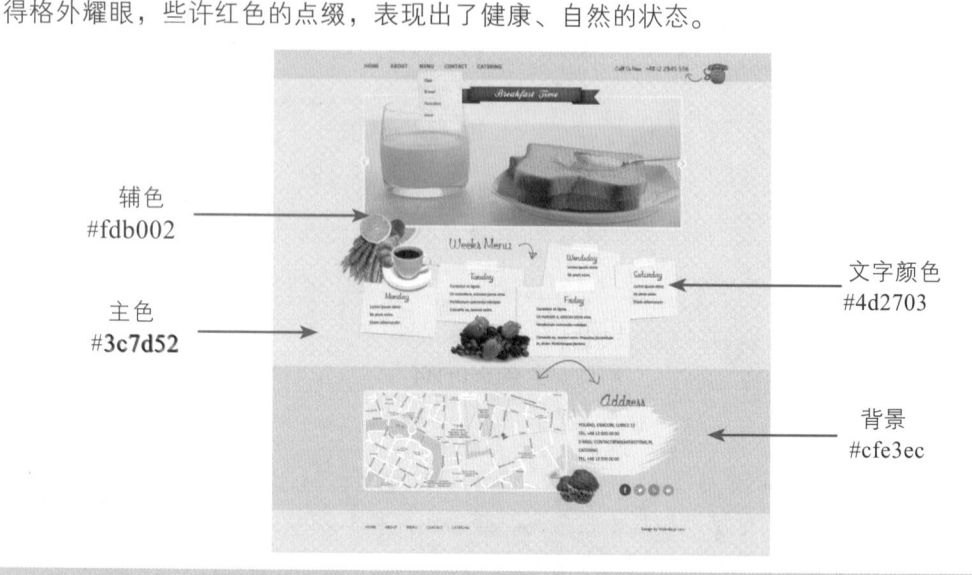

辅色
#fdb002

主色
#3c7d52

文字颜色
#4d2703

背景
#cfe3ec

➡ 实例 35+ 视频：设计饮食类网站

在饮食类网站中，图像有很强的作用。比起只用文字来描写，配以令人垂涎欲滴的食品照片效果会更好。

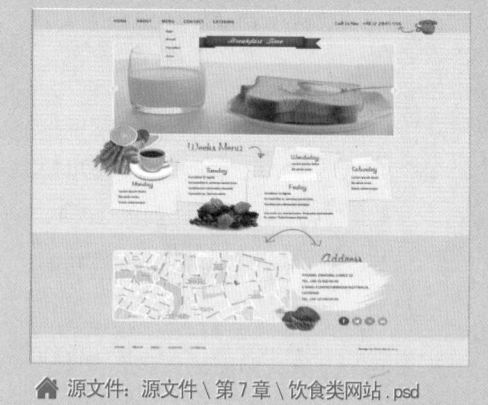

⌂ 源文件：源文件 \ 第 7 章 \ 饮食类网站 .psd

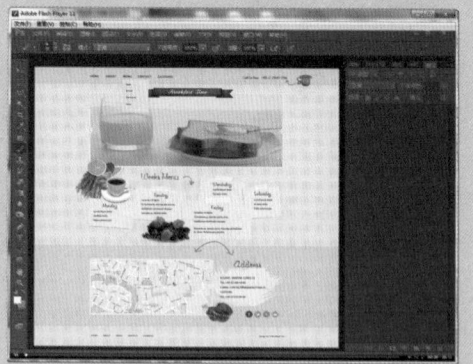

🔊 操作视频：视频 \ 第 7 章 \ 饮食类网站 .swf

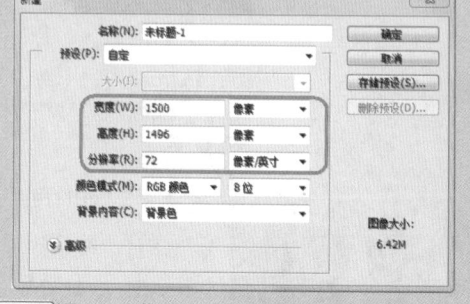

01 ▶ 设置"背景色"为 #e0f1f4，执行"文件 > 新建"命令，新建一个空白文档。

02 ▶ 新建图层，使用"矩形选框工具"绘制选区，并填充颜色为 #cfe3ec。

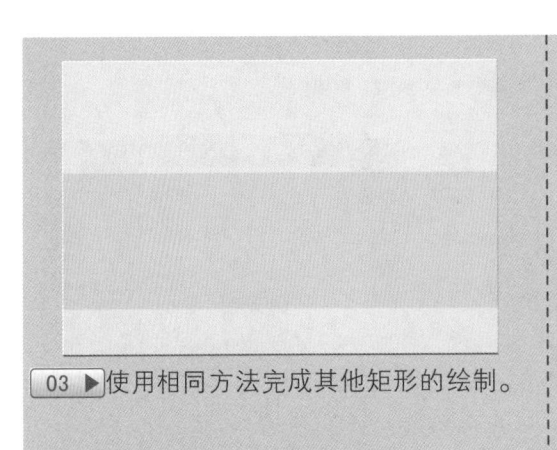

03 ▶使用相同方法完成其他矩形的绘制。

04 ▶新建一个 4×4Px 的空白文档，并绘制像素块，执行"编辑>自定义图案"命令。

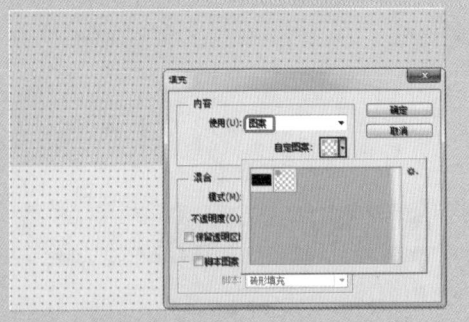

05 ▶返回设计文档中，新建图层，执行"编辑>填充"命令，将相关图层编组为"背景"。

06 ▶打开"字符"面板，设置各参数，使用"横排文字工具"在画布中输入文字。

07 ▶使用相同方法完成其他内容的制作。

08 ▶新建图层，设置"前景色"为 #15375c，使用"画笔工具"在画布中绘制箭头，将相关图层编组为"导航"。

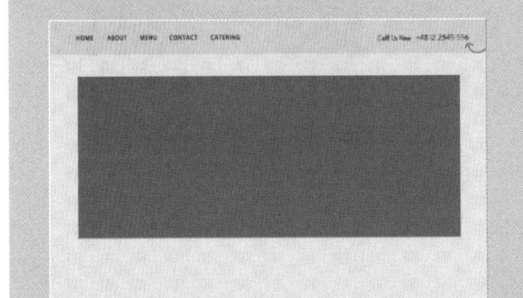

09 ▶新建图层，使用"矩形选框工具"绘制选区，填充任意颜色。

10 ▶执行"文件>打开"命令，打开素材图像"素材\第 7 章\008.jpg"，将其拖入到设计文档中，为其创建剪贴蒙版。

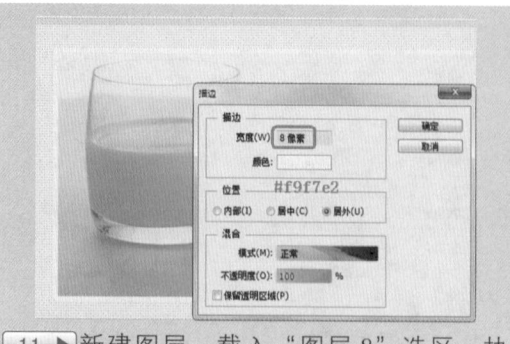

11 ▶ 新建图层，载入"图层 8"选区，执行"编辑 > 描边"命令。

12 ▶ 使用相同的方法拖入其他素材图像。

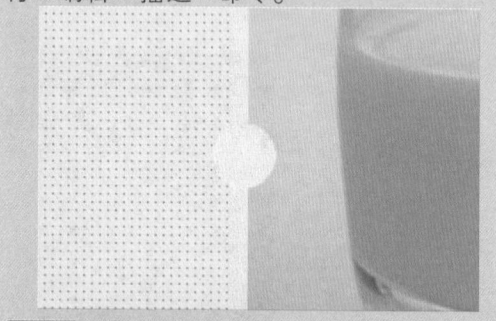

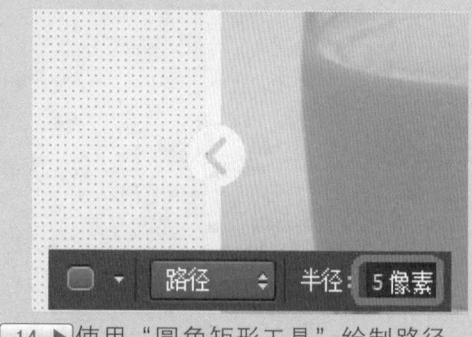

13 ▶ 新建图层，使用"椭圆选框工具"绘制选区，并填充颜色为 #faf8e1。

14 ▶ 使用"圆角矩形工具"绘制路径，将其旋转，转换为选区，按 Delete 键删除像素。

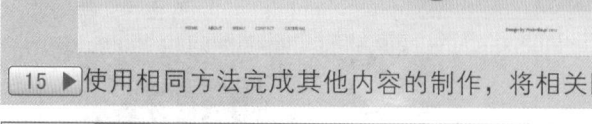

15 ▶ 使用相同方法完成其他内容的制作，将相关图层进行编组。

提问：网页界面设计的必要性是什么？

答：好的网站除了一个漂亮华丽的页面外，还考虑了多媒体的特性、色彩的搭配和信息排列的一定秩序，能更好地向用户传达信息和内容。

7.4.3　配色原理分析

蓝色有安定情绪的作用，而高明度的蓝色能给人恬静、舒适的感觉。搭配不同明度的蓝色，给人温馨、典雅的感觉。

橙色与红色明朗而鲜艳，使画面更丰富，主体更加突出，使人联想到水果、美食等事物，容易引起食欲。

7.4.4　扩展方案

使用明亮的橙色作为背景，给人热情、温暖的感觉，适用于饮食类网站。配以鲜明的食品图片，能够引起用户的兴趣。

浅绿色与暖黄色的搭配，画面流露出自然的朴实感，高明度的红色和黄色使画面的新鲜度增加。

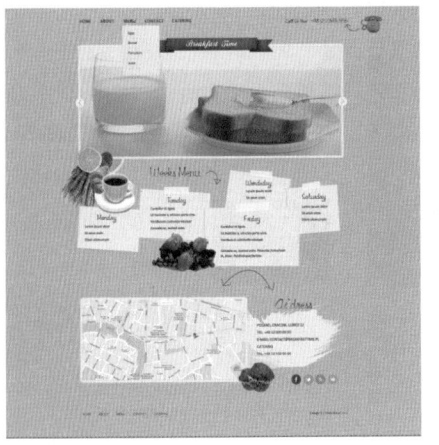

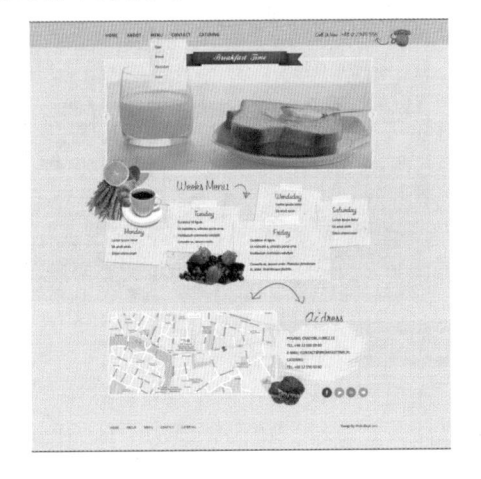

7.5　蔚蓝色

蔚蓝色有着纯净、清爽的色相，犹如万里晴空的色彩，让人感到空旷、辽阔，给人舒适、放松的心情。同时蔚蓝色拥有蓝色的理性特征，流露出聪明、洗练的感觉，适用于商务类网站。

7.5.1　配色分析

蔚蓝色与同色系、相近色相搭配，呈现出可爱、朝气的印象；与原色、间色、复色相搭配，会呈现出精气十足的印象；与对比色相搭配，会呈现出一幅优美、随意的画面。

蔚蓝色——爽快

RGB（34、174、 230）

网页安全色 #22aee6

● 工业类网站设计

画面中使用强烈的色彩展现精密、强大的机械机构，用鲜明的蔚蓝色，搭配温暖的色系，构成个性的画面，体现出一种艺术气息，使用白色的调和来表现舒适的感觉。

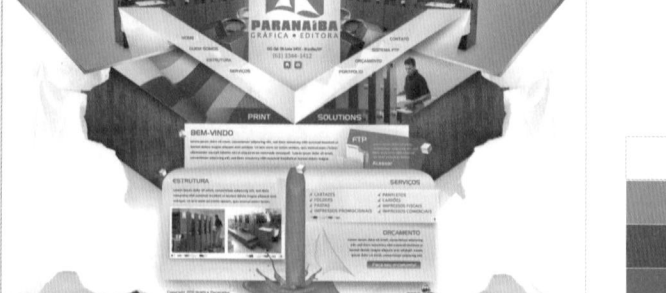

背景色: #ffffff
主　色: **#22aee6**
辅　色: #824a19
文本色: #007cba

● 旅游网站设计

　　大面积的蔚蓝色给人亲切和自由感，黄色和红色的点缀，使画面明朗而富有活力，展现游玩的乐趣，鲜明的图片给人留下了深刻的印象。

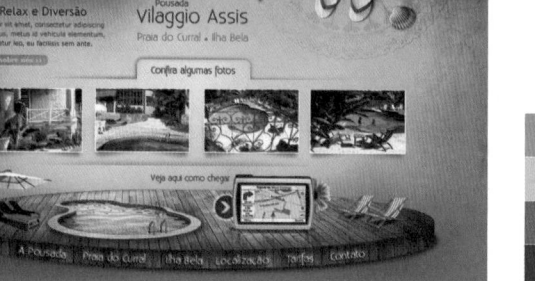

背景色: **#22aee6**
主　色: **#82f1e9**
辅　色: #b16f22
文本色: #00133a

7.5.2　配色实例

　　大面积的蔚蓝色给人清凉、冰冷的感觉，与同类色相搭配，表现出整体统一的效果。加以红色的点缀，可以表现出一种动态的美感。

背景
#eeebe9

文字颜色
#c3c3c3

辅色
#a9a9ae

主色
#22aee6

➡ 实例 36+ 视频：设计滑雪网站

　　白色在网页中是最普遍使用的基本背景色，可以和大部分颜色配合使用，具有干净、纯洁的意味。

🏠 源文件：源文件 \ 第 7 章 \ 滑雪网站 .psd

📶 操作视频：视频 \ 第 7 章 \ 滑雪网站 .swf

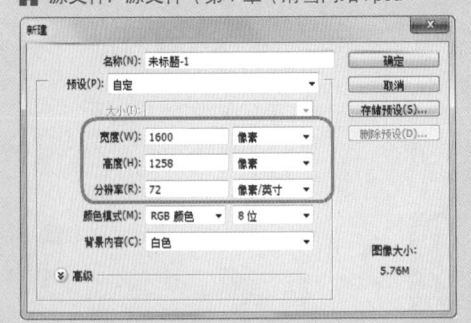

01 ▶ 设置"背景色"为 #eeebe9，执行"文件 > 新建"命令，新建一个空白文档。

02 ▶ 设置"前景色"为 #eeebe9，按快捷键 Alt+Delete 填充画布。

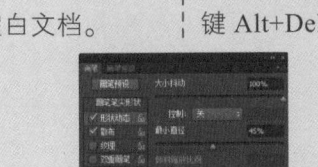

03 ▶ 选择"画笔工具"，单击"切换画笔面板"按钮，设置各参数。

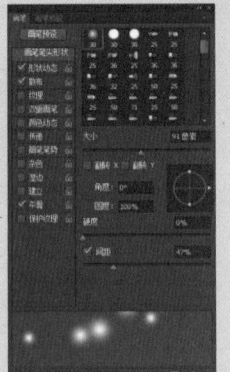

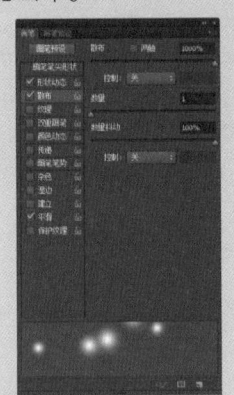

04 ▶ 新建图层，使用"画笔工具"在画布中适当涂抹。

05 ▶ 修改图层"不透明度"为 50%。

06 ▶ 新建图层，使用"矩形选框工具"绘制选区，填充颜色为 #22aee6。

07 ▶ 执行"文件 > 打开"命令，打开素材图像"素材 \ 第 7 章 \010.jpg"，将其拖入到设计文档中。

08 ▶ 为其创建剪贴蒙版，并修改图层"混合模式"为"正片叠底"，将相关图层编组。

09 ▶ 新建图层，使用"矩形选框工具"绘制选区，填充为白色。

10 ▶ 使用相同的方法绘制其他矩形。

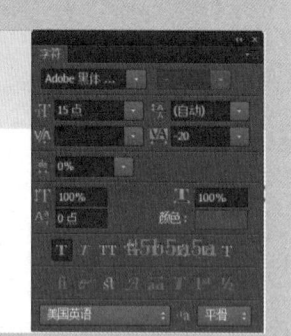

11 ▶ 打开"字符"面板，设置参数值，使用"横排文字工具"输入文字。

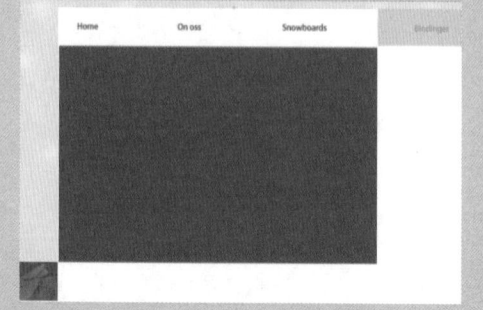

12 ▶ 使用相同的方法绘制任意颜色的矩形。

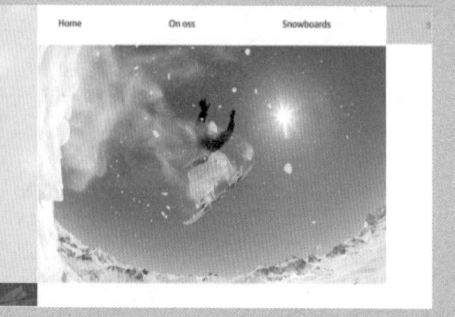

13 ▶ 使用相同的方法拖入素材图像，为其创建剪贴蒙版。

14 ▶ 新建图层，使用"矩形选框工具"绘制选区，填充颜色为 #d9d9d9 。

15 ▶ 修改图层"不透明度"为 80%。

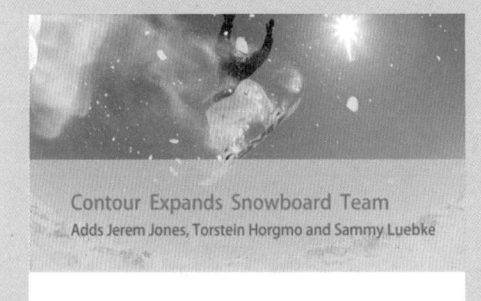

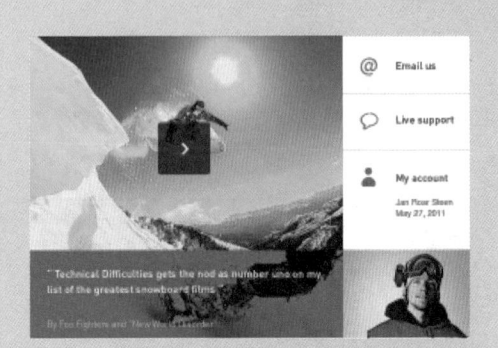

16 ▶ 使用相同方法完成文字内容的制作。

17 ▶ 使用相同方法完成其他内容的制作。

18 ▶ 使用相同方法完成网页的制作，将相关图层进行编组。

提问：如何利用色彩的特性来配色？

答：在每一个网页中，其配色都有一定的原则性，使用同色系搭配，或者饱和度及明度是一定的，而利用颜色的对比等，都是按照一定的原则来选择颜色的。

7.5.3　配色原理分析

纯度高的蓝色清凉感比较强，像水一样，有一种冰凉和清透的效果，蔚蓝色与灰色搭配，构成了一个冰凉的世界，令人心旷神怡。

淡黄色与黄色的搭配，使画面活跃起来，增添了愉悦的气氛。

7.5.4　扩展方案

使用灰色的背景，衬托出雪的纯洁、素雅。搭配蓝色将冬天的寒冷发挥到极致，些许红色的点缀搭配，为画面增添了生气。

使用红色的导航，与蓝色形成鲜明的对比，传达出健康与欢乐的心情，共同营造一个热闹、活力十足的画面。

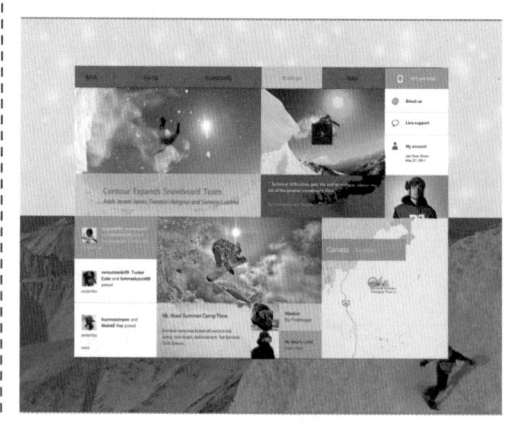

7.6　深青色

青色有着镇定的特性，这种色彩可以缓解忙碌而紧张的生活。青色中含有少量的红色，正是红色使得青色具有蓝色的平缓和镇静，所以非常适合用于休闲类网站，使人心情得到放松和清净。

7.6.1　配色分析

青色与同类色、相近色相搭配，会呈现出辽阔、深远而神秘的效果；与原色、间色、复色相搭配，会呈现出鲜艳夺目、神采飞扬的效果；在灰色调中，则会呈现一幅苍劲有力、意味深长的画面。

深青色——镇静	RGB（0、94、138） 网页安全色 #005e8a

● **商务类网站设计**

大面积的青色，让人觉得镇定，并且拥有真诚的内在和从容的气质，些许红色的加入，给人理智、洗练的印象，同时吸引人的注意，使画面更加沉稳。

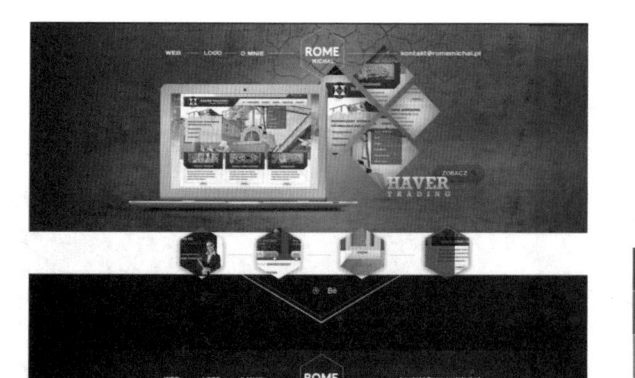

背景色：#03192d
主　色：#0f3851
辅　色：#e92d3e
文本色：#ffffff

● **其他类网站设计**

　　蓝色总是让人联想到科技，使用青色使画面显得老练成熟，给人信任感。在青色的衬托下，白色显得更加洁净、大方，传递出商务与理性的气息。

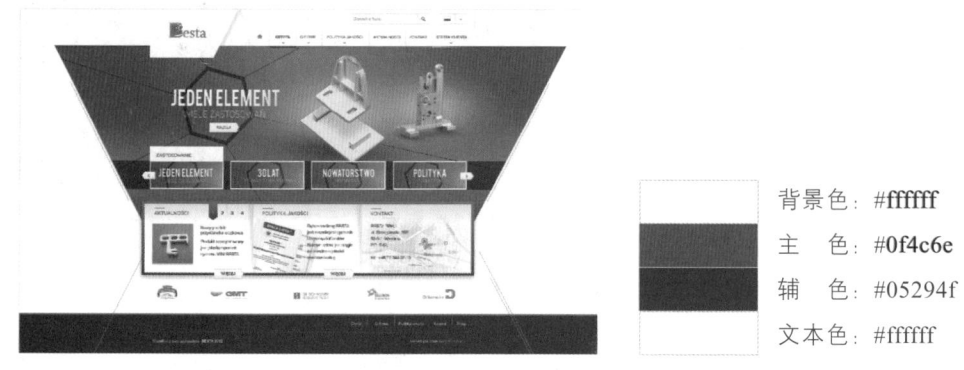

背景色：#ffffff
主　色：#0f4c6e
辅　色：#05294f
文本色：#ffffff

7.6.2　配色实例

　　青色与玫红色形成对比，将青色的冷静发挥得淋漓尽致。搭配同色系，给人幽深莫测的感觉，散发出诡异的魅力，玄妙又深邃，给人一种神秘之美。

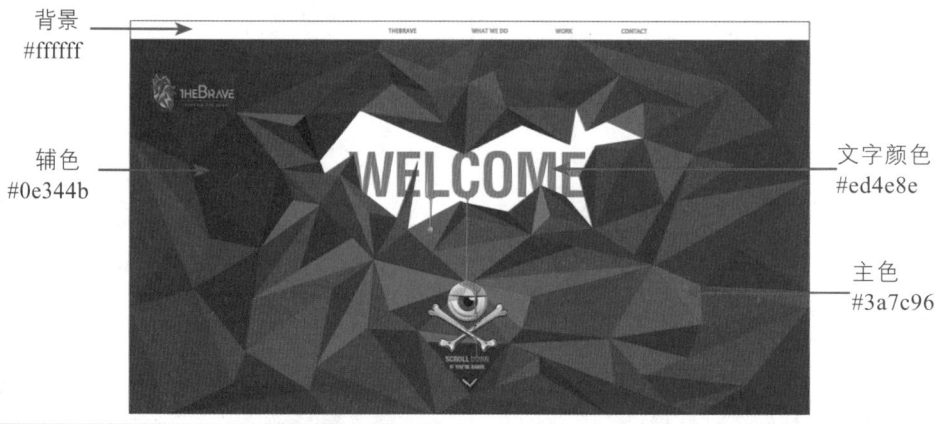

背景
#ffffff

辅色
#0e344b

文字颜色
#ed4e8e

主色
#3a7c96

➡ 实例 37+ 视频：设计游戏类网站

　　不同明度的蓝色，使画面呈现出立体感，神秘的色调更加吸引人的眼球，玫红色的加入，使暗浊的色调体现出奇幻神秘之感。

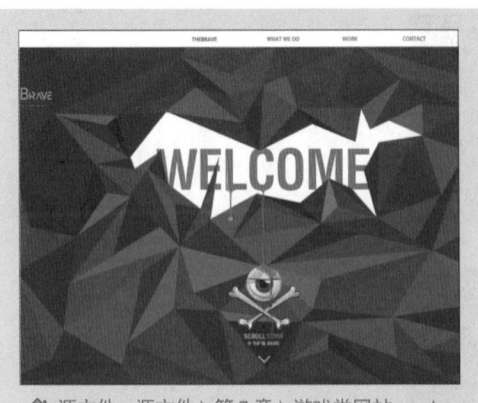

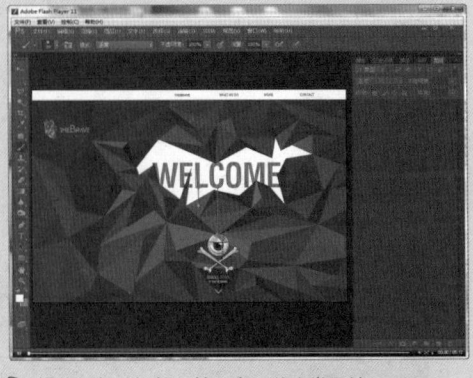

源文件: 源文件 \ 第7章 \ 游戏类网站 .psd

操作视频: 视频 \ 第7章 \ 游戏类网站 .swf

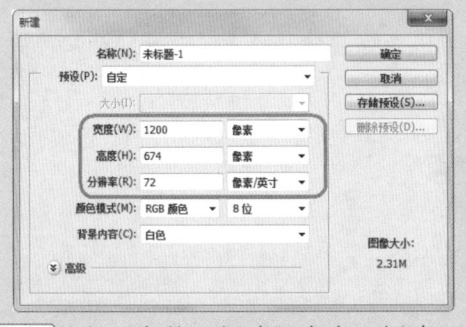

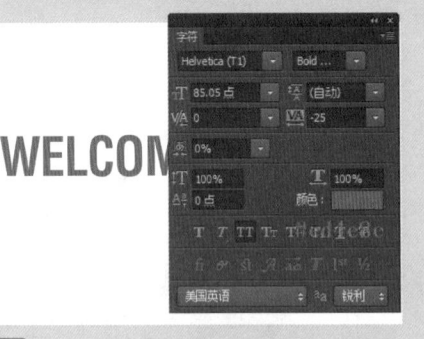

01 ▶执行"文件 > 新建"命令，新建一个空白文档。

02 ▶打开"字符"面板，设置各参数，使用"横排文字工具"在画布中输入文字。

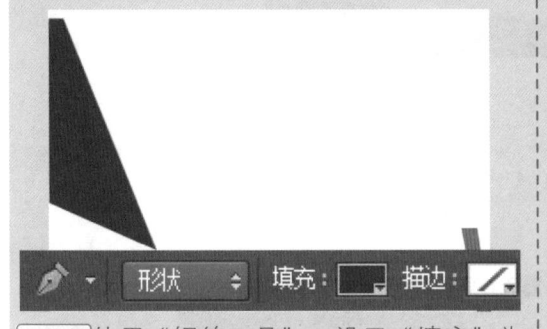

03 ▶使用"钢笔工具"，设置"填充"为 #06324d，在画布中绘制形状。

04 ▶继续使用"钢笔工具"绘制形状，并修改"填充"为 #083751。

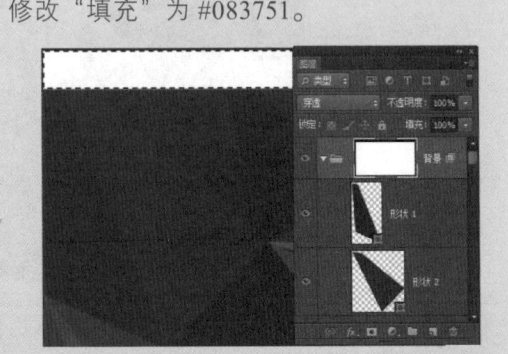

05 ▶使用相同方法绘制所有形状，并将相关图层进行编组。

06 ▶使用"矩形选框工具"在画布上方绘制选区，并添加图层蒙版。

07 ▶选择"钢笔工具"，设置"填充"为 ed4e8e，绘制形状。

08 ▶使用相同方法完成其他形状的绘制。

09 ▶新建图层，使用"钢笔工具"绘制路径，并转换为选区，填充为白色，并使用"橡皮工具"适当涂抹。

10 ▶执行"文件 > 打开"命令，打开素材图像"素材 \ 第 7 章 \012.png"，将其拖入到设计文档中。

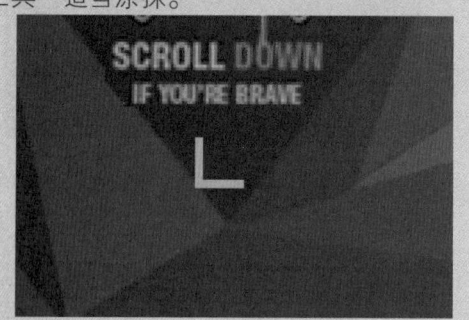

11 ▶选择"矩形工具"，设置"填充"为 #79c4d8，绘制矩形，并修改"路径操作"为"合并形状"，继续绘制矩形。

12 ▶按快捷键 Ctrl+T，将其适当旋转。

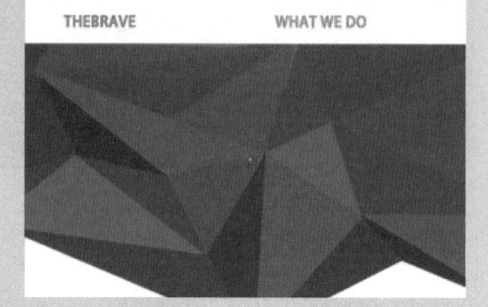

13 ▶使用相同的方法，拖入相关素材图像，适当调整位置。

14 ▶使用相同方法完成文字内容的制作。

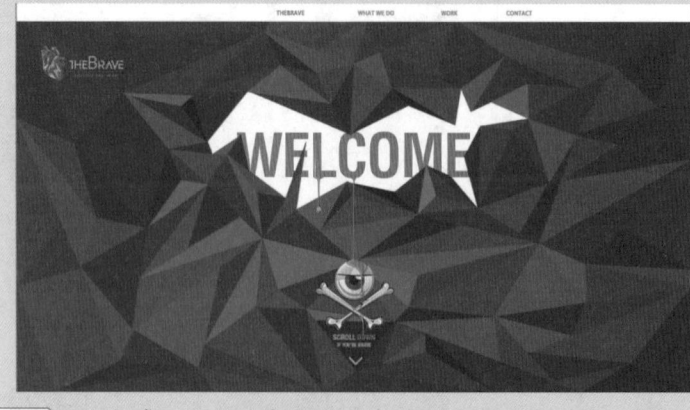

15 ▶ 至此完成网页的全部制作，将相关图层进行编组，得到最终效果。

提问：如何利用色彩的联想效果和心理作用配色？

答: 每种颜色都象征着某种意义,能够引起联想或心理效果,例如红色给人热情、温暖的感觉, 绿色给人清爽、凉快的感觉, 此外颜色还象征着纯洁、温馨、浪漫等心理效果。按照网站的目标, 考虑色彩的心理效果和作用来合理地配色。

7.6.3　配色原理分析

青色搭配同色系共同营造出空旷、神秘的氛围, 在背景的衬托下, 玫红色散发出神秘的气息, 显示出细腻、柔和的质感。

用少许白色增添了平静和沉稳感, 给人一种精彩绝伦的视觉感。

7.6.4　扩展方案

将导航采用艳丽的玫红色, 更加突出, 吸引人的眼球, 并且与画布中央的文字构成相呼应。

也可以直接将剪纸背景改为灰色, 保持其他元素的彩色效果, 这样能够最大限度地突显出文字部分。

7.7　本章小结

本章主要介绍了蓝色的色彩搭配, 蓝色给人冷静、理智、果断的印象, 与鲜明的色彩搭配, 给人直爽的感觉。与同色系搭配给人沉稳、成熟的印象。通过配色实例对每种色彩感受进行了解析, 帮助读者在直观地欣赏配色作品的同时, 给予其配色设计灵感。

第8章 网站配色设计应用
——紫色系

紫色是一种神秘而又美丽的色彩。自古以来，就是尊贵和身份的代名词。故宫称为"紫禁城"，古罗马仅有贵族才被允许穿着紫色服饰，而在基督教中，紫色则代表至高无上和来自圣灵的力量。

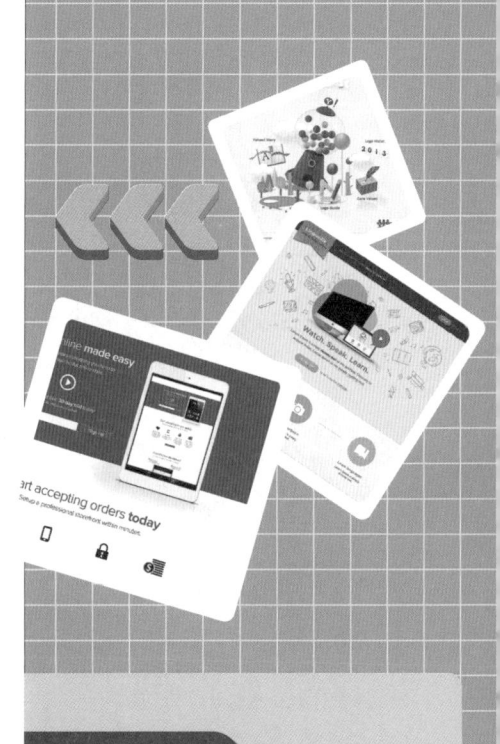

8.1 丁香紫

丁香紫中含有大量的蓝色，并且明度较高，展现出清丽脱俗的感觉，就像清新纯美的丁香一样散发着青涩的柔美气息，甚为惹人怜爱。

8.1.1 颜色分析

丁香紫是一种清新而纯美的颜色，充满着浪漫而柔美的气息。这种颜色是由紫色大幅度降低纯度而得到的，紫色的华丽和贵气得到了抑制和减弱，取而代之的是一种小家碧玉的清新柔美感。

丁香紫——清纯	RGB（187、160、203） 网页安全色 #bba0cb

丁香紫是一种温和妩媚的颜色，有着很明显的女性特征，在女性化妆品和甜点行业很受欢迎。

● **女性保健品网页设计**

整个页面是以浅浅的丁香紫为主色调，背景还采用了极具女性气质的花朵来烘托气氛，一种柔美、轻松的感觉扑面而来。采用同色系的艳丽紫色作为辅色，以提高画面的协调感，黑色的文字极易阅读。

	背景色：#b5b09c		辅 色：#b5b09c
	主 色：#b5b09c		文本色：#b5b09c

本章知识点

☑ 丁香紫——清纯

☑ 紫色——神圣

☑ 深紫色——低调的华丽

☑ 菖蒲色——雅致

☑ 浅莲灰——萌芽

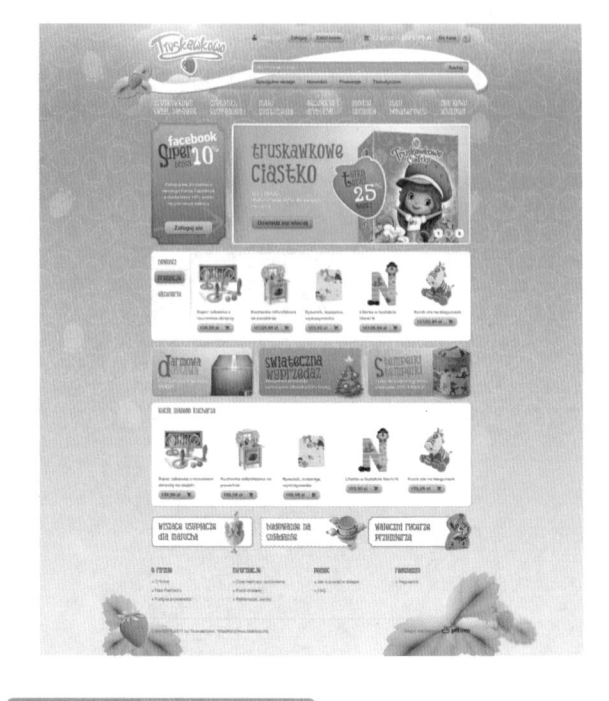

● 水果类网页设计

这款页面以稍稍偏蓝一些的丁香紫作为背景，表现出甜蜜、清凉的感觉。前景同样采用橙黄、嫩绿和粉红等温暖的颜色，一种夏日的清爽感呼之欲出。

页面中的文字很少，大片可爱的卡通类插图使画面热闹无比，使人有强烈的点击欲望。

背景色：#345674
主　色：#DF0012
辅　色：#00OIFF
文本色：#FFDFFD

8.1.2　　配色实例

页面采用白色作为背景色，不同明度的丁香紫则被用来分割不同的功能区，整个页面呈现出清爽、明净的感觉，而且具有一定的空间感和景深感。

使用色调柔和的甜点图片作为焦点图，强调了温暖而亲和的感觉。文本颜色采用了白色和略深的紫色，提升了整体色调的协调统一性。

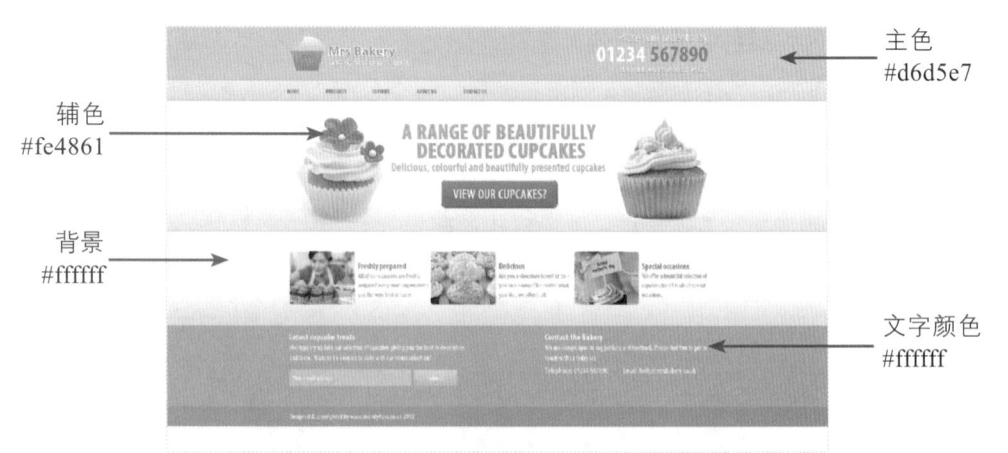

主色
#d6d5e7

辅色
#fe4861

背景
#ffffff

文字颜色
#ffffff

➡ **实例 38+ 视频：制作清爽的甜点页面**

本实例主要制作了一个清爽干净的甜点页面，页面使用深浅不一的丁香紫作为主色调，配合色彩温暖明亮的图片和文字，整个画面显得无比清新、柔美，仿佛整个视觉和味觉都已沉浸在甜美的味道中。

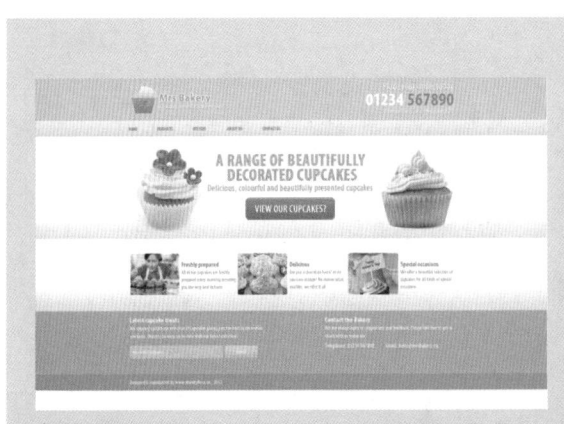

源文件：源文件 \ 第 8 章 \ 清爽的甜点页面 .psd

操作视频：视频 \ 第 8 章 \ 清爽的甜点页面 .swf

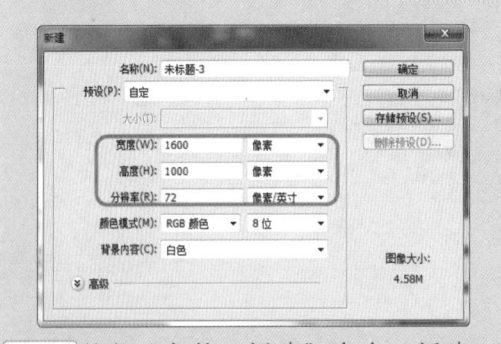

01 ▶执行"文件 > 新建"命令，新建一个空白文档。

02 ▶使用"矩形工具"在画布上方创建一个"填充"为 #d6d5e7 的矩形。

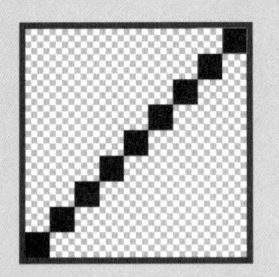

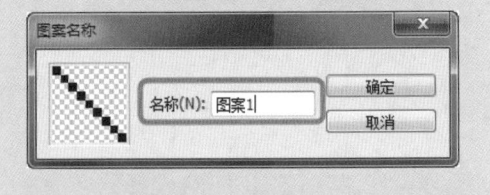

03 ▶新建一个 9×9px 的透明背景文件，使用"矩形工具"绘制一排 1×1px 的黑色矩形。

04 ▶执行"编辑 > 定义图案"命令，弹出"图案名称"对话框，将图案命名为"图案 1"。

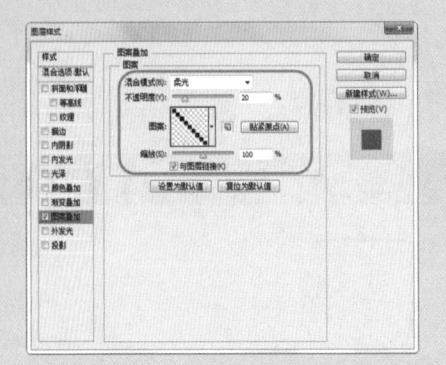

05 ▶返回设计文档中，打开"图层样式"对话框，选择"图案叠加"选项，设置参数值。

06 ▶设置完成后单击"确定"按钮，可以看到矩形上添加了一些斜纹。

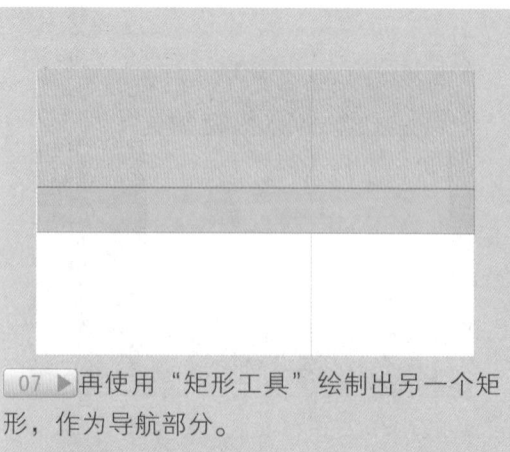

07 ▶ 再使用"矩形工具"绘制出另一个矩形，作为导航部分。

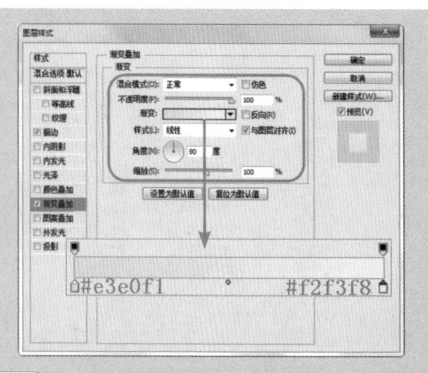

08 ▶ 打开"图层样式"对话框，选择"渐变叠加"选项，设置参数值。

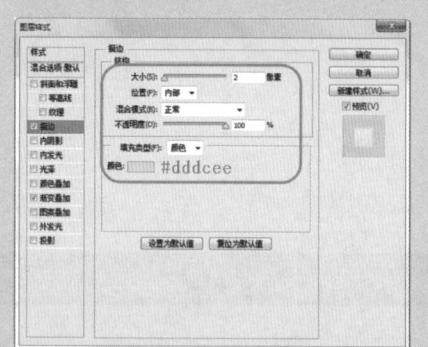

09 ▶ 继续在对话框中选择"描边"选项，设置参数值。

10 ▶ 设置完成后单击"确定"按钮，得到导航条的效果。

11 ▶ 使用相同方法制作出页面的框架，并将相关图层编组为"框架"。

12 ▶ 将 Logo 素材"素材 \ 第 8 章 \001. jpg"拖入文档中，并适当调整其位置。

13 ▶ 使用相同方法制作相应的文字，并制作出 Banner 部分。

14 ▶ 使用"圆角矩形工具"绘制一个"半径"为 5 像素的任意颜色形状。

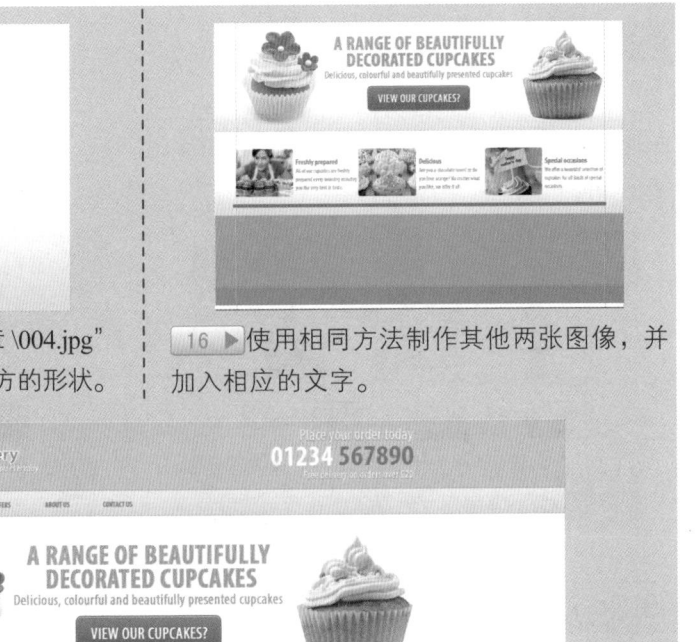

15 ▶ 将素材图像"素材 \ 第 8 章 \004.jpg"拖入设计文档中，并将其剪切至下方的形状。

16 ▶ 使用相同方法制作其他两张图像，并加入相应的文字。

17 ▶ 使用相同方法完成版底部分的制作，并将相关图层编组，完成制作。

提问：怎样合理选用字体？

答：一般来说，一张页面中最好不要使用 3 种以上的字体，只要在字体大小和宽度上进行变化就可以了。

8.1.3　配色原理分析

实例中多次使用丁香紫到白色的渐变色作为背景，并巧妙与前景中的图片和文字相结合，强调出画面的空间感。

页面中的其他辅助性色彩同样选用了一些色调柔美温和的颜色，既能起到点缀画面的作用，又能保证色彩的协调性。

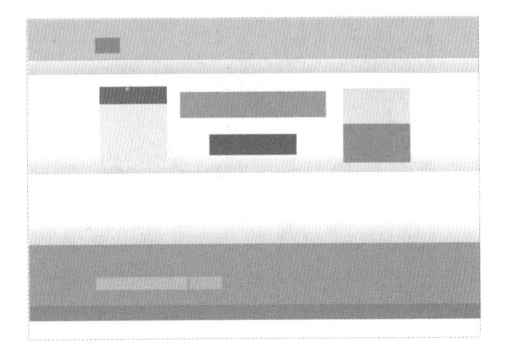

8.1.4　扩展方案

可以把页面主色改为同色系的粉红色，同样可以表现出画面柔美甜蜜的感觉。相应的按钮颜色也要改变颜色。

也可以将主体部分 3 张图片的标题采用下方按钮的形式进行表现，使元素重复排列，产生节奏感。

8.2　紫色

紫色由等量的红色和蓝色混合而成，这种颜色集合了红色的华丽和蓝色的疏离感，是表现刺激和对立感最好的选择。

8.2.1　颜色分析

紫色是高贵神圣的颜色。紫色混合了红色和蓝色，所以它的色彩意向兼具了红色的华丽高贵和蓝色的冷淡疏远，给人以可远观而不可亵玩的距离感。单独使用紫色可以表现出神圣感，与高纯度的色彩搭配使用，则可以表现出华丽感。

紫色——神圣

RGB（290、53、60）
网页安全色 #8b4899

● 服装鞋帽类网页设计

使用艳丽的紫色作为背景，营造出一种华丽而又沉静的氛围。高纯度的颜色不仅可以最大限度凸显出前景中、低纯度的鞋子，又与天蓝、嫩绿和粉红等鲜艳明快的色彩相互搭配，碰撞出一种刺激又时尚的感觉。

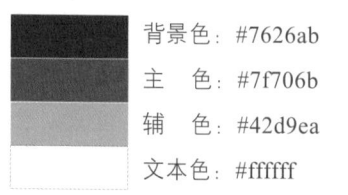

背景色：#7626ab
主　色：#7f706b
辅　色：#42d9ea
文本色：#ffffff

● **设计类网页设计**

　　紫色是一种高纯度低明度的色彩，如果使用不恰当，极易显得媚俗，而如果搭配巧妙，则可以产生非常好的效果。下面的这款设计页面使用浅灰色作为基调，只使用极小面积的紫色和其他鲜艳、明快的颜色相互搭配，而且采用半透明的圆点状形式，整个页面充满了动态感和趣味性。

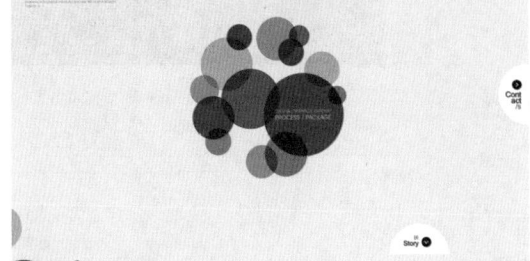

背景色：#f4f4f4

主　色：#7626ab

辅　色：#e23b9a

文本色：#1d1d1d

8.2.2　配色实例

　　本实例使用浅灰色作为背景，确定出理性而又轻松的基调。小面积的紫色分别出现在画面的左侧、中央和右侧，在面积和位置上得到了很好的平衡与呼应。嫩绿色和青色等颜色巧妙中和了紫色的忧郁和阴暗。

　　整个画面中文字的作用已经被削弱到了最低，卡通风格的图片是画面最抓眼球的元素，整个页面效果轻松而又趣味盎然。

文本颜色
#86249a

辅色
#71d30a

主色
#731899

背景
#f7f7f7

➡ 实例 39+ 视频：制作搜索引擎页面

　　本实例制作了一款非常时尚而美观的搜索引擎主页。页面采用浅灰作为背景，艳丽的紫色分别被布局在页面左边、中部和右边，但由于面积和形状不规则，所以并没有常规对称布局带来的静止、呆板的感觉。

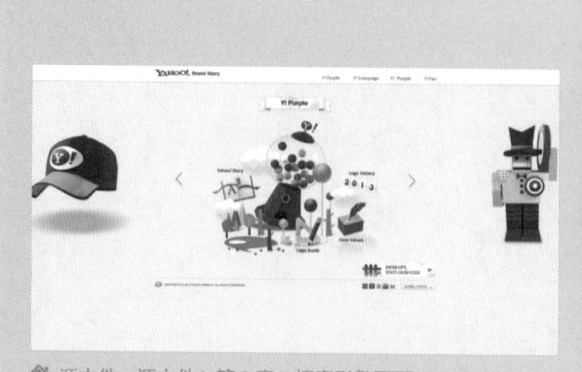

源文件：源文件 \ 第 8 章 \ 搜索引擎页面 .psd

操作视频：视频 \ 第 8 章 \ 搜索引擎页面 .swf

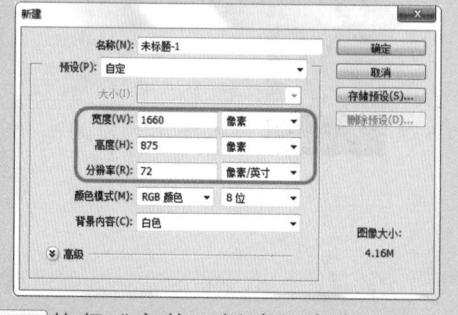

01 ▶执行"文件 > 新建"命令，新建一个空白文档。

02 ▶在画布中创建一个选区，新建图层，然后填充颜色 #f7f7f7。

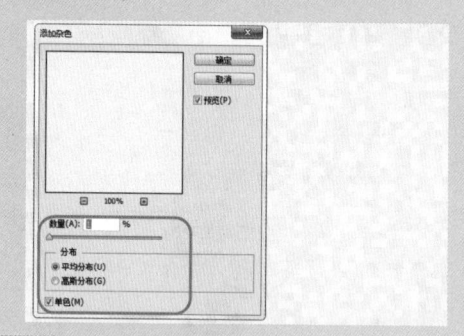

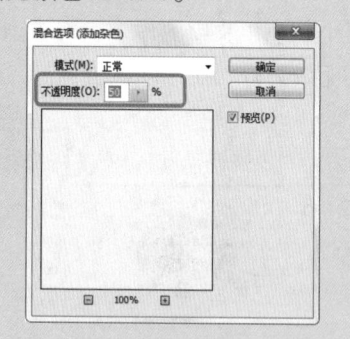

03 ▶将该图层转换为智能对象，然后执行"滤镜 > 杂色 > 添加"命令，为背景添加一些杂点。

04 ▶单击该图层缩览图后面的 按钮，在对话框中修改滤镜"不透明度"为 50%。

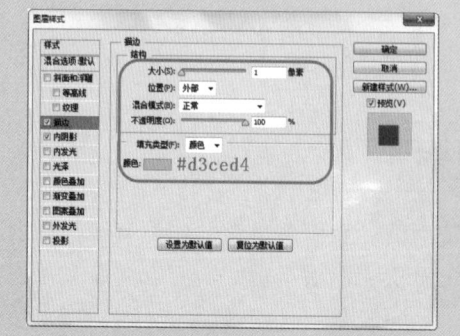

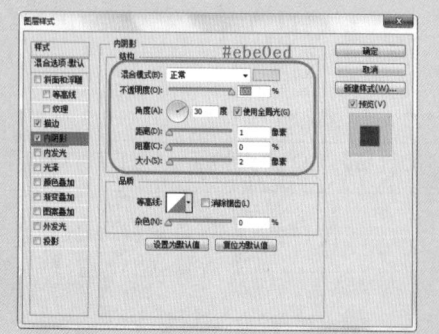

05 ▶双击该图层缩览图，打开"图层样式"对话框，选择"描边"选项，设置参数值。

06 ▶继续在对话框中选择"内阴影"选项，设置参数值。

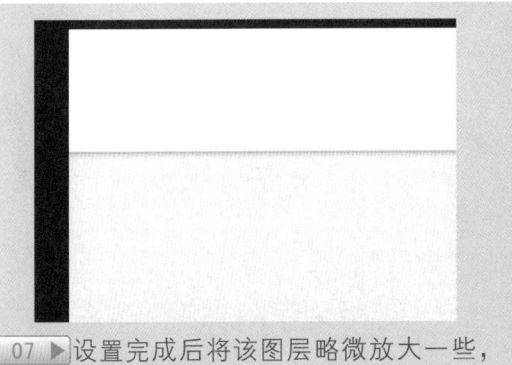

07 ▶ 设置完成后将该图层略微放大一些，使其两侧和下方看不到图层样式效果。

08 ▶ 将 Logo 素材"素材 \ 第 8 章 \007.jpg"拖入到画面左上方，并适当调整位置。

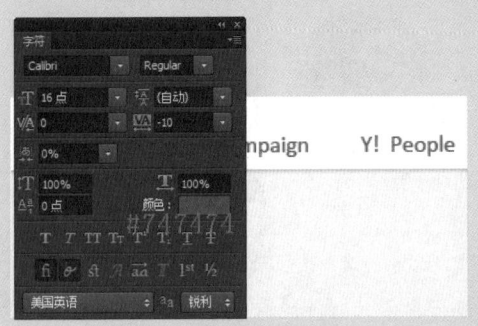

09 ▶ 继续在对话框中选择"描边"选项，设置参数值。

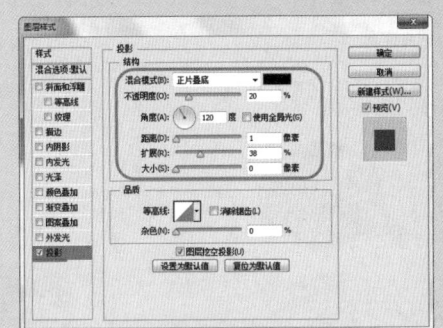

10 ▶ 再将素材图像"素材 \ 第 8 章 \008.jpg"和"009.png"拖入到画面正中央。

11 ▶ 使用"矩形工具"创建一个白色的矩形，并对其进行适当扭曲。

12 ▶ 打开"图层样式"对话框，选择"投影"选项，设置参数值。

13 ▶ 设置完成后单击"确定"按钮，得到形状投影效果。

14 ▶ 使用相同方法绘制另一个形状，制作出日历的样子。

15 ▶ 使用相同方法完成相似内容的制作。

16 ▶ 使用相同方法完成相似内容的制作。

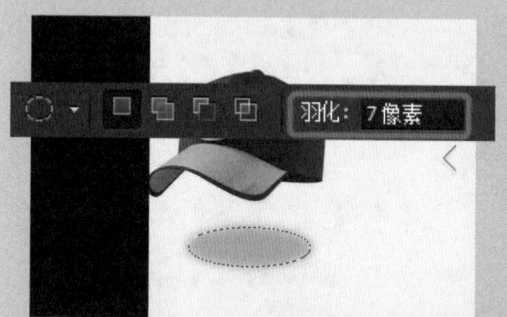

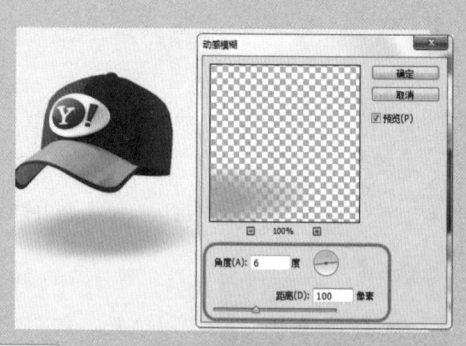

17 ▶ 使用"椭圆选框工具"在帽子下方创建一个"羽化"为7像素的选区，然后新建图层，填充颜色为 #c6c6c6。

18 ▶ 执行"滤镜 > 模糊 > 动感模糊"命令，弹出"动感模式"对话框，适当设置参数值，制作出帽子的投影。

19 ▶ 使用相同方法完成其他内容的制作，完成该页面的全部制作过程。

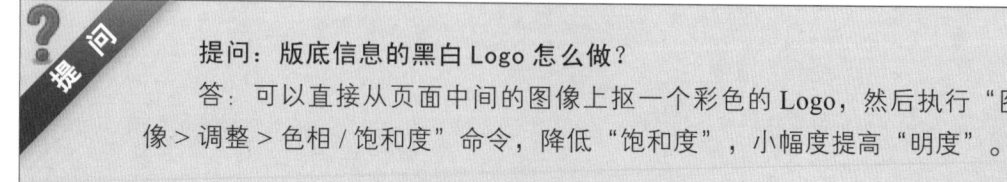

提问：版底信息的黑白 Logo 怎么做？

答：可以直接从页面中间的图像上抠一个彩色的 Logo，然后执行"图像 > 调整 > 色相 / 饱和度"命令，降低"饱和度"，小幅度提高"明度"。

8.2.3　配色原理分析

实例采用浅灰色作为背景色，紫色、嫩绿色和天蓝色等高纯度的色彩星星点点散落在页面的不同位置。文字已经被最大限度削弱，整个画面基本都是各种漂亮的图片，整体效果活泼而有趣。

8.2.4　扩展方案

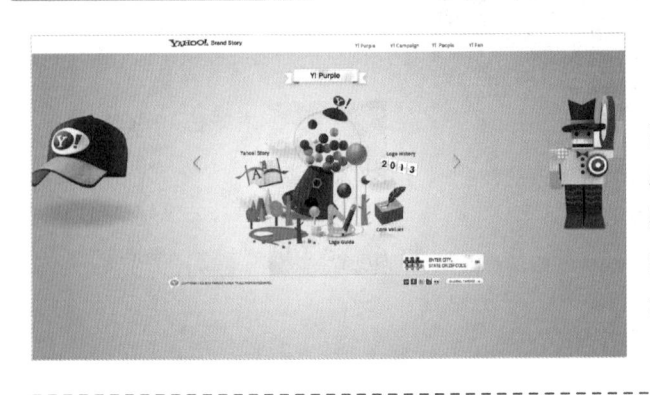

可以将页面背景换成高纯度或高明度的青色，这样不仅不会破坏原始效果，还可以降低灰色平淡的感觉，为页面增添更多的活力和清爽感，给浏览者带来更多视觉上的满足。

我们还可以在页面下方使用一根细线分出版底部分，然后将版底信息和一串社交图标移到页面最下方。这样一来页面中央的大图周围就有更多的留白，整个页面效果也会显得更加轻松惬意。

8.3　深紫色

与紫色比起来，深紫色更显低调而端庄，就像一位隐藏在暗处的女皇，即使不处于众人目光的焦点，仍然无法掩饰满身的贵气和庄重。

8.3.1　颜色分析

深紫色由紫色降低明度而来，但仍保持原始的高纯度。紫色是一种妩媚而又庄重的色彩，如果说粉红色代表妩媚，桃红色代表着妖娆，那么紫色就代表华贵，是贵族和权力的象征。紫色的明度降低后，这些意象仍然存在，同时又显得更加低调沉稳、耐人寻味，很多有实力的大企业更喜欢使用深紫色作为网站的主色。

RGB（62、40、75）
网页安全色 #3e284b

● **女性美容美体类网页设计**

这款女性美容媒体页面采用深紫色作为主色调，比起粉红色来说少了一些轻佻，多了几份端庄低调。为了降低深色的沉闷感，页面使用大量的白色平衡色彩。流线型的运用强调出了流动感和柔美感。

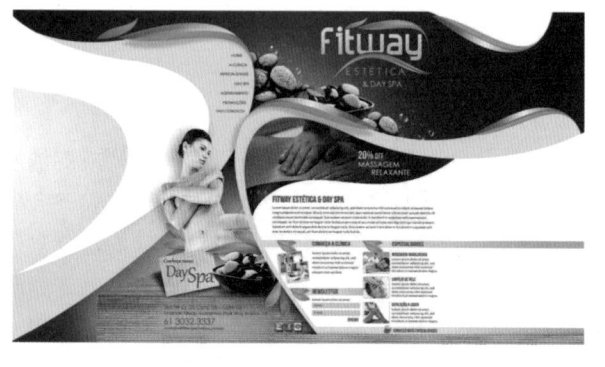

背景色：#3e284b
主　色：#3e284b
辅　色：#dd8b4f
文本色：#000000

● **影视媒体类网页设计**

这款影视媒体类网站整体看来显得正规而庄重，尽管页面中使用了大篇幅的紫色和玫红，但却没有一丝女性的柔美。这是由于直线和多边形反复排列带来的视觉感受，这里的紫红色调主要是用来破坏版式的刻板的。

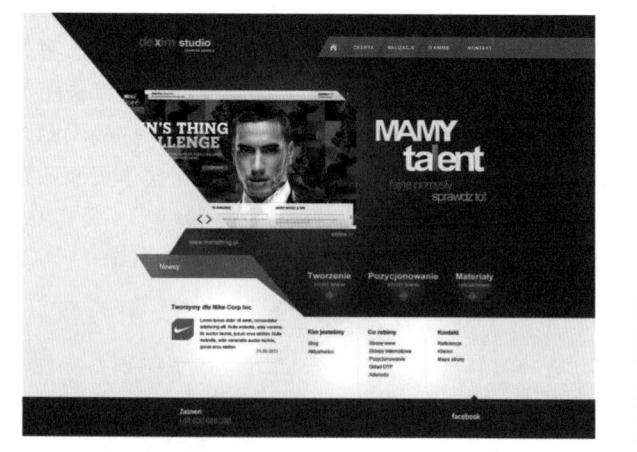

背景色：#f4f4f4
主　色：#7626ab
辅　色：#e23b9a
文本色：#1d1d1d

8.3.2　配色实例

本实例采用深紫色作为页面的背景色，营造出神秘低调而又大气高贵的感觉，精美的图像和紧凑的排版方式表现出一种恰到好处的正规和品质感，白色云朵的应用和明黄、青色两个色彩的点睛，使深色背景带来的沉闷感一扫而空。

背景
#372443

辅色
#94dff6

主色
#372443

文本颜色
#ffffff

➡ 实例 40+ 视频：制作优雅的手机页面

本实例中将要制作一款华丽的手机页面，该页面中各种元素的用色和特殊效果都非常简单，但十分精致，制作时要拿捏好尺度。

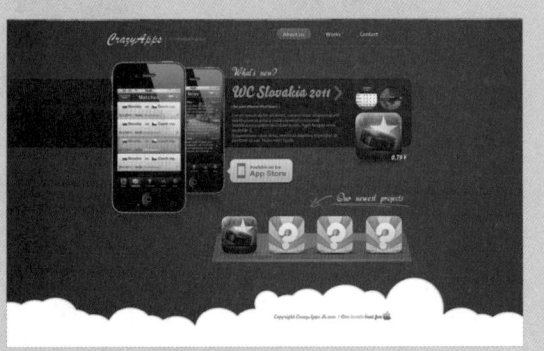

🏠 源文件：源文件 \ 第 8 章 \ 优雅的手机页面 .psd

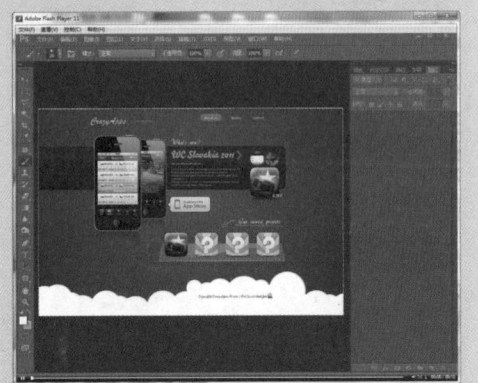

📶 操作视频：视频 \ 第 8 章 \ 优雅的手机页面 .swf

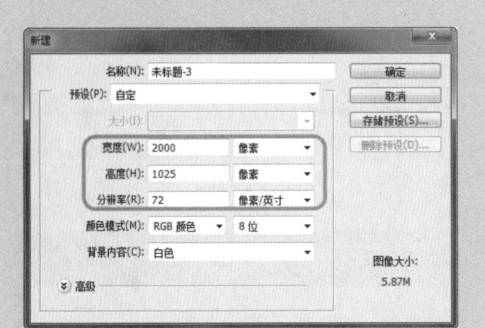

01 ▶ 执行"文件 > 新建"命令，新建一个空白文档。

02 ▶ 使用"矩形工具"为画布填充从 #281a31 到 #4d345c 的径向渐变。

提示　这款页面的背景色是支撑整体色调最重要的元素，渐变色的颜色反差过大会使页面效果过于跳跃；渐变色反差过小会使页面效果过于沉闷。可以使用"减淡工具"和"加深工具"适当进行处理。

03 ▶ 将素材图像"素材\第 8 章\014.jpg"拖入到页面左上方。

04 ▶ 不断向右复制该图层，直至排满页面的上方。

05 ▶ 使用"椭圆工具"在页面下方创建一个白色的椭圆。

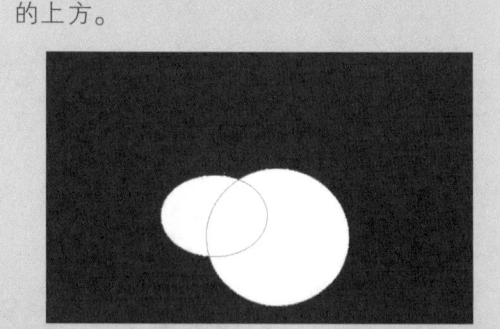

06 ▶ 设置"路径操作"为"添加到形状"，继续绘制第二个椭圆。

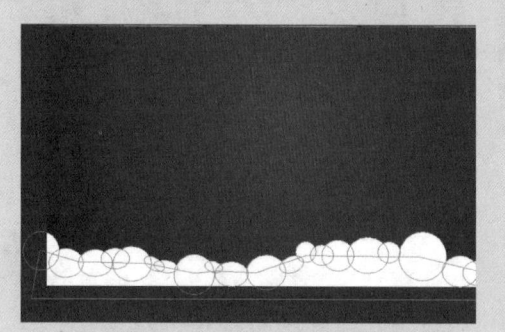

07 ▶ 使用相同方法绘制出页面底部的云朵形状。

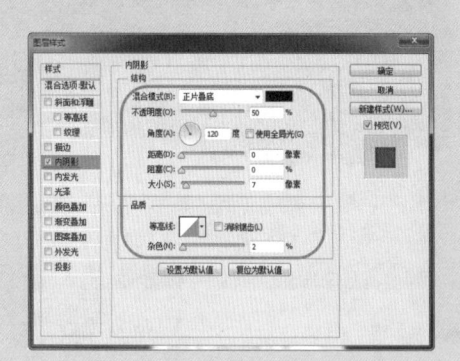

08 ▶ 打开"图层样式"对话框，选择"内阴影"选项，设置参数值。

09 ▶ 设置完成后得到云朵阴影效果，然后将相关图层编组为"背景"。

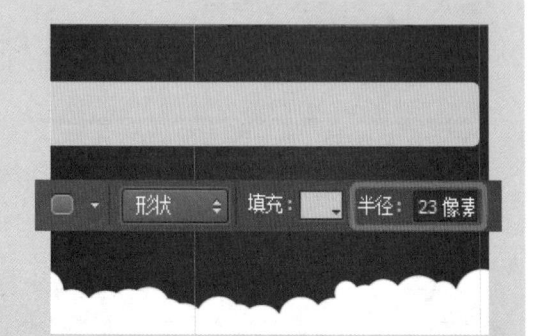

10 ▶ 使用"圆角矩形工具"在画布中创建一个"半径"为 23 像素的圆角矩形。

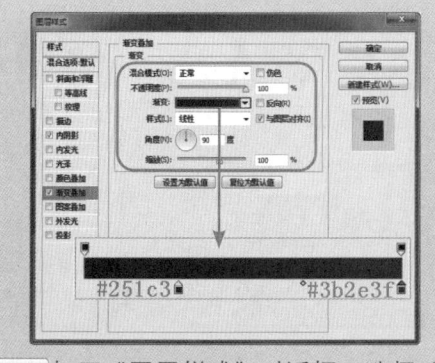

11 ▶ 打开"图层样式"对话框，选择"渐变叠加"选项，设置参数值。

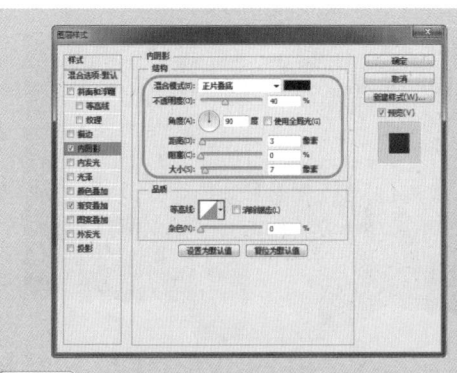

12 ▶ 继续在对话框中选择"内阴影"选项，设置参数值。

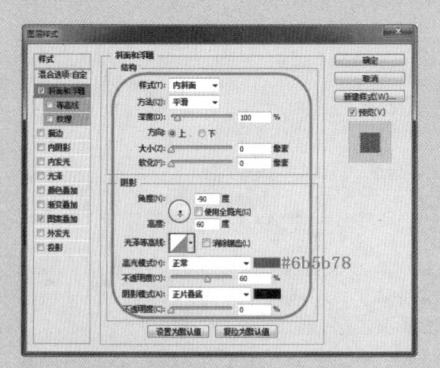

13 ▶ 设置完成后得到圆角矩形的效果。

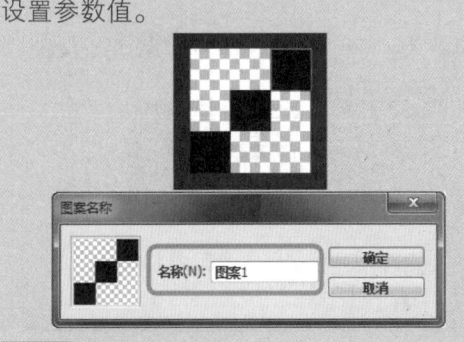

14 ▶ 新建一张 3×3 的画布，绘制图案，然后将其定义为"图案 1"。

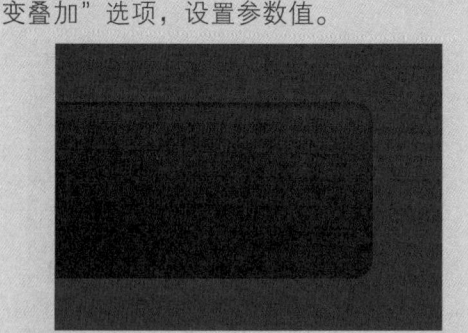

15 ▶ 复制该形状，再次打开"图层样式"对话框，选择"斜面和浮雕"选项，设置参数值。

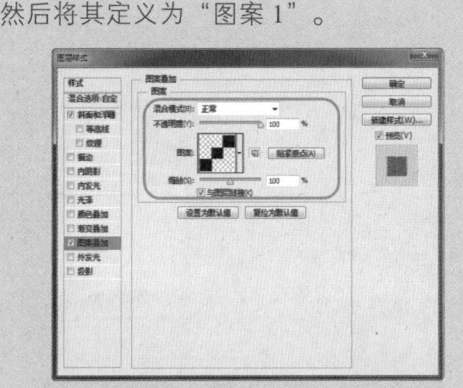

16 ▶ 继续在对话框中选择"图案叠加"选项并设置各参数值，应用之前定义的图案。

17 ▶ 设置完成后修改该图层"填充"为 0，得到形状纹理效果。

18 ▶ 将手机素材"素材\第 8 章\015.png"拖入文档中，并适当调整位置。

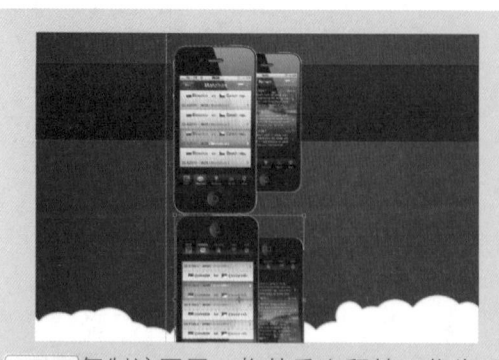

19 ▶复制该图层，将其垂直翻转，作为手机的倒影。

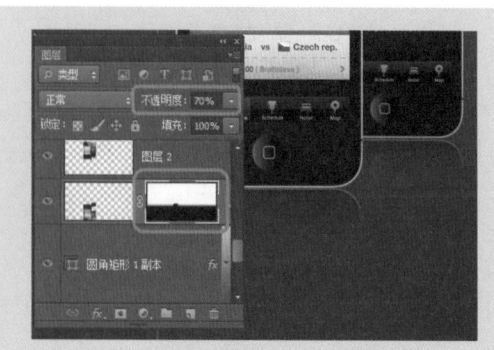

20 ▶为该图层添加蒙版，使用黑白线性渐变处理倒影，并适当降低"不透明度"为70%。

21 ▶执行"滤镜>模糊>高斯模糊"命令，将手机倒影适当模糊。

22 ▶使用相同方法完成相似内容的制作，然后将相关图层编组为"手机"。

23 ▶使用相同方法完成其他内容的制作，得到页面最终效果，操作完成。

提问

提问：如何隐藏路径？

答：路径过多会对视觉查看造成很大的障碍，可以按快捷键 Ctrl+Shift+H 在不隐藏参考线和选区的情况下单独隐藏选区。

8.3.3　配色原理分析

本实例采用深紫色作为主色调。将紫色的明度大幅降低后，紫红色调独具的轻佻感被抑制，色彩意象趋向于高贵和端庄。为了防止低明度的色彩过于沉闷，页面中多次使用粉蓝、明黄和粉红等活泼的颜色进行平衡。

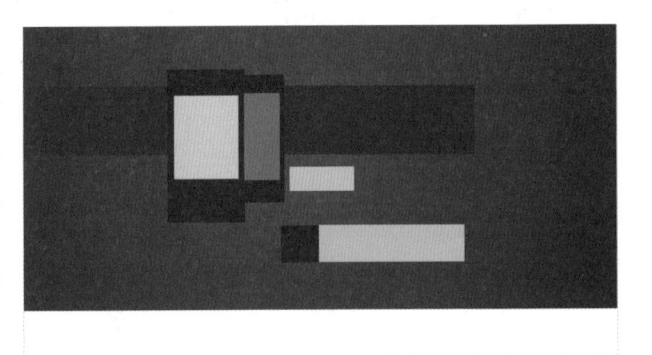

8.3.4　扩展方案

可以将页面中蓝色图标的颜色与导航中紫红色按钮的颜色互换。这样一来面积较大的按钮与页面基调颜色更接近，提高了页面的协调性。导航的颜色与基调反差大，显得更醒目。

还可以将下方的 4 只按钮移到页面上方，相应的手机和导航的位置也要稍作调整，以保证画面留白。调整后的文字、橙色图标和 4 个按钮将不再对齐，增加了页面布局的灵活性。

8.4　菖蒲色

拥有典雅气质的菖蒲色最适合展现雅致的特质。它与白色搭配可以表现出典雅的感觉，与蓝色搭配能够产生很好的协调感，搭配少量的明艳色彩则会显得个性十足。

8.4.1　颜色分析

这种颜色中蓝色比红色的成分略少，所以妩媚的效果略低，理性和疏离感略占上风，整体呈现出一种雅致的感觉。明度相对较低，有效压制了其独有的张扬和惹眼，使菖蒲色更加理性和优雅。

菖蒲色——雅致

RGB（240、224、225）
网页安全色 #f0e0e1

● **移动设备网页设计**

采用大片略深的菖蒲色作为主色调，表现出个性雅致的氛围。为了防止过于沉闷，使用了流线型的边缘，而且在页面上方和下方分别放置了两块较浅的颜色，使整个页面的颜色层次更丰富。

此外页面中还搭配了云朵和卡通动物等有趣的元素，并且用到了黄色和青色等明亮的色彩。明亮与暗沉、活泼艳丽与雅致端庄碰撞出极具个性与艺术感的效果。

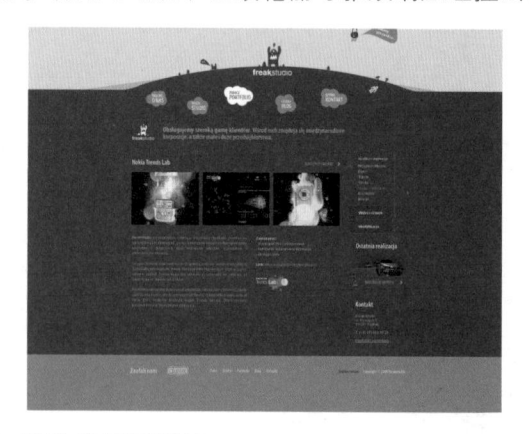

背景色：#e5e2e9
主　色：#45276a
辅　色：#ece825
文本色：#ffffff

● **购物类网页设计**

为了体现出舒适惬意和光明正面的意象，购物类网站一般都会采用白色和浅灰色等明亮的颜色作为背景，然后零零散散使用一些鲜艳的小块面点缀页面，达到吸引浏览者的目的。这款页面就采用了这种传统的配色方式，使用菖蒲色作为主要的点缀色，整个页面干净而柔美端庄。

背景色：#ffffff
主　色：#533590
辅　色：#932f8d
文本色：#000000

8.4.2　配色实例

这款页面的用色超级简洁，通篇只有黑、白、紫三种颜色，巧妙、合理的布局方式使得最简单的色块和最普通的文字瞬间拥有了最大化的表现方式，整个页面效果严谨合理而又舒畅通透。

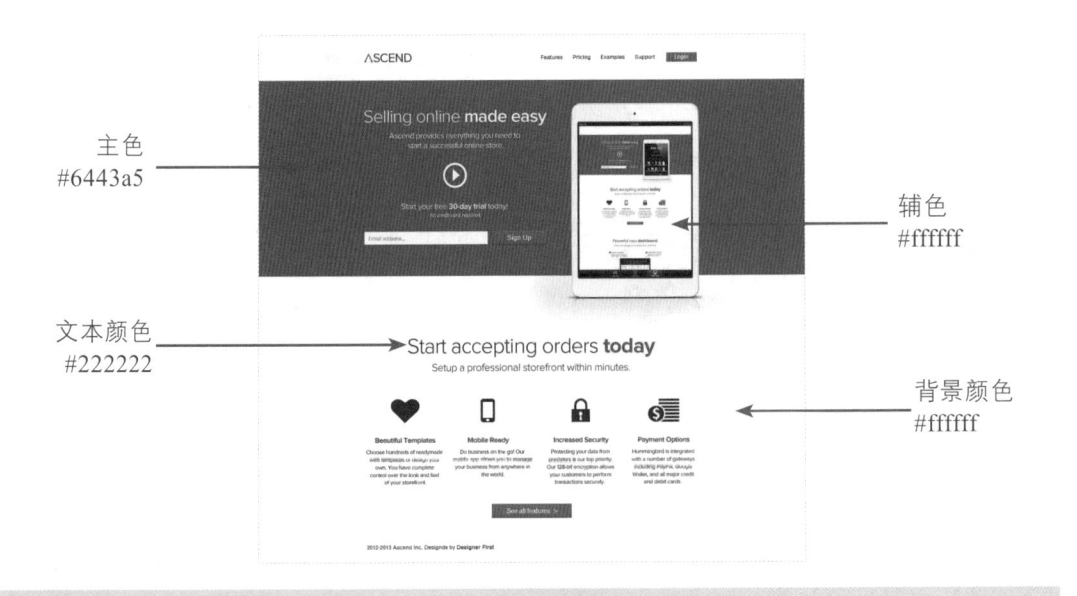

主色
#6443a5

辅色
#ffffff

文本颜色
#222222

背景颜色
#ffffff

实例 41+ 视频：制作电子产品页面

本实例主要制作了一款清爽的电子产品页面。页面中的元素很少，而且文字也全部拆分为小块状进行排版。另外页面中的色块都是比较规则的形状，也没有过于明显的高光、投影等逼真的拟物效果，是一款很漂亮的扁平化作品。

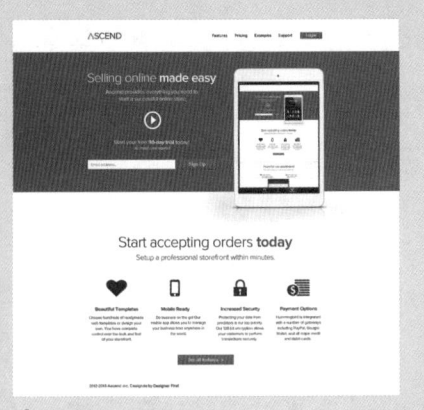

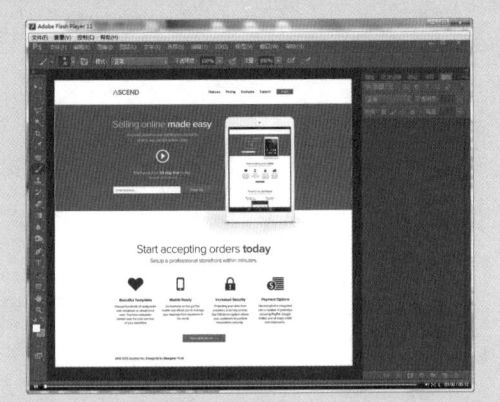

🏠 源文件：源文件 \ 第 8 章 \ 电子产品页面 . psd　　📶 操作视频：视频 \ 第 8 章 \ 电子产品页面 . swf

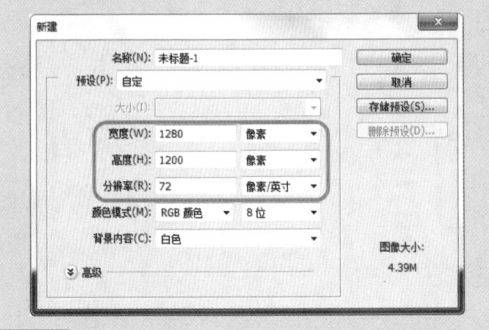

01 ▶ 执行 "文件 > 新建" 命令，新建一个空白文档。

02 ▶ 使用 "矩形工具" 在画布上方创建一个 "填充" 为 #6443a5 的矩形。

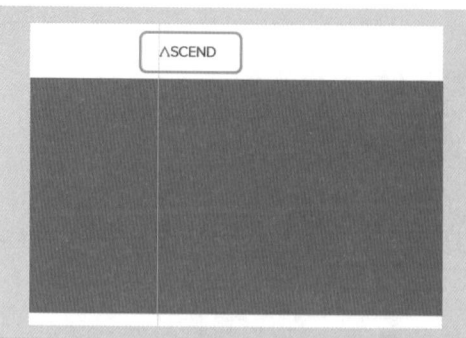

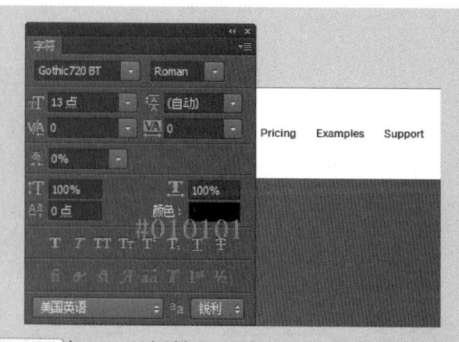

03 ▶ 将 Logo 素材 "素材 \ 第 8 章 \022. jpg" 拖入到页面左上方。

04 ▶ 打开 "字符" 面板，设置字符属性，然后输入导航文字。

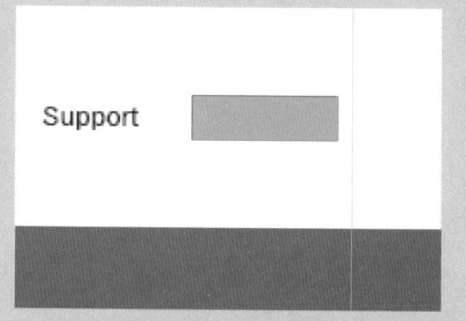

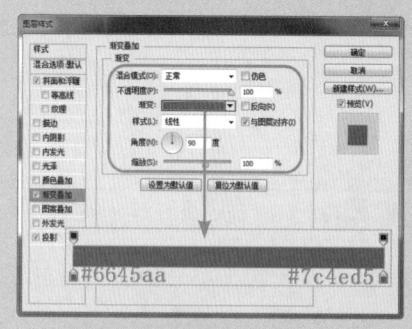

05 ▶ 使用 "矩形工具" 在导航文字后面创建一个任意颜色的矩形。

06 ▶ 打开 "图层样式" 对话框，选择 "渐变叠加" 选项，设置参数值。

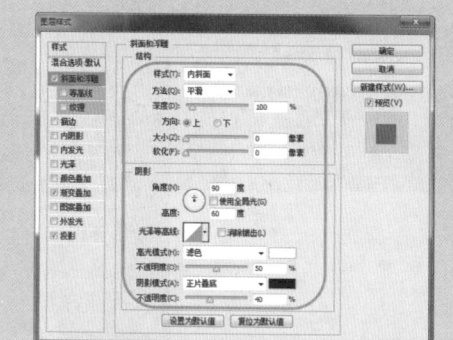

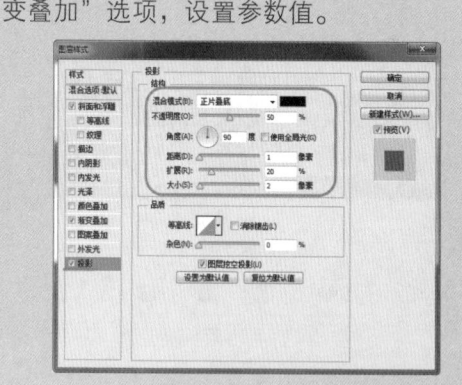

07 ▶ 继续在对话框中选择 "斜面和浮雕" 选项，设置参数值。

08 ▶ 最后在对话框中选择 "投影" 选项，设置参数值。

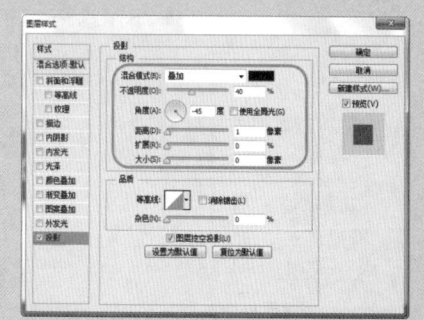

09 ▶ 设置完成后得到按钮效果，并在按钮上输入文字。

10 ▶ 打开 "图层样式" 对话框，选择 "投影" 选项，设置参数值。

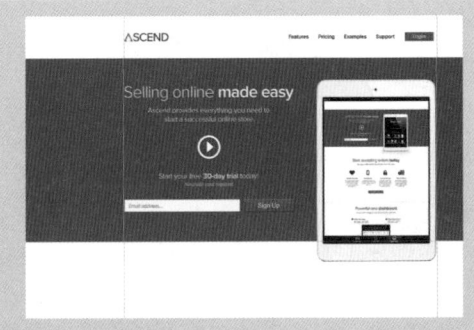

11 ▶设置完成后单击"确定"按钮，得到文字投影效果。

12 ▶使用相同方法完成相似内容的制作。

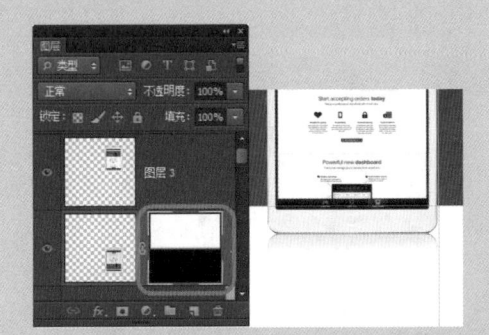

13 ▶复制"图层 3"至其下方，将其垂直翻转后调整位置，作为平板电脑的倒影。

14 ▶为该图层添加图层蒙版，并使用黑白线性渐变填充画布。

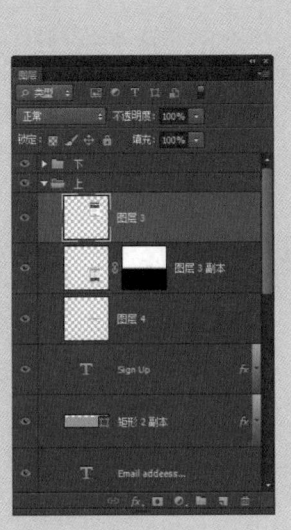

15 ▶使用相同方法完成其他内容的制作，得到页面最终效果，操作完成。

提问：如何制作自然的投影效果？

答：在制作平板电脑端的黑色阴影时，可以先使用黑色柔边笔刷绘制一条黑线，然后进行动感模糊，即可制作出精致而美观的阴影。

8.4.3　配色原理分析

该实例使用白色作为整个页面的背景色，用一块紫色作为焦点图的背景，整体效果极为协调简洁。

页面中的紫色是唯一的艳色。从右侧的色块图中可以看出每块紫色的大小都不同，而且排列得错落有致，保证了页面的整体一致性和局部灵活性。

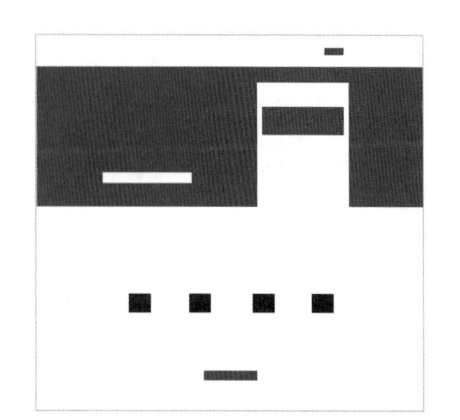

8.4.4　扩展方案

可以将紫色改为高明度的青色。青色中不包含任何的红色，所以页面中艳丽典雅的感觉会褪尽，更加突显出商务感和理智感。

也可以在页面最下方添加一条同色的色条，宽度最好与按钮相同。这块紫色将与上方的紫色块呼应，使页面结构更完整。

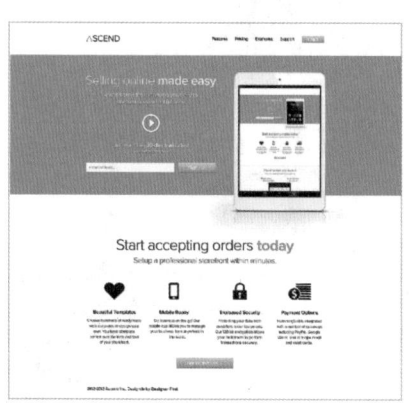

8.5　浅莲灰

浅莲灰是一种柔美明亮的色彩，用来表现童话的梦幻感和轻盈甜蜜感再合适不过。与高明度的粉红搭配，可以表现出甜美的效果；与粉蓝色和丁香紫等略带清冷意味的高明度色彩搭配，可以展现出恬淡的效果。

8.5.1　颜色分析

这种颜色中红色的成分比蓝色的成分多很多，所以有非常明显的柔美感，高明度的属性又使其表现出了近乎童话般的迷幻和稚嫩。浅莲灰与暖色搭配可以表现出柔美的效果，与冷色搭配则可以表现出温柔的感觉。

浅莲灰——萌芽	RGB〔240、224、225〕 网页安全色 #f0e0e1

● 水果类网页设计

这款页面采用白色作为背景色，中间的主体部分则采用了略深一些的浅莲灰作为背景，制造出温暖柔和的感觉。前景使用同色系的粉红和橙红等色彩进行搭配，更强化了清爽而甜蜜的氛围。

页面中各种形状的运用堪称精妙，无处不在的弧形、樱桃、导航、按钮、橙子和最下面的迷你水果相互呼应，强化了灵动和轻松的感觉。少量的文字巧妙、合理地填补了空白区域，使页面布局更加疏密有致。

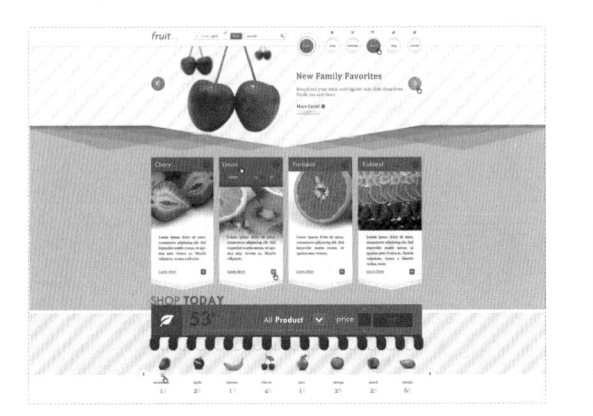

背景色：#7ffffff

主　色：#eed3d2

辅　色：#e83c49

文本色：#000000

● 女性化妆品网页设计

女性化妆品类的页面总是特别偏爱这类粉红色的色彩，因为粉红色有着很强的女性色彩，这款页面也不例外。页面通体都是粉粉嫩嫩的浅莲灰色，配合白色烟雾，将迷幻柔媚的感觉渲染到了极限。

页面将两个白色的圆角矩形错落排列作为整个页面布局主要框架部分。左上方深色的棕红正好压制了轻飘飘的感觉，可以有效引导浏览者去浏览文字说明。

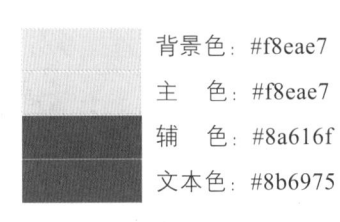

背景色：#f8eae7

主　色：#f8eae7

辅　色：#8a616f

文本色：#8b6975

8.5.2　配色实例

这款页面使用白色作为背景，浅莲灰作为主色调，奠定了温暖、柔媚的基调。顶部的深棕色导航条正好与明亮的颜色构成对比，强化了页面的层次感。使用明度略低，纯度一致的粉红、青色和橙黄色作为辅助色。总体来说，各种颜色的明暗对比和冷暖对比都使用得恰到好处，整体配色效果协调而丰富。

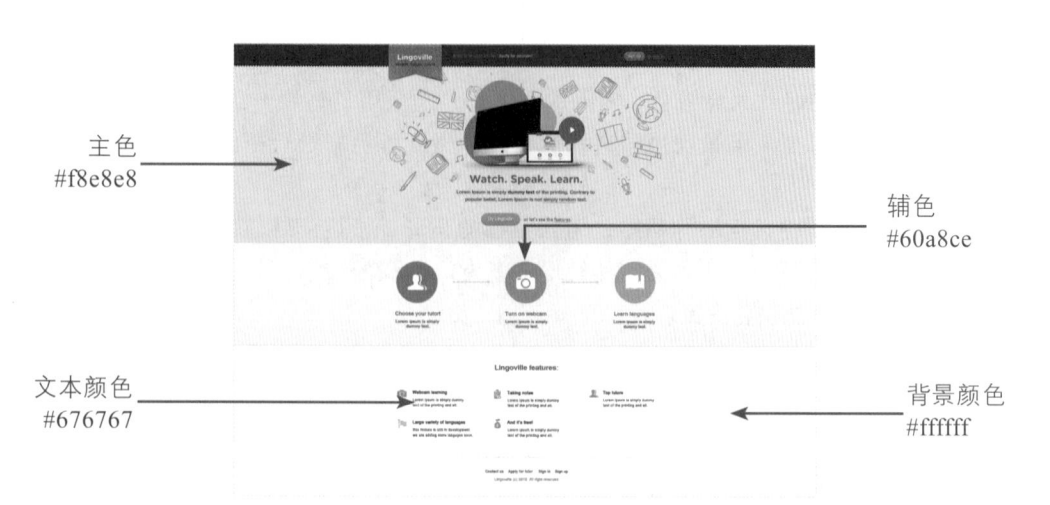

主色
#f8e8e8

辅色
#60a8ce

文本颜色
#676767

背景颜色
#ffffff

实例 42+ 视频：制作清爽漂亮的页面

本实例主要制作了一款清爽漂亮的页面。该页面使用浅浅的紫色作为主色，与深紫色的导航形成了鲜明的对比。焦点图采用了手绘风格的图像，再加上无处不在的圆点，最大限度强调出可爱有趣的感觉。

源文件：源文件 \ 第 8 章 \ 清爽漂亮的页面 .psd

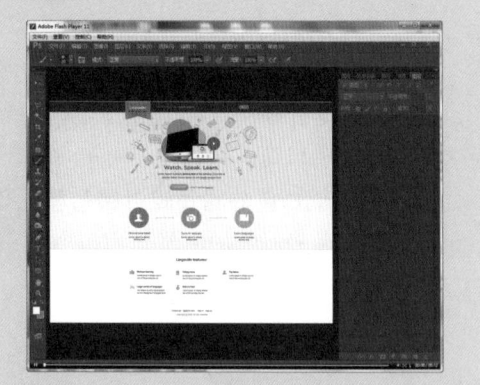

操作视频：视频 \ 第 8 章 \ 清爽漂亮的页面 .swf

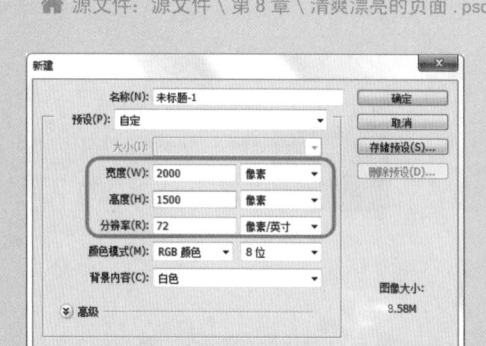

01 ▶ 执行"文件 > 新建"命令，新建一个空白文档。

02 ▶ 新建图层，在画布上方创建一个矩形选区，并填充颜色为 #f8e8e8。

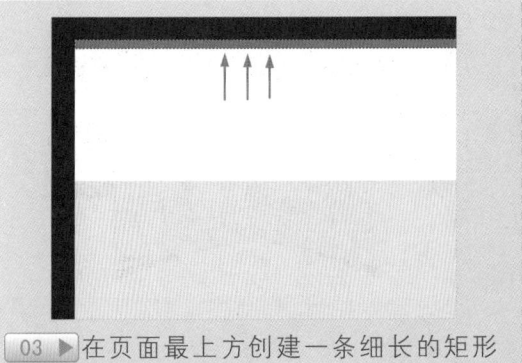

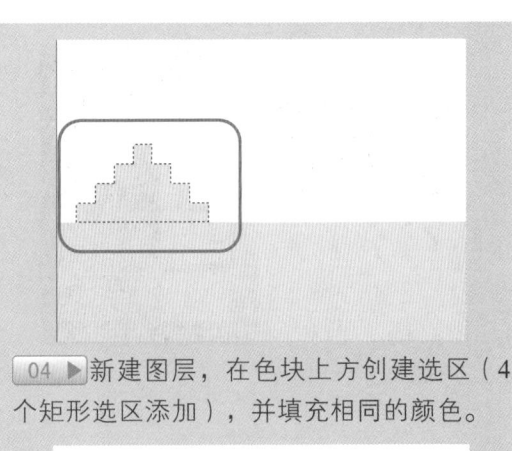

03 ▶ 在页面最上方创建一条细长的矩形选区，并填充颜色为 #c08196。

04 ▶ 新建图层，在色块上方创建选区（4 个矩形选区添加），并填充相同的颜色。

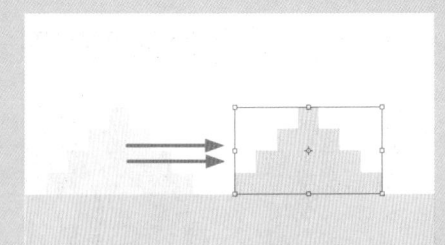

05 ▶ 按快捷键 Ctrl+T，将该形状向右移动一些。

06 ▶ 多次按快捷键 Ctrl+Shift+Alt+T 重置形状，制作出一整条花边。

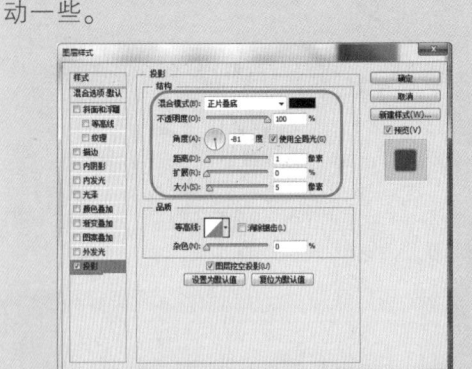

07 ▶ 合并所有的花边图层，打开"图层样式"对话框，选择"投影"选项，设置参数值。

08 ▶ 设置完成后，将该图层调整到"图层 1"下方，得到花边投影效果。

09 ▶ 将布纹素材"素材 \ 第 8 章 \026.png"拖入到图层最下方，制作出导航背景。

10 ▶ 将标签素材"素材 \ 第 8 章 \027.png"拖入到导航上。

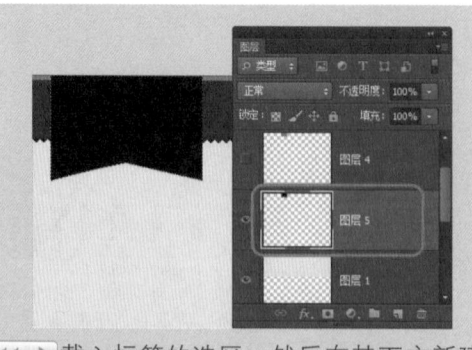

11 ▶ 载入标签的选区，然后在其下方新建图层，填充为黑色，作为标签的投影。

12 ▶ 将其转换为智能对象，然后执行"编辑 > 变换 > 变形"命令，调整投影的形状。

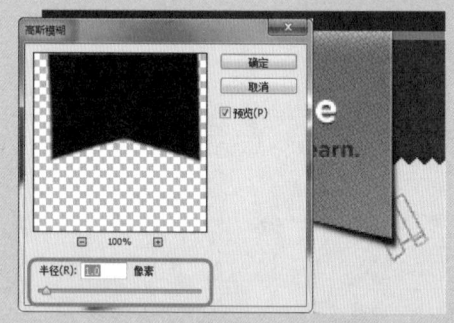

13 ▶ 执行"滤镜 > 模糊 > 高斯模糊"命令，将投影模糊 1 像素。

14 ▶ 为该图层添加蒙版，使用黑色柔边画笔将投影边缘处理得更柔和一些。

15 ▶ 新建图层，为标签绘制更多的投影，并适当降低其"不透明度"。

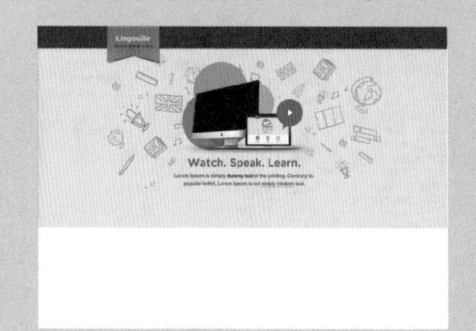

16 ▶ 将素材图像"素材 \ 第 8 章 \028.jpg"拖入设计文档中，并适当调整其位置。

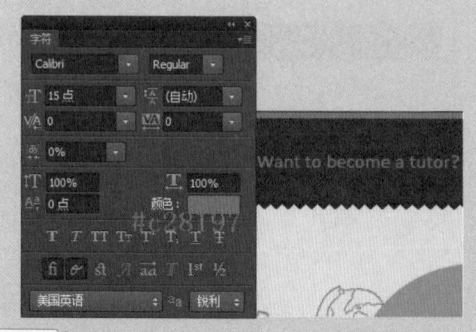

17 ▶ 打开"字符"面板，设置字符属性，然后输入相应的文字。

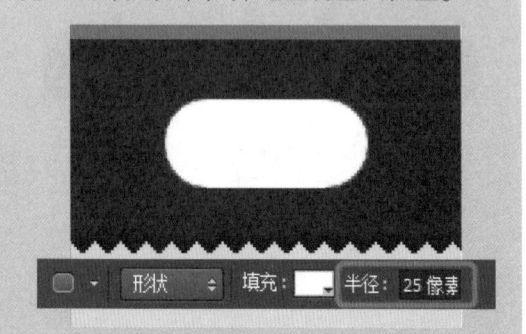

18 ▶ 使用"圆角矩形"在导航右侧绘制一个"半径"为 25 像素的圆角矩形。

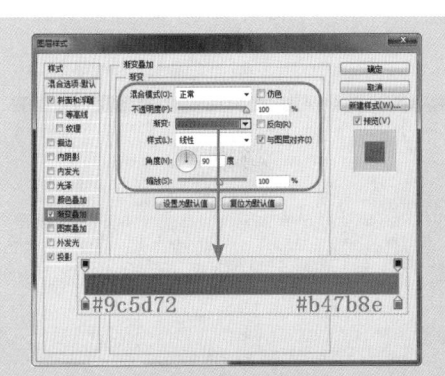

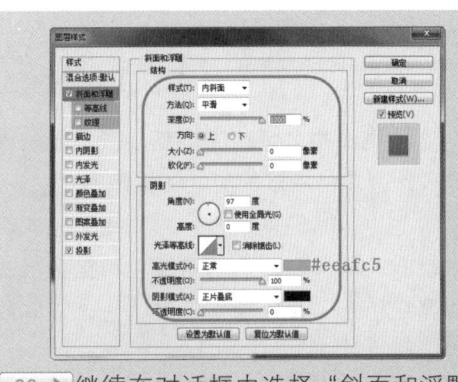

#eeafc5

#9c5d72 #b47b8e

19 ▶ 打开"图层样式"对话框,选择"渐变叠加"选项,设置参数值。

20 ▶ 继续在对话框中选择"斜面和浮雕"选项,设置参数值。

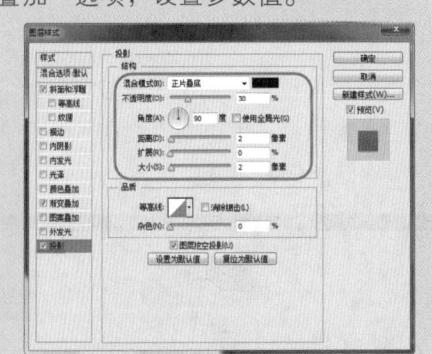

21 ▶ 最后在对话框中选择"投影"选项,设置参数值。

22 ▶ 设置完成后单击"确定"按钮,得到按钮效果。

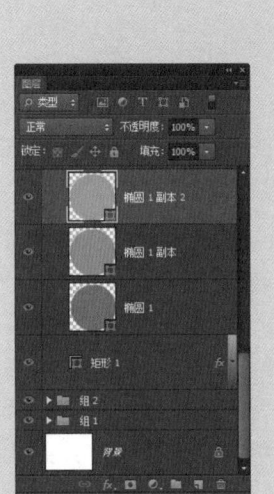

23 ▶ 使用相同方法完成其他内容的制作,得到页面最终效果,操作完成。

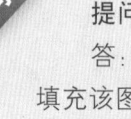

提问:如何更快地制作花边?

答:用户也可以制作一截花边,将其定义为图案,然后创建选区,直接填充该图案,这种做法比重置变形更有效率。

8.5.3　配色原理分析

这种浅浅的紫色明度极高，很难与粉色区分开来，透露出浓浓的甜腻和稚嫩感。

页面中的其他辅助性色彩采用了一些明度相对较低的糖果色，其中粉红色和橙色与浅紫色同属红色系，青色则属于对比色，整体效果非常美观。

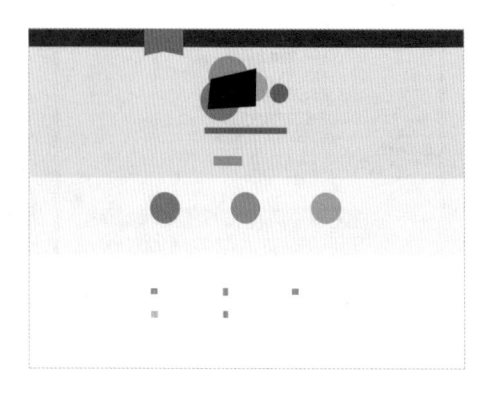

8.5.4　扩展方案

可以将页面中的紫色换成略带一点点绿色的粉黄，将橙色换为粉红色，使页面看起来更具亲和力和温暖感。

也可以将页面中间的 3 只按钮和最下方的文字互换位置，使页面上方和下方色块呼应，版底信息保持不变。

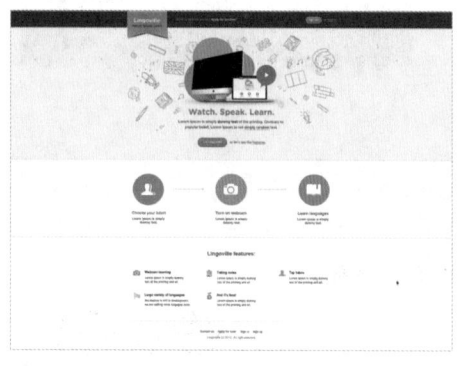
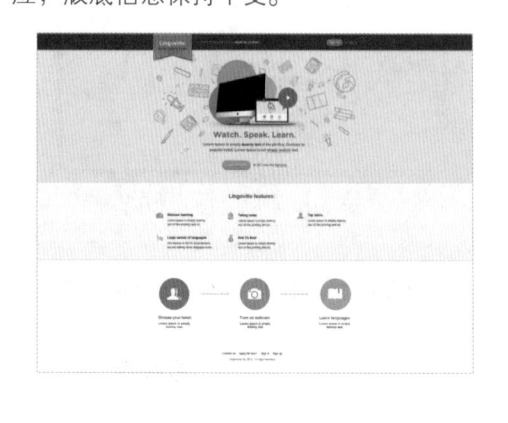

8.6　本章小结

本章主要对各种不同的紫色做了详细的剖析。紫色是一种复色，由不同分量的红色和蓝色混合而成。

总的来说，紫色兼具红色的柔美妩媚感和蓝色的疏离感，这两种不同的意象会随着两种原色各自所占分量的变化而不同。当包含更多的红色时，紫色的柔美感会占主导位置；当包含更多的蓝色时，紫色的理智感会被强化。若紫色的明度降低，会呈现出低调而庄重的感觉；若紫色的明度提高，则会呈现柔美、甜蜜或清爽的感觉。

第9章　网站配色设计应用
——无彩色系

　　无彩色是一种实用性非常强的色彩。在日常生活中，无彩色可以用在任何场合的色彩搭配中，是一种特别有影响力，且实用性较强的色彩。

9.1　白色

　　白色是一种纯洁而简单的色彩，它给人清洁、纯粹、正义、干净的感觉。白色通常作为背景色，能够营造出简洁、朴素的气氛。

9.1.1　配色分析

　　白色象征着光芒，被誉为正义和净化之色。它是明度最高、无纯度的色彩。白色可以与任何色彩相搭配，是一种美丽的色彩。

白色——纯洁	RGB（255、255、255） 网页安全色 #ffffff

　　白色可以运用在任何类型的网页设计色彩搭配中。接下来针对各种运用到白色的网页进行分析。

● 家居网页设计

　　将大范围的白色背景搭配小面积色彩明晰的红色，很好地突出主题，且为页面营造了明快的气氛，减缓了红色给人造成的视觉刺激。加入适量的浅土色，丰富了页面效果，营造出一种暖意融融的氛围。文字颜色与其背景颜色形成鲜明对比，突出文字，同时呼应于整个页面。

背景色：#ffffff
主　色：#642422
辅　色：#c09b71
文本色：#642422

● 卡通网页设计

　　用整片的白色作为背景，简洁大方。搭配整块的棕色作为主色，突出主题。添加少量的绿色作为点缀，同样醒目却不抢主题镜头，还为页面添加了一丝绚丽效果，用得恰到好

本章知识点

☑ 白色——纯洁

☑ 蓝灰色——精致

☑ 中灰色——温暖

☑ 浅灰色——朦胧

☑ 黑色——富丽

处。深灰色的文字同样突出于背景之中，使空虚的页面变得充实，同时整个页面就获得了等重的呼应。

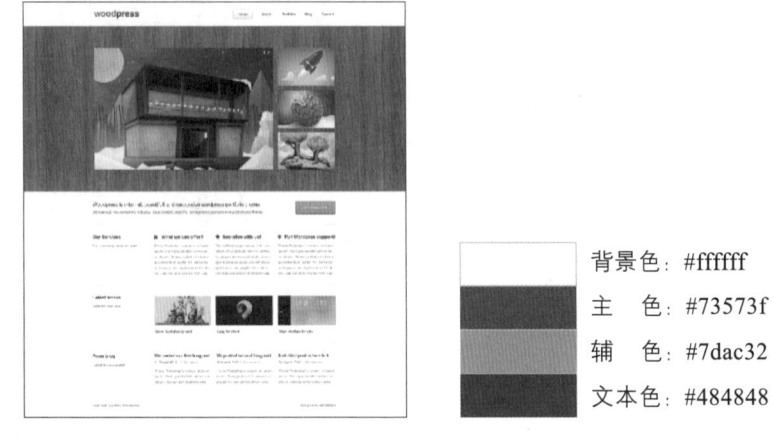

背景色：#ffffff

主　色：#73573f

辅　色：#7dac32

文本色：#484848

9.1.2　配色实例

白色是一种本身没有色相、无纯度且明度最高的颜色，它也是一种非常好搭配的颜色。将白色与其他有彩色搭配，可以很好地突出其他色彩。

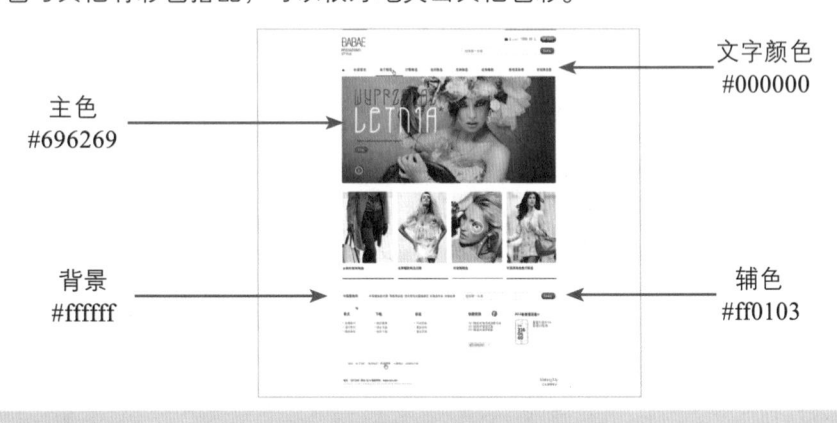

文字颜色
#000000

主色
#696269

背景
#ffffff

辅色
#ff0103

➡️ 实例 43+ 视频：制作时尚的时装网页

白色是一种可以与其他任何颜色相搭配的色彩。在网页设计中，通常用白色作为背景颜色，以突出主题。

🏠 源文件：源文件 \ 第 9 章 \ 时尚的时装网页 .psd　　📶 操作视频：视频 \ 第 9 章 \ 时尚的时装网页 .swf

01 ▶ 执行"文件 > 新建"命令，新建一个空白文档。

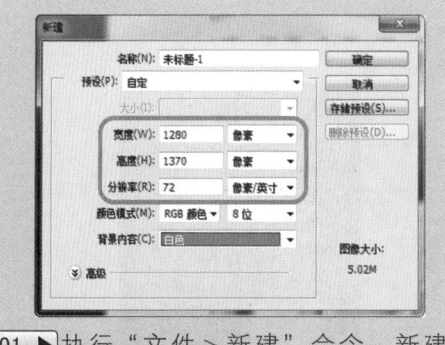

03 ▶ 打开"字符"面板，设置参数值，并在画布中输入相应文字。

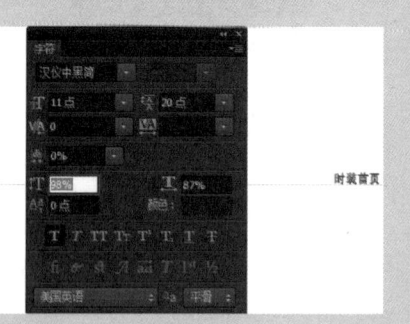

05 ▶ 执行"文件 > 打开"命令，打开素材文件"素材 \ 第 9 章 \001.png"，并将其拖入设计文档中，适当调整其位置和大小。

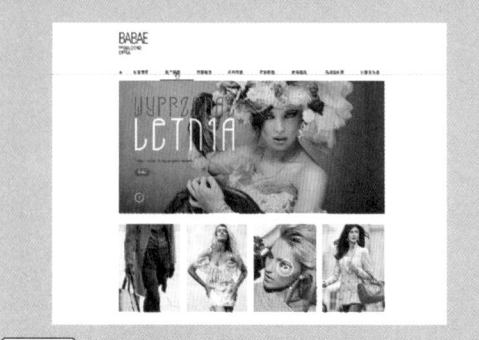

07 ▶ 使用相同方法完成相似内容的制作。

02 ▶ 执行"视图 > 标尺"命令，使用"移动工具"在画布中拖出参考线。

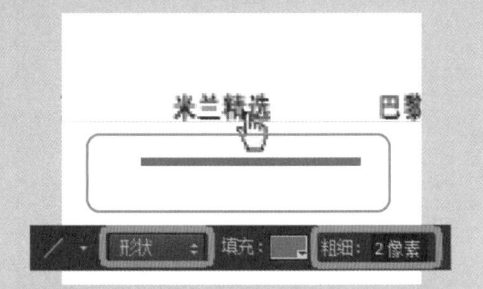

04 ▶ 选择"钢笔工具"，设置"填充"为黑色，在画布中绘制形状。

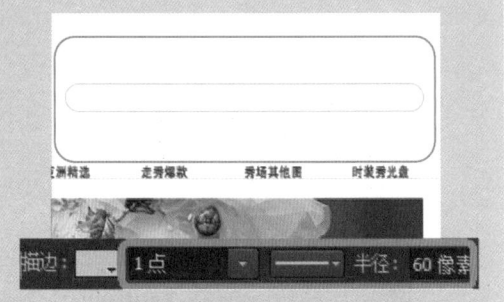

06 ▶ 选择"直线工具"，设置"填充"为 #eb0102，"粗细"为 2 像素，按下 Shift 键的同时在画布中绘制直线。

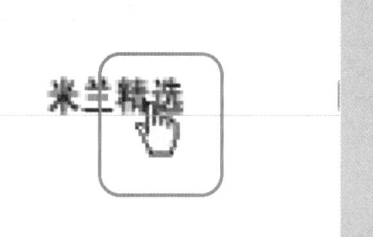

08 ▶ 选择"圆角矩形工具"，设置"描边"颜色为 #d2d2d2，在画布中绘制形状。

09 ▶ 使用相同方法完成其他相似内容的制作，并将相关图层进行编组，得到最终效果。

提问：如何将素材图像拖入设计文档中？

答：可以使用快捷方式，打开素材文件，直接使用"移动工具"将图像拖移至设计文档界面中。也可以直接将图像从文件夹中拖入到文档窗口，该图层会自动以"智能对象"的形式置入文档。

9.1.3　配色原理分析

白色作为整个页面的背景色，使主体低调的颜色突出于整个页面，同时使页面看起来明快而又稳重。将小片刺眼而鲜亮的红色呈三角形分布于页面中，稳定而融合于整个页面，起到了点缀页面的效果。黑色的文字与白色背景明度对比反差较大，却不与背景冲突，反而为页面添加了稳重的效果。

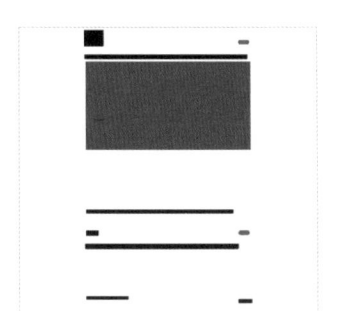

9.1.4　扩展方案

也可以将页面背景色设置为与主色调相同的紫灰色，页面看起来空间感更强，为页面添加一丝神秘感。

或者在页面底部添加一条与主色相同颜色的小线条，使页面空旷的下半部分变得充实，获得等重的呼应。

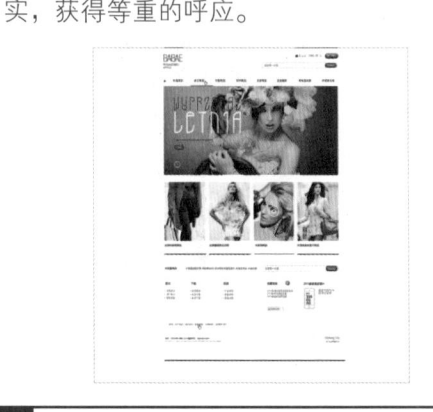

9.2　蓝灰色

将灰色加入少许蓝绿色形成蓝灰色。蓝灰色是一种成熟而理性的色彩，给人一种和平共处的感觉。

9.2.1　配色分析

由于蓝灰色中含有蓝绿色彩，所以蓝灰色具有豪华和精致的个性，给人带来品位高雅的感觉，通常在色彩搭配设计中作为背景色使用。

蓝灰色——精致

RGB（132、153、161）
网页安全色 #8499a1

蓝灰色是一种经久不衰的颜色。下面根据蓝灰色在网页设计中表现出的视觉特性进行不同的举例分析。

◉ 冷饮网页设计

白色背景与浅灰色的主色搭配渐变，很好地体现了蓝灰色含蓄、精致、雅致、耐人寻味的效果，且使整个页面空间感很强，给人带来一丝清凉、轻快的感觉。

搭配深蓝色作为辅色，与背景色相呼应，使整个页面色彩效果协调而变化丰富，给人以华美、精致的感觉。浅灰色的文字为页面添加了质朴、稳重的气氛。

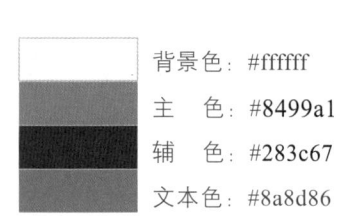

背景色：#ffffff
主　色：#8499a1
辅　色：#283c67
文本色：#8a8d86

◉ 宣传网页设计

使用浅淡的蓝灰色与白色搭配作为整个页面的背景，既体现了蓝灰色的精致、雅致、耐人寻味的效果，又体现了白色明快、纯洁的特点，巧妙地发挥两种颜色的优点遮蔽了这两种颜色的不足。

蓝灰色背景搭配土黄色的主色，突出主体的同时给人一种身临天地之间的感觉，让人感觉安稳。

页面加入适量的绿色作为辅色，同时弥补了两种无彩色带给页面的空虚、苍凉的感觉，使页面色彩更加丰富，装点画面的同时突出绿色健康、和平的主题。加入纯度较高一点的灰色文字，同色系搭配突出而又不与背景色发生冲突。

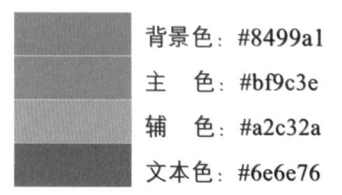

背景色：#8499a1

主　色：#bf9c3e

辅　色：#a2c32a

文本色：#6e6e76

9.2.2　配色实例

　　蓝灰色通常用于设计作品的背景色彩，用于衬托主题的精致和高雅的感觉。例如许多的杂志封面背景就是蓝灰色。但也有些设计作品将其作为主色调，效果也别有韵味。

主色
#8499a1

背景
#8499a1

文字颜色
#000000

辅色
#e70e29

➡ 实例 44+ 视频：制作精致的饮料网页

　　本实例中使用蓝灰色作为主色，既表现了该颜色带给人的清凉感，又融合了灰色所具有的含蓄、精致、高雅的特质，整个页面效果赏心悦目。

🏠 源文件：源文件 \ 第 9 章 \ 精致的饮料网页 .psd　　　　📶 操作视频：视频 \ 第 9 章 \ 精致的饮料网页 .swf

01 ▶ 执行"文件 > 打开"命令，打开素材文件"素材 \ 第 9 章 \006.jpg"。

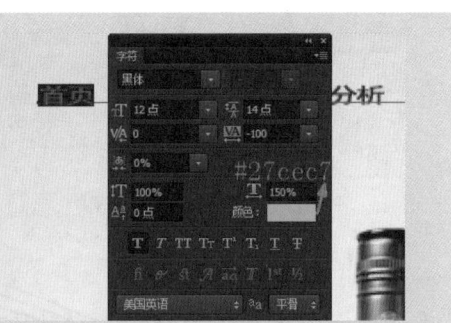

02 ▶ 打开"字符"面板，设置参数值，并在画布中输入相应文字。

03 ▶ 选择"直线工具"，设置"描边"颜色为 #1e2940，在画布中绘制虚线。

04 ▶ 不断复制并移动该形状，并适当调整位置。

05 ▶ 选择"圆角矩形工具"，设置"填充"为 #a0b2ab，在画布中创建形状。

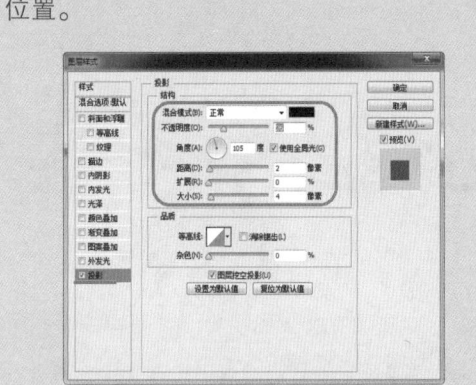

06 ▶ 双击该图层缩览图，在弹出的"图层样式"对话框中选择"投影"选项并设置参数值。

07 ▶ 设置完成后单击"确定"按钮，使用相同方法完成相似内容的制作。

08 ▶ 选择"自定义形状工具"，设置"填充"为 #90a6a3，在画布中创建形状。

09 ▶使用相同方法完成相似内容的制作。

10 ▶选择"钢笔工具",设置"填充"为黑色,在画布中绘制形状。

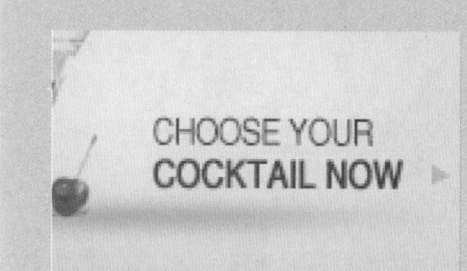

11 ▶使用相同方法完成相似内容的制作。

12 ▶打开素材文件"素材 \ 第 9 章 \007.png",并将其拖入设计文档中。

13 ▶复制该图层至下方,按下快捷键 Ctrl+T,在变换框内单击鼠标右键,在弹出的快捷菜单中选择"垂直翻转"命令,并将其移至合适位置。

14 ▶为该图层添加图层蒙版,并使用黑白线性渐变填充画布。

15 ▶使用相同方法完成相似内容的制作。

16 ▶选择"椭圆工具",分别设置"填充"和"描边"颜色。

17 ▶ 设置完成后关闭面板，按下 Shift 键在画布中创建正圆。

18 ▶ 使用相同方法完成相似内容的制作。

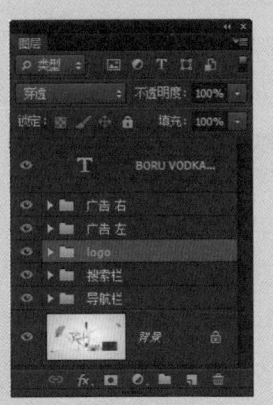

19 ▶ 使用相同方法完成相似内容的制作，并将相关图层进行编组，得到图像和图层面板最终效果。

提问：使用"图层样式"制作渐变与"填充"渐变有什么区别？

答：使用"图层样式"制作渐变与"填充"制作渐变的不同之处就是使用"图层样式"制作渐变，可以对其"混合模式"进行设置，而使用"填充"制作渐变不可以设置"混合模式"。

9.2.3　配色原理分析

使用浅淡的蓝灰色作为背景色，为页面添加了一丝轻巧与明快。搭配绿色作为辅助颜色，突出主题的同时又很好地衬托了主题的精致细腻。红色以其最耀眼的特点装点了页面。黑色的文字起到页面的压轴作用，同样用来衬托主题的精致感。

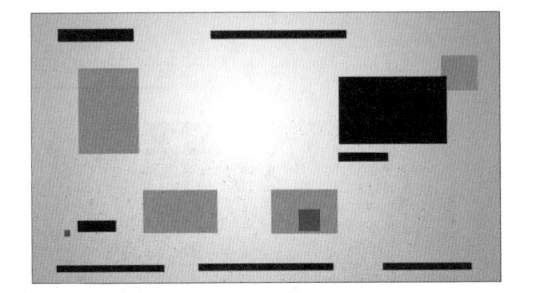

9.2.4　扩展方案

在页面中加入一抹橙色作为辅助颜色，利用其活跃的色彩特点，为页面添加了一

也可以将页面的背景颜色改为浅绿色，突出绿色安全食品的主题，使整个页面效

丝活跃的气氛。

果和谐、静谧。

9.3 中灰色

中灰色是一种纯度低、明度低的色彩，给人温暖而亲和的印象。将中灰色运用在设计作品中，可以缓解紧张的情绪。

9.3.1 配色分析

中灰色也是一种具有治愈作用的色彩。在网页设计色彩搭配中，经常把中灰色作为主色，用简朴的背景突出主体的精致与华丽。

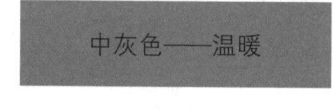

中灰色——温暖

RGB（137、137、137）
网页安全色 #898989

将中灰色运用在设计作品中，可以使人心情放松。接下来针对各种运用到中灰色的网页进行分析。

● **怀旧风格网页设计**

整个页面是以无彩色系色调为主，给人以莫名怀念的感觉。

将白色作为背景色，搭配大范围作为主色的灰色，既突出主题，同时削弱了大片灰色带给人的苍白、消极情绪。加入少许的蓝色作为辅色，使其突出页面而又不与其黑色垫底相冲突，反而很好地点缀了页面效果，使整个页面看上去稍显活泼气息。黑色的文字与主体图片中的颜色相呼应，使整个页面效果更稳重、更和谐。

背景色：#ffffff
主　色：#898989
辅　色：#1e875e
文本色：#000000

● **家居网页设计**

整个页面以灰色不同明度的变化得到丰富的色阶。

白色的背景搭配灰色的主色，突出页面同时变化较为缓和，给人以和谐而又温暖的感觉。加入适量的黄色作为辅色，减缓无彩色带给页面颓废、苍凉感的同时，为页面添加了一丝活泼、动感的气息。灰色的文字分布于白色的背景中，充实了整个页面，同时与主体颜色相呼应于整个页面。使页面效果看起来更加和谐、温暖人心。

背景色：#ffffff

主　色：#898989

辅　色：#f9ca00

文本色：#898989

9.3.2 配色实例

灰色具有吸收其他色彩的活力，削弱色彩的对立面，而制造出融合的作用。所以灰色也可以与其他色彩鲜艳的有彩色相搭配。在实际设计的色彩搭配中，无论任何色彩，只要加入灰色，都能使整个页面显得含蓄而柔和，给人含蓄、精致、雅致、耐人寻味的印象。但是灰色有时也容易给人颓废、苍凉、消极、沮丧、沉闷的感受，所以灰色通常会用在很多表现阴暗、颓废效果的场合。

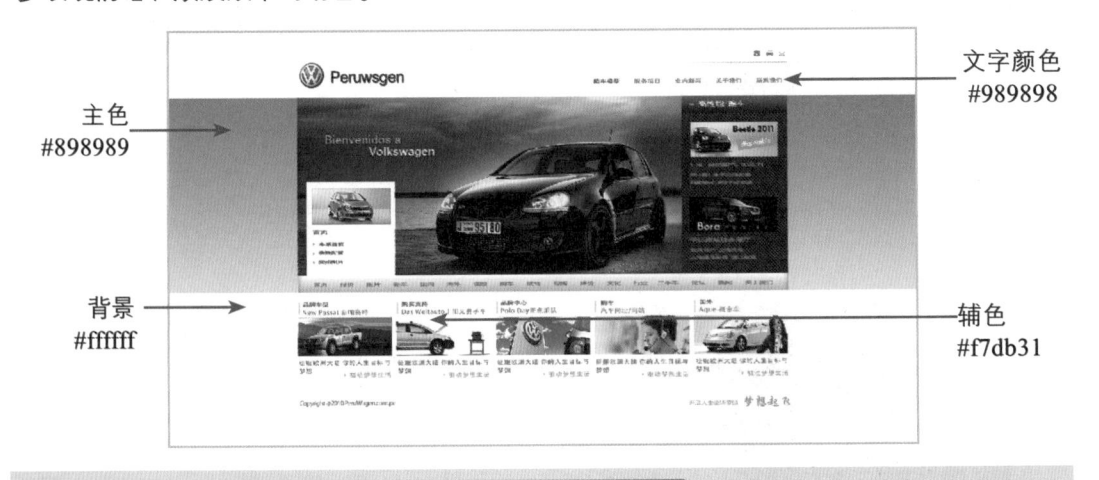

文字颜色
#989898

主色
#898989

背景
#ffffff

辅色
#f7db31

⇨ 实例 45+ 视频：制作豪华的汽车网页

中灰色是一种介于黑色和白色之间的中性色。将中灰色运用在网页设计的色彩搭配中，若不经过合理的安排，会使页面效果显得灰暗、较脏，接下来通过本实例的制作与配色分析，学习一下在网页设计中如何使用灰色。

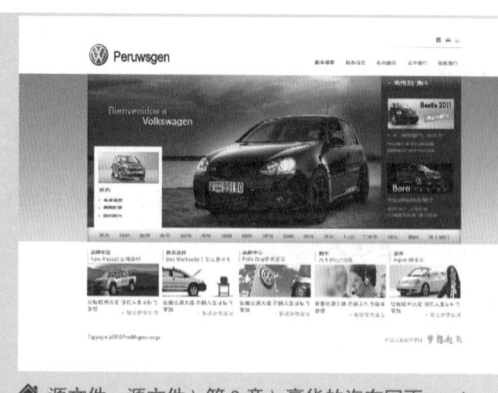

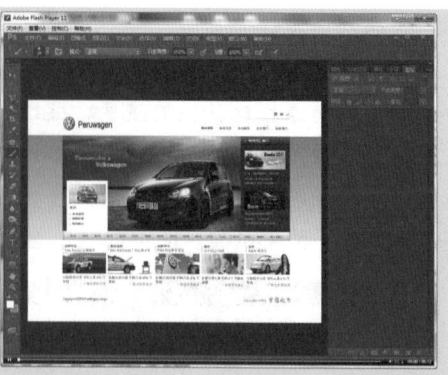

源文件：源文件 \ 第 9 章 \ 豪华的汽车网页 .psd

操作视频：视频 \ 第 9 章 \ 豪华的汽车网页 . swf

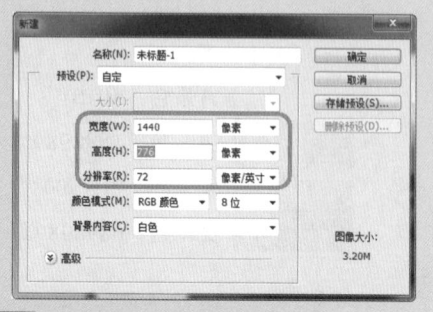

01 ▶ 执行 "文件 > 新建" 命令，新建一个空白文档。

02 ▶ 执行 "视图 > 标尺" 命令，使用 "移动工具" 在画布中拖出参考线。

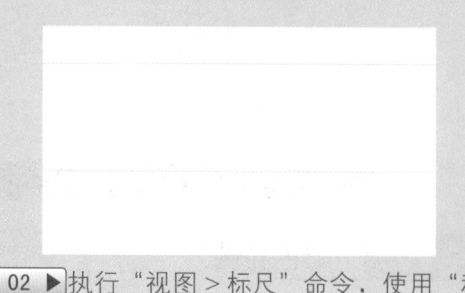

03 ▶ 选择 "矩形工具"，打开 "填充" 面板，选择 "渐变" 选项并设置参数值，在画布中创建形状。

04 ▶ 执行 "文件 > 打开" 命令，打开素材图像 "素材 \ 第 9 章 \008.jpg"，拖入到设计文档中。

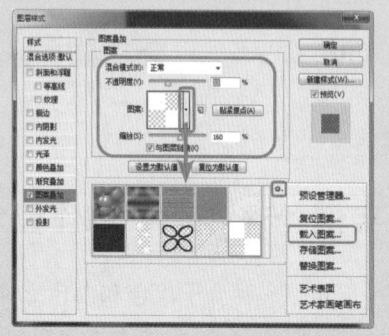

05 ▶ 使用相同方法绘制另一个形状。

06 ▶ 双击图层缩览图，选择 "图案叠加" 选项，设置参数值，按照图示载入素材 "009.apt"。

07 ▶ 设置完成后单击"确定"按钮，使用相同方法完成相似内容的制作。

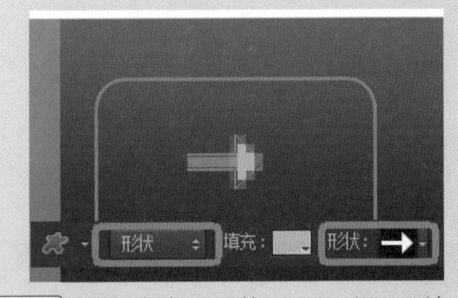

08 ▶ 选择"自定义形状工具"，设置"填充"为 #fccc20，选择合适的形状。

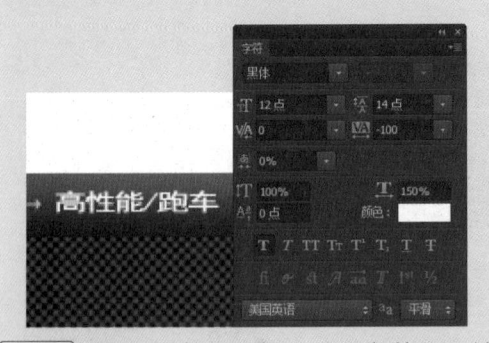

09 ▶ 打开"字符"面板，设置参数值，并在画布中输入相应文字。

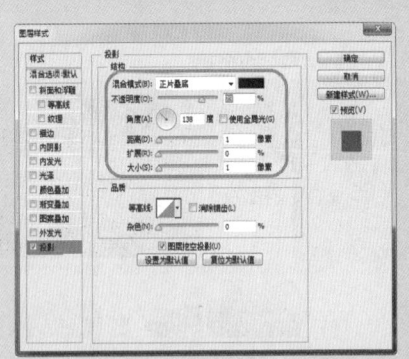

10 ▶ 双击该图层缩览图，在弹出的"图层样式"对话框中选择"投影"选项，设置参数值。

11 ▶ 设置完成后单击"确定"按钮，使用相同方法完成相似内容的制作。

12 ▶ 新建图层，将"圆角矩形4"载入选区，使用黑色柔边画笔并降低画笔的不透明度，在选区内涂抹。

13 ▶ 使用相同方法涂抹右边的阴影效果。

14 ▶ 使用相同方法完成其他相似内容的制作。

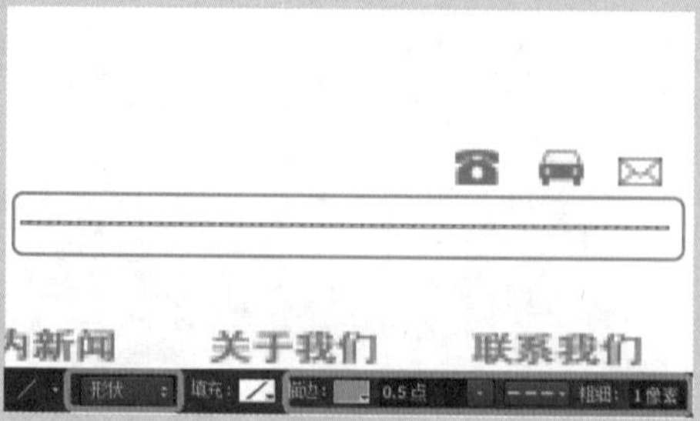

15 ▶选择"直线工具"，设置前景色为 #9d9d9d，在画布中绘制虚线。

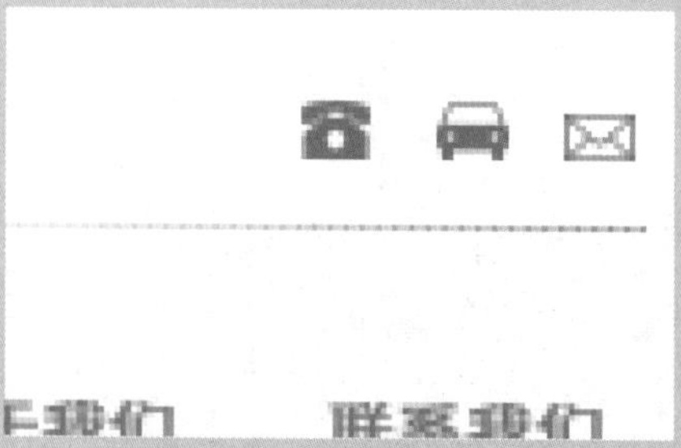

16 ▶为该图层添加图层蒙版，并使用黑白线性渐变填充画布。

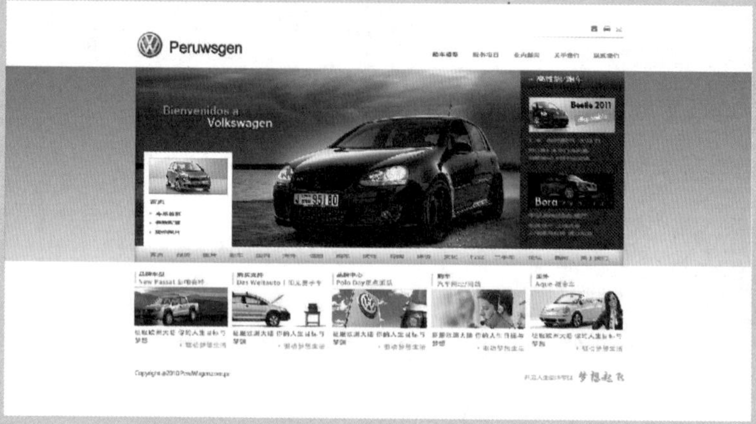

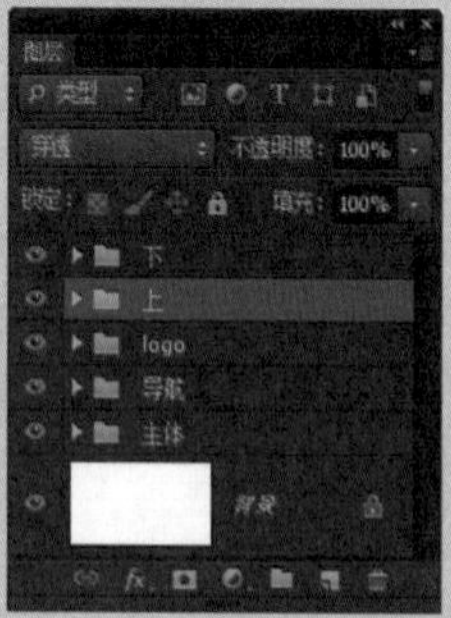

17 ▶使用相同方法完成相似内容的制作，并将相关图层进行编组，得到图像和"图层"面板最终效果。

提问：为什么载入外部素材？

答：因为在"图案叠加"图层样式中，为用户提供的图案是有限的，所以只能将制作好的图案作为素材提供给用户。

9.3.3　配色原理分析

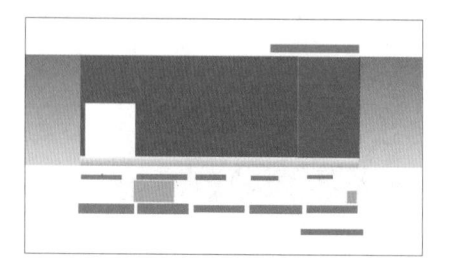

将明度最高的白色作为背景色，搭配中等明度的中灰色主色，增强页面层次感的同时突出主题。将略浅一点的文字的灰色均匀分布于页面，更加体现了页面的层次感。使用小范围色彩鲜艳的黄色作为辅色，与灰色的主页相搭配，显得沉稳而有个性。

9.3.4　扩展方案

使用灰色不同的明度变化以区分页面的主次结构，以深灰色的背景衬托主体，使整个页面获得等重的呼应。

可以将页面左下角的灰色文字改为黑色，使其与页面右上角的 Logo 文字相呼应，为页面添加稳重气息。

 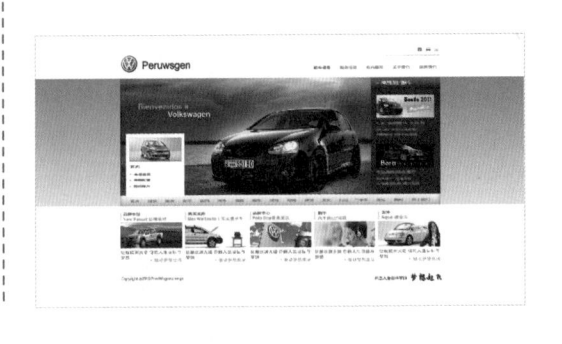

9.4　浅灰色

与中灰色相比，浅灰色显得更加柔和而模糊，是一种朦胧而缓和的色彩。在实际的色彩搭配设计中，浅灰色通常以调和色的形式出现。

9.4.1　配色分析

浅灰色是由灰色加入大量的白色调和而成的，是一种比较明亮的、较为接近白色的颜色，所以很容易以其他色彩相搭配。

| 浅灰色——朦胧 | RGB（159、159、160）
网页安全色 #9f9fa0 |

浅灰色通常在画面中用来缓冲和调和高纯度的色彩，使页面获得更协调的效果。下面对运用浅灰色的网站进行配色分析。

- ● 家电网页设计

整个页面看起来色彩丰富，但实际上都是由各种色彩加入极少量的灰色而成的。

浅淡的主体颜色与明亮的浅灰色背景相搭配，色相变化缓和，突出页面的优美与高雅，使页面效果和谐。

加入醒目的绿色和紫色，起到了很好的页面点缀效果，同时与浅灰色背景相搭配，灵活运用了灰色吸收色彩活力的作用，从而使整个页面效果更加和谐。

背景色：#9f9fa0

主　色：#e4ded5

辅　色：#b6cd9f

文本色：#ad2c7b

● 企业网页设计

　　整个页面以浅灰色到白色的缓和渐变分清页面的主次，利用浅灰色明亮的色相为页面营造轻松而简朴的气氛。加入适量的蓝色布满整个页面，减缓灰色调的页面带给人颓废、消极、沉闷的感受，反而给人沉静、轻快的感觉。深灰色的文字突出页面的同时，呼应主题图片颜色，为页面添加了稳重气氛。

背景色：#ffffff

主　色：#9f9fa0

辅　色：#12aca0

文本色：#353535

9.4.2　配色实例

　　在网页设计中，通常将浅灰色作为背景色使用，已达到突出主题的效果。下面通过本实例的制作，一起学习浅灰色在网页设计中如何运用。

辅色
#ee1c25

文字颜色
#747474

主色
#659839

背景
#9f9fa0

➡ 实例 46+ 视频：制作清凉的绿色食品网页

　　浅灰色是一种搭配任何色彩都能显得含蓄而柔和的色彩。接下来一起通过实例的制作，对浅灰色在网页设计的色彩搭配和运用进行详细介绍。

🏠 源文件：源文件 \ 第 9 章 \ 清凉的绿色食品网页 . psd　　📶 操作视频：视频 \ 第 9 章 \ 清凉的绿色食品网页 . swf

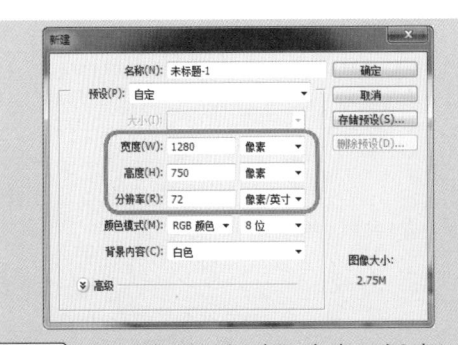

01 ▶ 执行"文件 > 新建"命令，新建一个空白文档。

02 ▶ 使用"渐变工具"为画布填充径向渐变 #c2c1be 到 #ffffff。

03 ▶ 选择"矩形工具"，设置"填充"为 #ebeae8，在画布中创建形状。

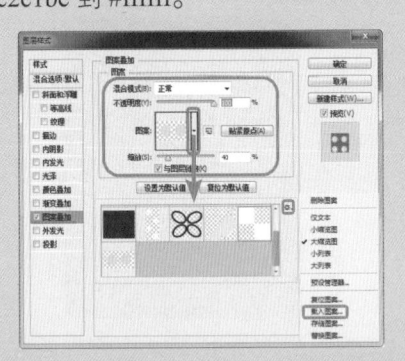

04 ▶ 双击该图层缩览图，选择"图案叠加"选项，设置参数值，并按照图示载入外部素材"素材 \ 第 9 章 \015.apt"。

05 ▶ 设置完成后单击"确定"按钮，得到图像效果，栅格化图层样式。

06 ▶ 执行"编辑 > 变换 > 透视"命令，拖动变换框拐角的控制柄进行透视，缩放图像。

07 ▶ 为该图层添加图层蒙版，使用黑色柔边画笔在图像边缘涂抹。

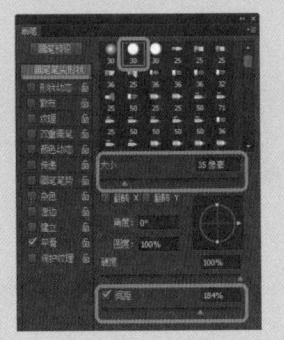

08 ▶ 选择"画笔工具"，打开"画笔"面板，选择"画笔笔尖形状"选项，设置参数值。

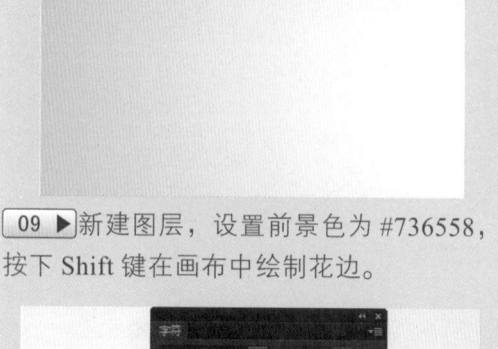

09 ▶ 新建图层，设置前景色为 #736558，按下 Shift 键在画布中绘制花边。

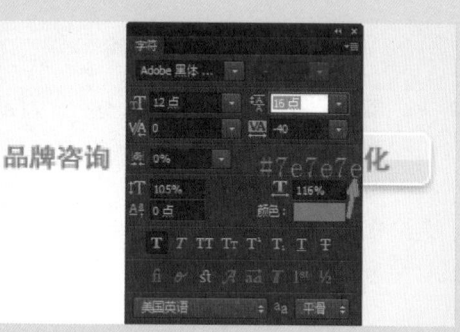

11 ▶ 打开"字符"面板，设置参数值，并在画布中输入相应文字。

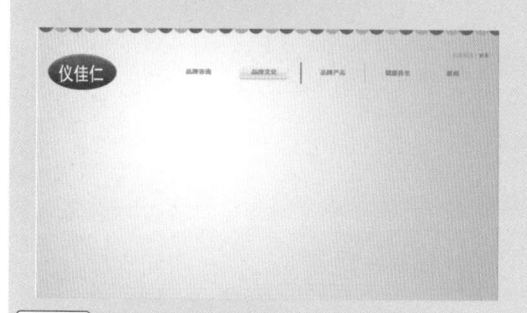

13 ▶ 使用相同方法完成相似内容的制作。

15 ▶ 按下快捷键 Ctrl+Enter 将路径转换为选区，并填充为黑色。

10 ▶ 使用相同方法完成相似内容的制作。

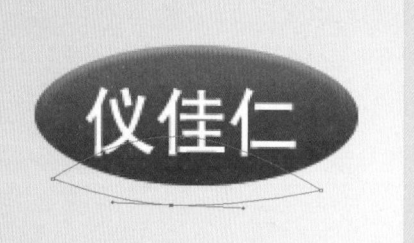

12 ▶ 选择"直线工具"，设置"填充"为 #e2e1df，在画布中绘制直线。

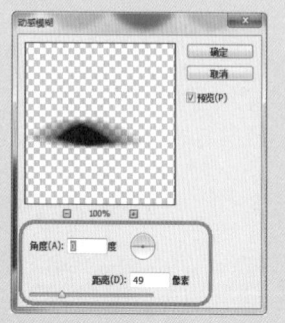

14 ▶ 新建图层至"椭圆 1"下方，使用"钢笔工具"在画布中绘制路径。

16 ▶ 将该图层转换为智能对象，执行"滤镜 > 模糊 > 动感模糊"命令，在弹出的"动感模糊"对话框中设置参数值。

17 ▶ 设置完成后单击"确定"按钮，降低图层"不透明度"，得到图像效果。

18 ▶ 打开素材文件"素材 \ 第 9 章 \016.png"，并将其拖入设计文档中。

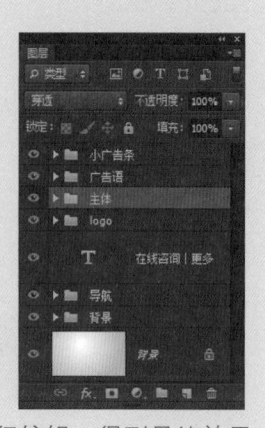

19 ▶ 使用相同的方法完成其他相似内容的制作，并将相关图层进行编组，得到最终效果。

提问：为什么栅格化图层样式？

答：栅格化图层样式是为了下一步"透视缩放"的操作，因为"缩放工具"只可以缩放图层内的图像，不能缩放图层样式，所以只能将图层样式栅格化以后缩放图像，就可以使图像和图层样式一起缩放。

9.4.3 配色原理分析

页面中将明度极高的浅灰色作为背景色，看起来明快却不空旷。搭配大片浅绿色的背景，给人以从背景中脱颖而出的感觉，突出主题。加入一抹鲜艳的红色，让人感觉如万绿丛中一点红，醒目而耀眼。与同色系的深灰色文字相搭配，使整个页面给人一种统一的感觉，为整个页面添加稳重气息。

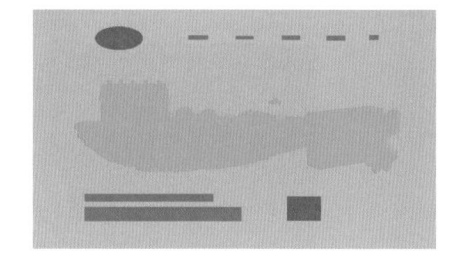

9.4.4 扩展方案

除了可以将灰色作为背景色外，也可以使用浅浅的嫩绿色作为背景，体现出天然健康的感觉。

也可以将页面上方和下方的灰条直接去掉，使整个结构更简单、直接，页面效果会像图像一样简洁有力。

9.5 黑色

黑色是一种明度最低、无纯度的无彩色。它是一种很正式的颜色，有着庄严而厚重的秉性，所以通常用在比较正式、严肃的场合。

9.5.1 配色分析

黑色给人一种高级与神秘的感觉。黑色与其他有彩色相搭配，可以吸收其他所有可见光，给人一种神秘、深沉、内敛的印象。将黑色作为背景色，可以突出主题。

| 黑色——富丽 | RGB（0、0、0）
网页安全色 #000000 |

将黑色与白色相搭配，可以给人视觉很强的冲击力。而将黑色与其他颜色相搭配，明度差别会非常明显。

● 时装网页设计

黑色是永不过时的色彩，用在时尚类网页设计中恰到好处。这里将黑色作为辅色，搭配明度较低的褐色，突出主题地位，给人一种神秘、深沉、高级的印象。搭配白色背景，给人很强的视觉冲击力，突出时尚个性的感觉。

加入小范围紫色，使页面看起来色彩丰富、不单调，同时页面气氛张扬、活跃。灰色的文字在页面中起到调和作用，减缓了黑色给人悲哀、压抑的感受，也消除了白色给人的轻浮、空旷感。整个页面给人感觉高贵、轻松，流露出稳重与个性时尚的气氛。

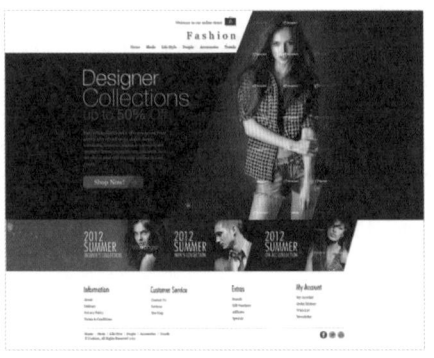

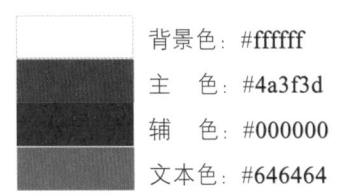

背景色：#ffffff
主　色：#4a3f3d
辅　色：#000000
文本色：#646464

● 企业网页设计

将白色作为主色，搭配黑色的背景，在明度上反差非常大，因此整个页面视觉冲击强烈，主次分明，给人一种很庄严、高贵的感觉。

红色是对视觉刺激最为强烈的颜色，将其置于白色中，看起来更透亮，并且起到了缓和视觉疲劳的作用。

灰色的文字使得黑白和红色的搭配不拘束、不呆板，增强页面视觉的轻松和愉悦感。

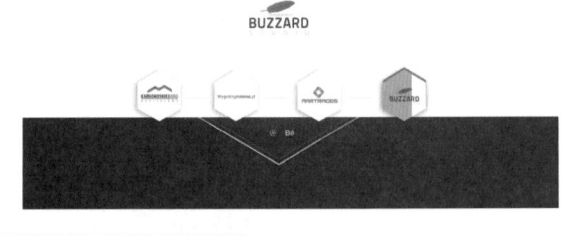
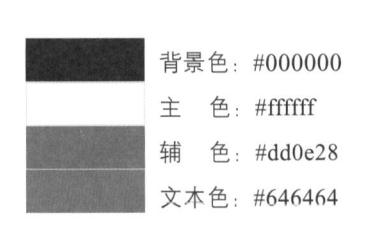

背景色：#000000
主　色：#ffffff
辅　色：#dd0e28
文本色：#646464

9.5.2　配色实例

在网页设计色彩搭配中，页面上使用色相跨度大的多种颜色、高纯度低纯度、高对比的颜色，只要有黑色作为主色调掌控着，页面设计配色上都能得到和谐统一的效果。

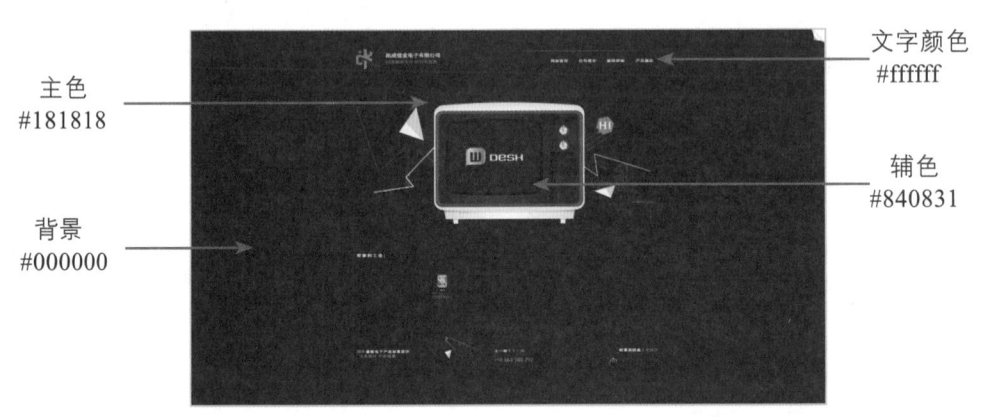

文字颜色
#ffffff

主色
#181818

辅色
#840831

背景
#000000

➡ 实例 47+ 视频：制作华丽的电子产品网页

黑色是最黑暗且纯度、色相、明度最低的无彩色。因此它较容易起到衬托和发挥其他颜色的特性，是最有力的搭配色。

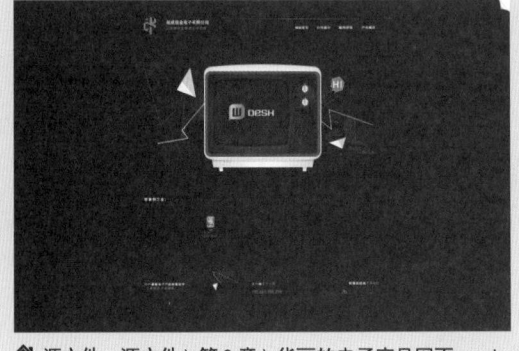
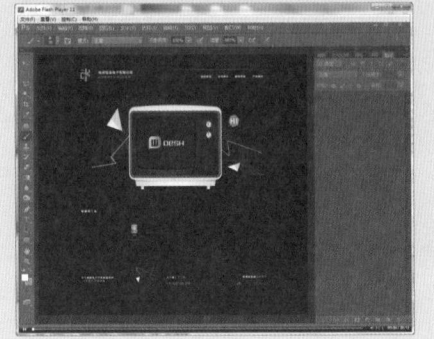

🏠 源文件：源文件 \ 第 9 章 \ 华丽的电子产品网页 .psd　　📶 操作视频：视频 \ 第 9 章 \ 华丽的电子产品网页 .swf

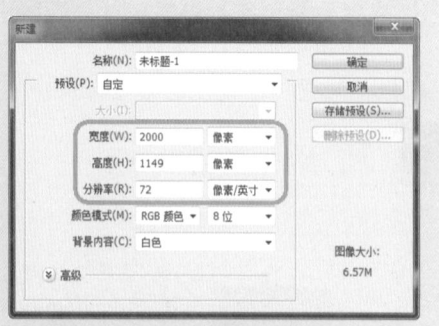

01 ▶执行"文件 > 新建"命令，新建一个空白文档。

02 ▶使用"油漆桶工具"为画布填充黑色。

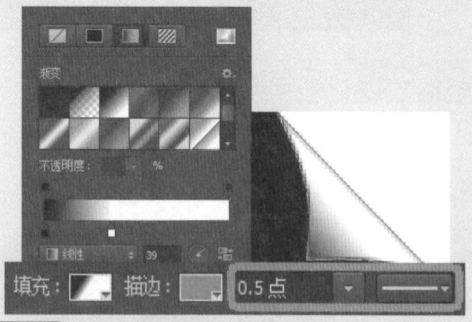

03 ▶选择"钢笔工具"，在画布右上角绘制白色形状。

04 ▶使用相同的方法绘制另一个形状，打开"填充"面板，选择"渐变"选项，设置参数值，设置"描边"颜色为 #818182。

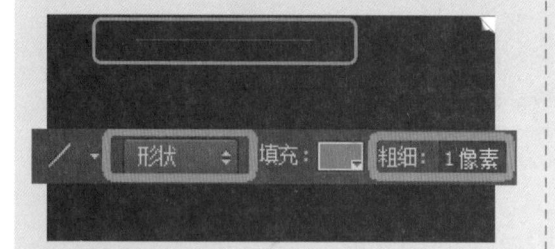

05 ▶选择"直线工具"，设置"填充"为 #ed2772，在画布中绘制直线。

06 ▶为该图层添加图层蒙版，并使用黑白对称渐变填充画布。

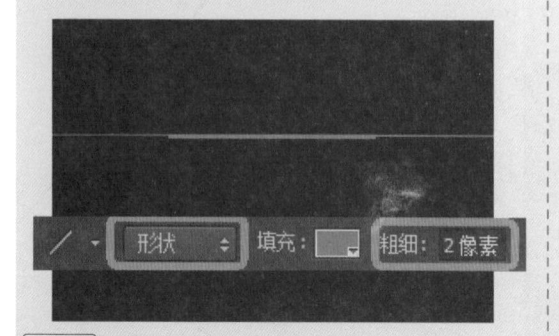

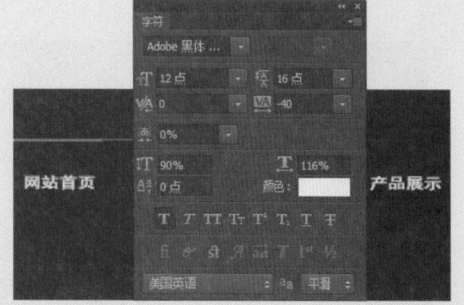

07 ▶使用相同的方法绘制另一条直线。

08 ▶打开"字符"面板，设置参数值，并在画布中输入相应文字。

09 ▶选择"钢笔工具"，设置"填充"为 #ed2772，在画布中绘制形状。

10 ▶设置"路径操作"为"合并形状"，继续在画布中绘制形状。

11 ▶使用相同的方法完成相似内容的制作。

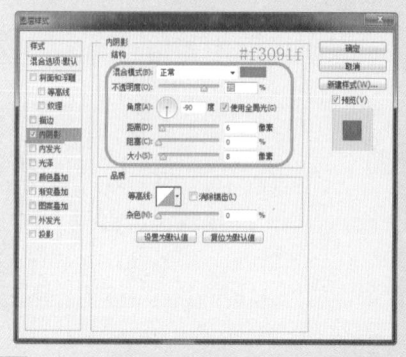

12 ▶双击该图层缩览图，在"图层样式"对话框中选择"内阴影"选项，设置参数值。

13 ▶设置完成后单击"确定"按钮，使用相同的方法完成相似内容的制作。

14 ▶执行"文件＞打开"命令，打开素材文件"素材\第9章\016.png"，将其拖入设计文档中。

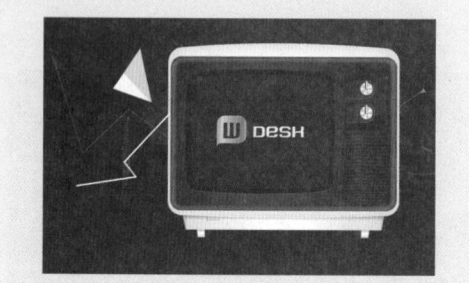

15 ▶使用相同的方法完成相似内容的制作。

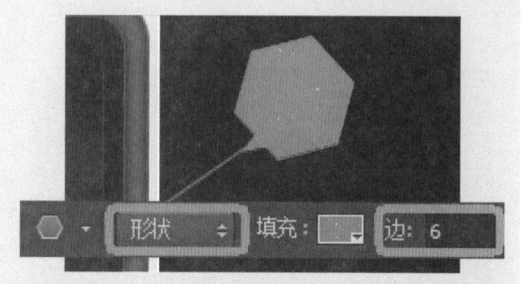

16 ▶选择"多边形工具"，设置"填充"为 #f82d87，在画布中绘制多边形。

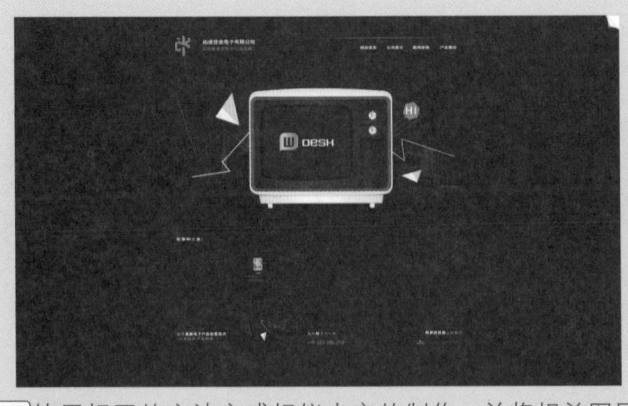
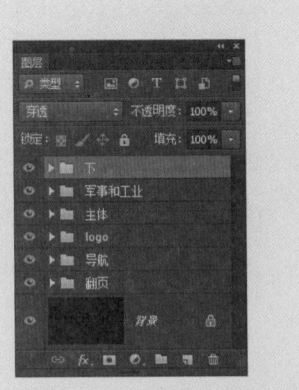

17 ▶ 使用相同的方法完成相似内容的制作，并将相关图层进行编组，得到图像和"图层"面板最终效果。

提问："合并形状"有什么作用？

答："合并形状"就是在绘制路径时，当路径已经闭合，开始重新绘制另一个形状路径的时候，将"操作路径"设置为"合并形状"，可以使所有路径集中在一个形状图层上。

9.5.3 配色原理分析

将黑色作为主色，为页面营造出正式、严肃的效果，同时以白色的边框作为分割线，使页面主次分明。小范围的玫红色在黑色背景中若隐若现，装点页面的同时给人以神秘感。页面中的白色文字与白色边框呼应于整个页面，如黑暗中的一缕亮光，点亮了整个页面。

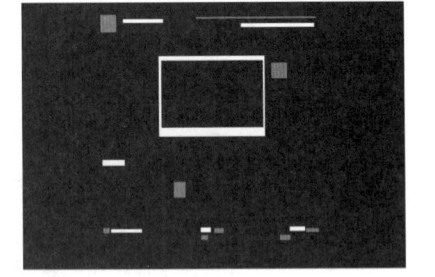

9.5.4 扩展方案

可以将绿色作为整个页面的辅色，使其与页面下方的绿色小图标呼应于整个页面，完成页面点缀效果。

或者在页面底部添加一条白色的小线条，使其与页面上半部分的白色边框相呼应，就能使整个页面获得等重的呼应。

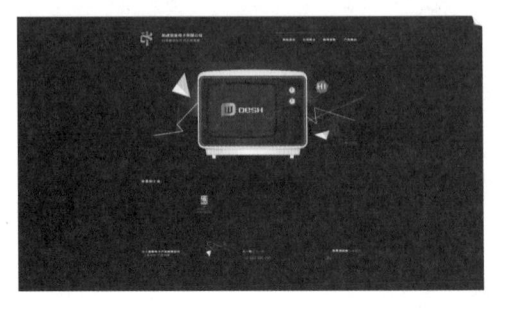

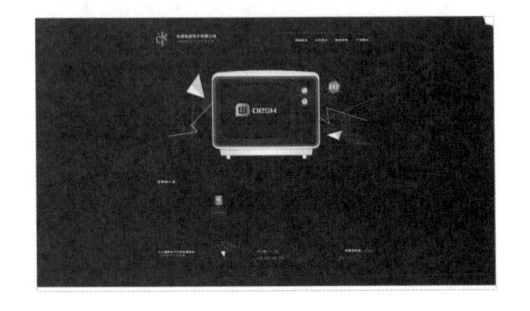

9.6　本章小结

　　本章主要通过无彩色配色带给人的心理感受，以及一些运用无彩色的网页进行的色彩分析，向读者介绍了如何在网页设计中运用和搭配无彩色。通过对本章的学习，读者应该对无彩色在网页设计中的应用有所掌握。

第10章 辅助配色软件

配色软件帮助设计师们摆脱了配色的困扰,越来越多的辅助配色软件开始出现,例如 ColorKey 、Kuler、ColorImpact 等。

这些软件可以帮助设计师轻松完成配色,使得设计师将更多精力放在设计的其他部分。下面对几款人性化、科学化的交互式配色辅助工具进行介绍。

10.1 使用配色软件 ColorKey Xp

ColorKey 是由 Quester 主导开发、Blueidea.com 软件开发工作组测试发行的配色辅助工具,最新版本为 ColorKey Xp Beat5。

它可以使用户的配色工具变得更加轻松和更有乐趣,使用户的配色方案得以延伸和扩展,从而使作品更加丰富和绚丽。

10.1.1 软件简介

ColorKey 所采用的体系(Color System),是以国际标准的"梦塞尔(Munsell)色彩体系"配色标准和 Adobe 标准的色彩空间转换系统为基准的。

程序采用了和标准图形图像设计软件兼容的色彩分析模式和独创的配色生成公式,使得一切色彩活动都受严格控制。程序在合理的配色范围内也允许用户发挥自主性,使配色方案更能适应不同的需求。

> **提示**
> 梦塞尔(Munsell)色彩体系是由美国色彩学家蒙塞尔(Albert H. Munsell,1858—1918 年)研究开发的,是世界著名三大体系之一。这一体系经过美国国家标准局和光学学会的反复修订,成了色彩界公认的标准色系。

程序按照梦塞尔色彩体系的配色原理,对色彩的搭配进行了补色配合、同类色配合和对比色配合等不同分类。最新的 ColorKey Xp Beat5 版本中扩展了对配色区域的色彩调整功能,使设计者可以更大程度地控制色彩倾向,并为 Web 色彩提供了 Web 安全色接近模式。

新增了色彩配色方案的输出模式,修改了原有 HTML

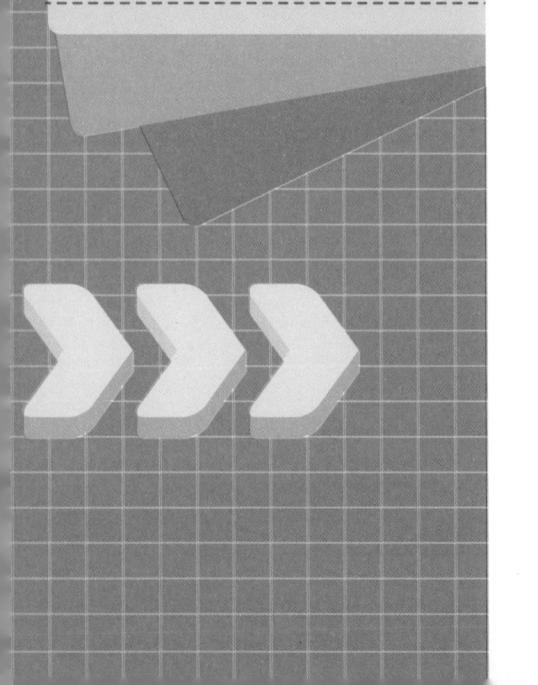

输出的面貌，使色彩代码可以更好地显示和使用。通过使用 AI 格式色彩配色方案输出扩展了 ColorKey 的适用范围，不仅能为网页色彩设计（CMYK 模式）提供辅助，并在多名设计师交流色彩方案时，有了一个方便的交换文件指导设计沟通。

目前该最新测试版只提供了配色中难度较大的和最能让色彩作品的"补色配合方案"。

10.1.2　软件基本功能

ColorKey Xp 是一款简单易用的配色软件，接下来针对软件的操作界面、色彩控制面板、外部拾色器和输出功能等几方面全方位介绍基本的使用方法。

● ColorKey Xp 操作界面

安装 ColorKey Xp 之后，可以在桌面上看到 ColorKey Xp 软件的快捷图标，双击该图标可以打开该软件。或者也可在"开始"菜单中找到相应的程序并单击打开。

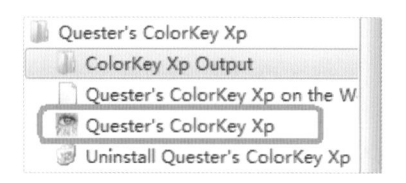

进入软件，首先看到的是选择界面，目前"另类锋芒"版本在体验版中还没有发布，单击"传统经典"按钮，进入软件操作界面。

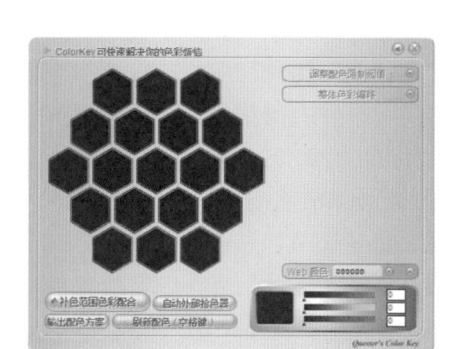

软件界面左上角显示当前操作的文字说明或解释。界面右上角分别是"返回开始菜单"按钮和"关闭"按钮。左下角为功能按钮。界面中间左侧显示的 19 个六边形的块是软件的配色区域。其正中间的色块为主块，是用户可以自定义色彩的，而其他色块将根据自定义的色彩来调整配色方案。

文字说明或解释 →　返回开始菜单 ←　关闭
配色区 →　　主色块
功能按钮 →　　色彩调节器

在任何色块上单击鼠标，都会查看当前色块的RGB色彩值，以及HEX（十六进制）色彩值。

操作界面右侧有4个色彩控制面板，其中"调整配色限制阀值"面板和"整体色彩偏移"面板提供调整的高端功能。善用细节调整，可以获得更好、更灵活的配色方案。

● RGB 色彩调节器面板

RGB 色彩调节器面板可以通过拖动滑块或者直接输入数值来产生 RGB 色彩。在色彩条上单击鼠标，也可以使滑块迅速移动到单击位置。

在调节器左侧的色彩方块中可以及时浏览当前所配的颜色，单击该色块，可以将当前调配的色彩显示在六边形的主色块上。

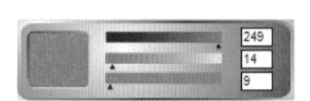

● "调整配色限制阀值"面板

"调整配色限制阀值"面板中显示的是默认设置，用户如果想要得到更多样化的组合，可以调整色彩 HSB 参数或者使用其他选项按钮。

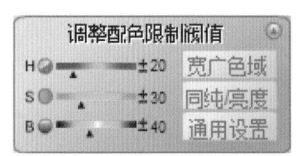

● "整体色彩偏移"面板

"整体色彩偏移"面板可以使整个配色区域的颜色都向一个方向偏移。"全部为 Web 安全色"选项相信对许多网页设计者比较实用。

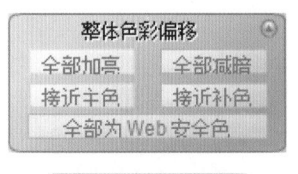

● Web 颜色调节面板

Web 颜色调节面板完全展开时，可以提供 256 种网络安全色。另外，用户还可以提供该面板底部的"Web 颜色"文本框来输入或者粘贴色彩值。

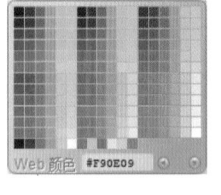

● ColorKey Xp 外部拾色器

在操作界面中单击"启动外部拾色器"按钮，弹出"外部拾色器面板"，在打开的外部拾色器面板中单击"吸管"图标，就可以在屏幕范围内自由吸取所需要的色彩。

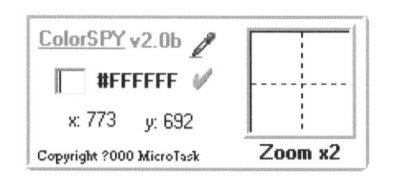
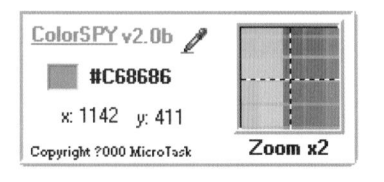

通过在拾色器面板上单击鼠标右键，在弹出的快捷菜单中选择Exit命令，完成退出外部拾色器的操作。

在面板上单击鼠标右键，在弹出的快捷菜单中可以选择不同的色彩代码格式，在 ColorKey Xp 的 RGB 文本框中输入 RGB 数值，然后单击"刷新配色"按钮，即可在色彩六边形中显示新的配色方案。

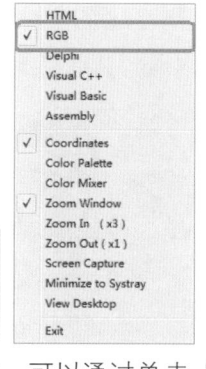
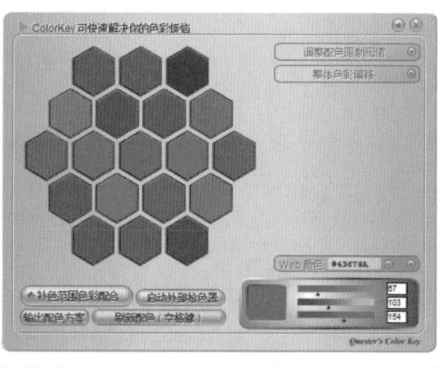
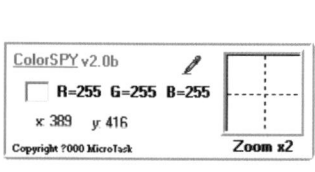

如果对颜色明暗度不满意，可以通过单击"整体色彩偏移"面板上的调整按钮，获得更好的配色效果。单击"接近补色"按钮，可以改变配色的方案，或者补色配色方案。如果是为网页设计制作方案，可以通过单击"全部为 Web 安全色"按钮，将颜色转换为 Web 安全色。

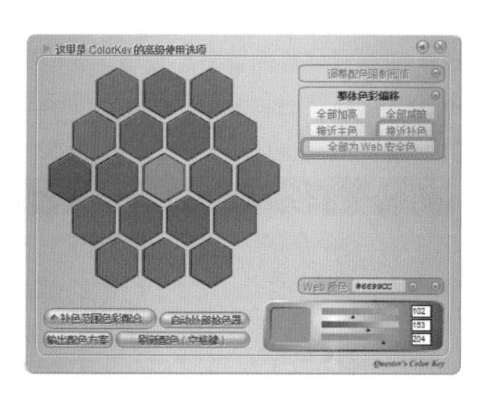

● ColorKey Xp 的输出功能

此软件中色彩文件的输出功能，使得设计师在团体工作时就色彩意见沟通和色彩信息共享方面有了一个简单的解决方案。通过共享色彩配置文件可以让团队内的色彩设计有一个统一的标准。

单击操作界面中的"输出配色方案"按钮，弹出"配色方案文件输出选项"对话框，选择输出 HTML 格式配色文件或者 AI 格式配色文件，单击"输出文件"按钮。

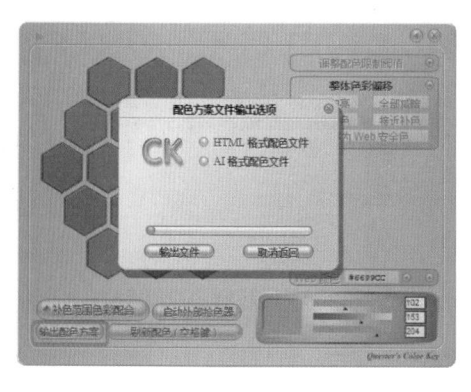
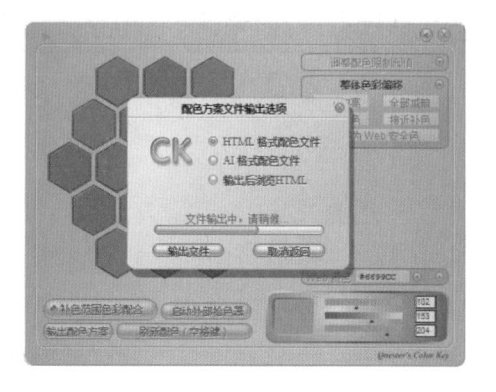

默认状态下，输入文件被保存在 ColorKey 安装目录 Key/output 文件夹下，格式为 *.html 或者 *.ai。HTML 格式使用 IE 浏览器可以打开浏览，AI 格式需要安装 Adobe Illustrator 软件才能浏览。

将方案发布为 HTML 格式，使用 IE 浏览器打开，效果如图所示。将方案发布为 AI 格式，使用 Illustrator 打开，效果如图所示。

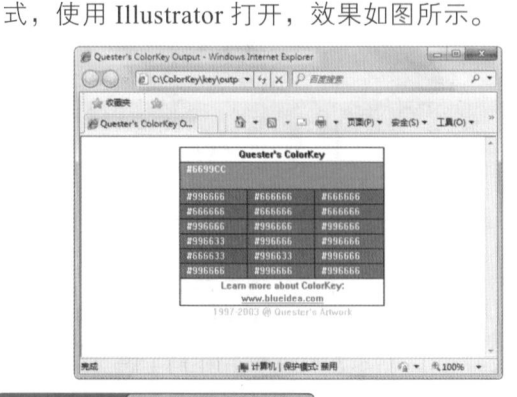

10.1.3　配色实例

时尚网站对颜色的要求比较高，既能突出网站本身的行业属性，又能带给浏览者轻松、愉快的感觉。在配色上可以使用多种颜色进行搭配，而且为了页面内容，可以使用补色进行颜色搭配。

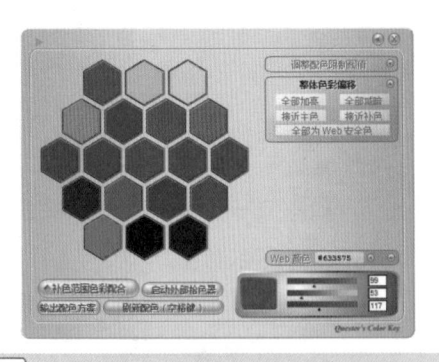

➡ 实例 48+ 视频：制作化妆品网站

设计网站页面之前，首先要根据网站的行业分类来决定整个页面的色调。本实例将设计一个时尚网站，所以宜选择色彩较为鲜艳的颜色作为主色。

⌂ 源文件：源文件 \ 第 10 章 \ 化妆品网站 .psd　　　🔊 操作视频：视频 \ 第 10 章 \ 化妆品网站 .swf

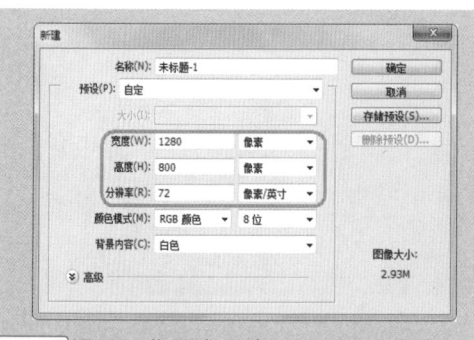

01 ▶ 设置"背景色"为 #232323，执行"文件 > 新建"命令，新建一个空白文档。

02 ▶ 新建图层，使用"矩形选框工具"绘制选区，填充颜色为 #fff8f6。

03 ▶ 使用相同方法绘制一个颜色为 #633575 的矩形。

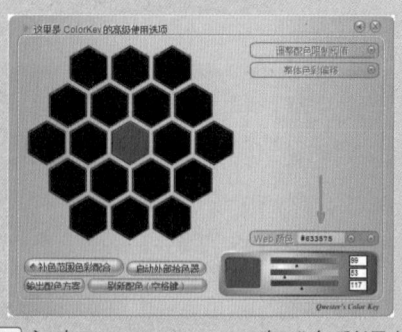

04 ▶ 启动 ColorKey Xp，在"色彩调节器"中输入颜色值 #633575，按下 Enter 键。

05 ▶ 单击"刷新配色"按钮，得到一个配色方案。

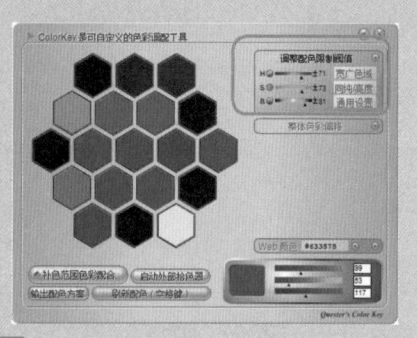

06 ▶ 修改"调整配色限制阀值"面板上的 HSB 值，单击"刷新配色"按钮。

07 ▶ 继续单击"整体色彩偏移"面板上的"接近补色"按钮，得到一个配色方案。

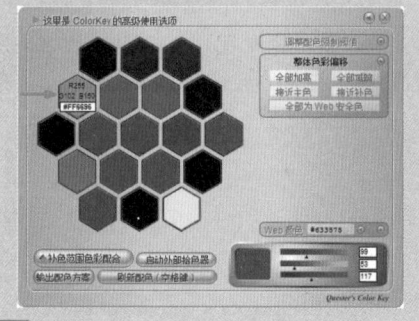

08 ▶ 单击其中一个色块，记下其颜色值。

09 ▶ 在 Photoshop 中新建图层，使用"钢笔工具"绘制路径并转换为选区，填充刚才选择的颜色。

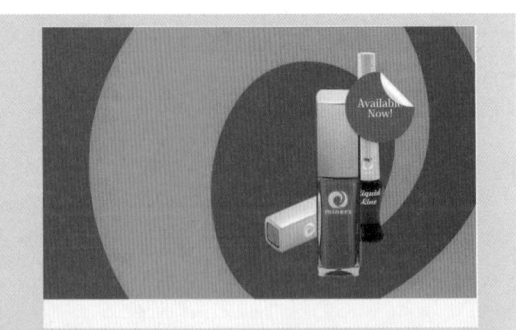

10 ▶ 执行"文件 > 新建"命令，打开素材图像"素材 \ 第 10 章 \001.png"，将其拖入到设计文档中。

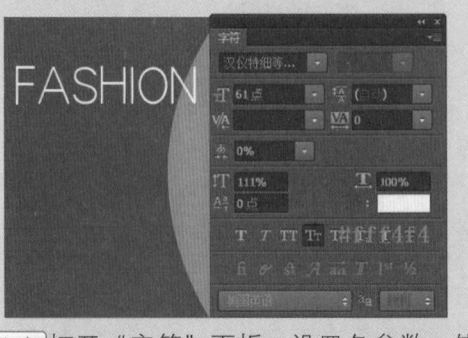

11 ▶ 打开"字符"面板，设置各参数，使用"横排文字工具"在画布中输入文字。

12 ▶ 使用相同方法完成其他文字的制作。

13 ▶ 打开"字符"面板，设置各参数，使用"横排文字工具"在画布中输入文字。

14 ▶ 使用相同方法完成其他文字的制作。

15 ▶ 使用相同方法完成导航、Logo 内容的制作。

16 ▶ 使用相同方法完成素材的拖入。

17 ▶ 使用相同方法完成其他内容的制作。

10.2　使用配色软件 Adobe Kuler

Adobe Kuler 是全球知名软件公司 Adobe 所开发的一款颜色配置工具。它是 Adobe Air 应用程序中的社区用户团体流传下来的创作心血。它既是一款独立的应用程序，同时也是对 Adobe Creative Suite 2 组件的完善。Kuler 使用 Macromedia Flash 和 ActionScript 3.0 构建，全部功能都围绕"颜色"展开。

10.2.1　软件简介

在 Photoshop CS6 的扩展中可以快速使用 Kuler。Kuler 是一款基于网络应用的配色软件，用来增强 Photoshop 的色彩工作方式，为我们提供了大量免费的色彩主题，可以在任何一件作品中使用它们。Kuler 是一个活跃的团体，可以创建并发布自己的配色方案供别人使用，当然也可以搜索自己喜爱的配色方案。

10.2.2　软件基本功能

打开 Adobe Photoshop 软件，执行"窗口>扩展功能>Kuler"命令，即可打开 Kuler 面板。可以选择相应的菜单面板进行操作。

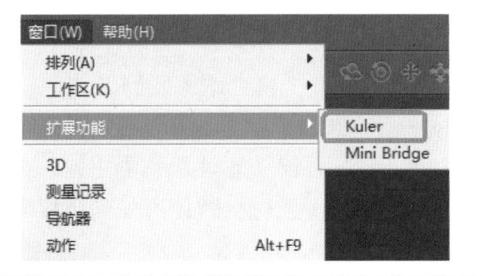

软件界面分为不同的面板，这些面板允许我们添加和获取一些信息，分别是"关于"、"浏览"和"创建"三个部分。

● **浏览面板**

单击"关于"按钮，界面中间显示对 Kuler 软件的一些简介。单击中间的"浏览"按钮，浏览标签下面显示了当前上传的和可直接使用的颜色主题。

注意：需要连接到网络，才能载入 RSS Feed 和颜色主题列表。可以单击向上和向下的箭头，用来查看上一组和下一组的主题。

通过浏览和搜索的资料库来找主题。在界面上方，可以用搜索框按标签、标题或者创建者查找主题，想让所有人都能轻松发现自己创建的主题，建议上传时在标签里填上描述该颜色主题的最准确的关键词。

在左侧的下拉菜单中，可以单击不同的选项来决定颜色主题顺序浏览，Kuler 还有一些其他随机的排序选项。还可以限定时间范围，这样就只显示在该时间内上传的内容。

在界面下方单击"将所选主题添加到色板"按钮，即可使用所添加的色彩主题，方便快捷。单击"在'创建'面板中编辑主题"按钮，将进入"创建"面板。

● **创建面板**

Kuler 为快速创建新主题提供了极为高效的工具。可以选择不同的调色规则，然后使用交互式色盘、亮度以及不同颜色模式的滑块来建立颜色，也可以从图片中提取颜色，当然也支持直接输入颜色代码。

我们可以选择一种基础颜色，然后创建以它为中心的颜色主题。通过在交互式色盘里移动标记点来选择颜色。可以选择一个色彩规则来完成，单独调整颜色也行。在色盘的右边是控制颜色亮度的滑块。

在设置了基础颜色之后，另外 4 个关联颜色会自动生成，调色规则可以让你在改变基础颜色时自动改变它们。可以在色盘里拖动调整基础颜色，关联颜色会根据规则一起移动。

面板底部的 3 个按钮分别是"命名并保存主题"、"将主题添加到色板"以及"将主题上载到 Kuler"。

在 Kuler 中，"创建"面板底部有个"将此主题添加到色板"按钮。现在可以任意调配色彩主题，并在工作中使用它们。单击该按钮，色彩主题便添加到色板中。执行"窗

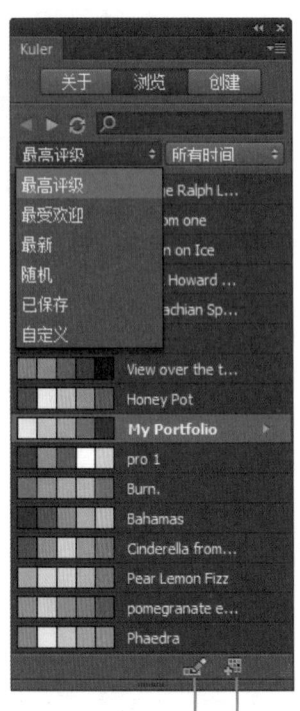

将所选主题添加到色板
在"创建"面板中编辑主题

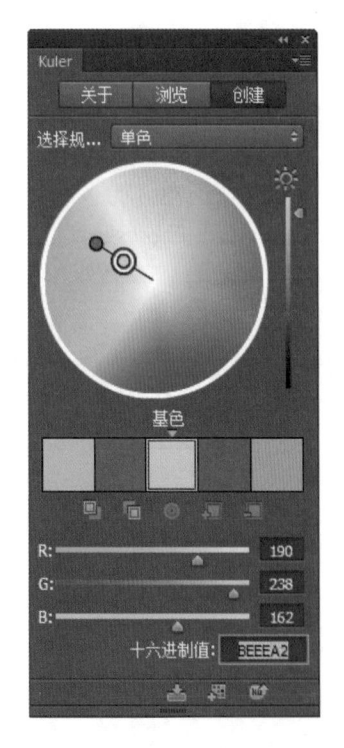

□ > 色板" 命令，打开 "色板" 面板，在面板右上角的菜单中，可以重设色板或删除不要的颜色。

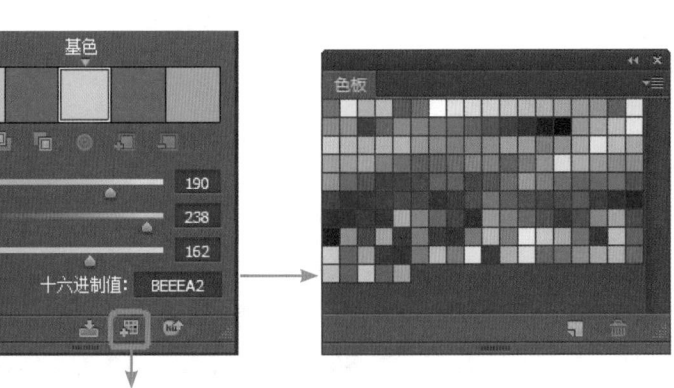

将主题添加到色板

10.2.3　配色实例

鲜亮的橙色如同阳光一样温暖、灿烂，展现出活力四射的魅力，使人心情开朗，搭配明亮的蓝色，在温暖中增添了活泼的气氛。

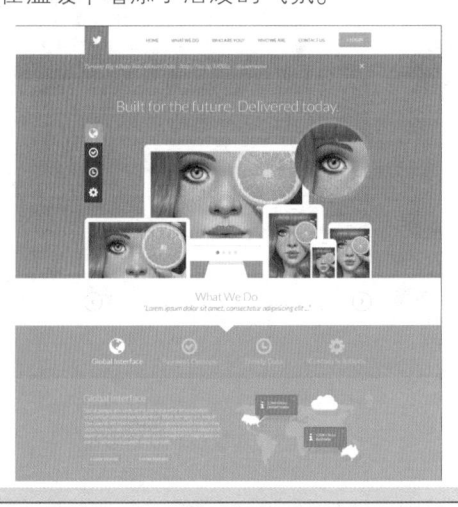
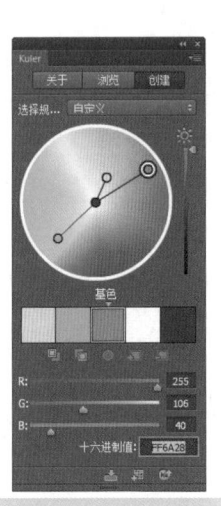

实例 49+ 视频：制作娱乐休闲网站

我们可以在 "创建" 选项卡的 "选择规则" 下拉列表中选择配色的规则，然后在色盘中拖动选择配色方案。

🏠 源文件：源文件 \ 第 10 章 \ 娱乐休闲网站 . psd　　　📶 操作视频：视频 \ 第 10 章 \ 娱乐休闲网站 . swf

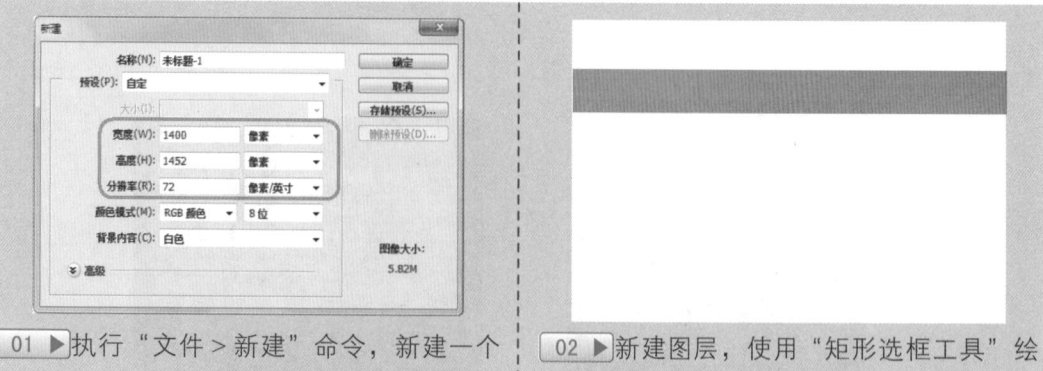

01 ▶执行"文件 > 新建"命令，新建一个空白文档。

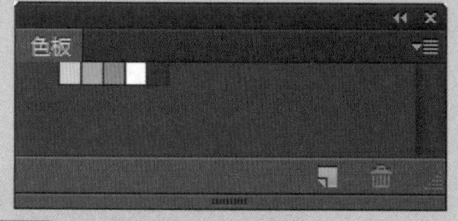

02 ▶新建图层，使用"矩形选框工具"绘制选区，填充颜色为 ff5f25。

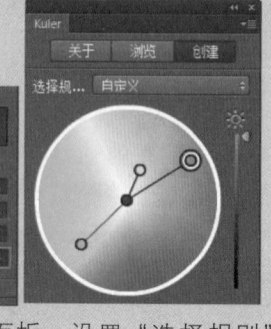
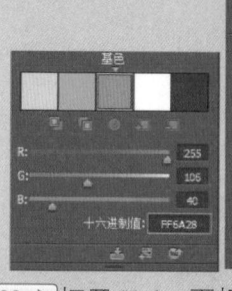

03 ▶打开 Kuler 面板，设置"选择规则"为"自定义"，"基色"为 #ff6a28，并设置其他颜色。

04 ▶设置完成后，单击面板下方的"将此主题添加到色板"按钮，然后打开"色板"面板，发现主题颜色已加入色板。

05 ▶新建图层，使用"矩形选框工具"绘制选区，并填充色板中的颜色为 #ff6a28。

06 ▶使用相同的方法绘制其他矩形。

07 ▶使用"钢笔工具"在画布中绘制三角形路径，并转换为选区，按 Delete 键删除选区内的像素。

08 ▶使用相同的方法绘制矩形并删除像素，将相关图层进行编组。

09 ▶新建图层，使用"圆角矩形工具"绘制路径并转换为选区，填充颜色为 #28aaba。

10 ▶复制该图层，修改颜色为 #3bbdca，并向上移动。

11 ▶打开"字符"面板，设置各参数，使用"横排文字工具"在画布中输入文字。

12 ▶使用相同方法完成其他内容的制作，将相关图层进行编组。

13 ▶执行"文件 > 打开"命令，打开素材图像"素材 \ 第 10 章 \003.png"将其拖入到设计文档中，适当调整位置。

14 ▶新建图层，使用"椭圆选框工具"绘制正圆选区，并填充任意颜色。

15 ▶复制"图层 8"，将其移至图层最上方，适当调整位置和大小，为其创建剪贴蒙版。

16 ▶载入正圆选区，新建图层，执行"编辑 > 描边"命令，得到描边效果。

17 ▶ 修改图层"不透明度"为30%。

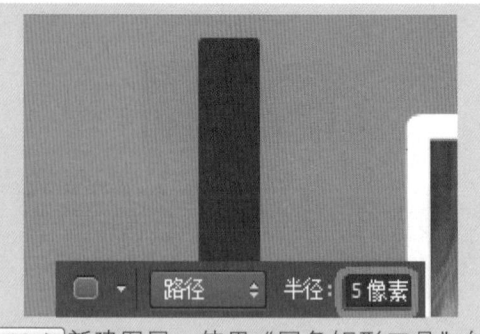

18 ▶ 新建图层，使用"圆角矩形工具"绘制路径，并转换为选区，填充颜色为#3c3c3c。

19 ▶ 载入图层选区，按住 Shift+Alt 键，使用"矩形选框工具"绘制选区，并填充颜色为 #3bbdca。

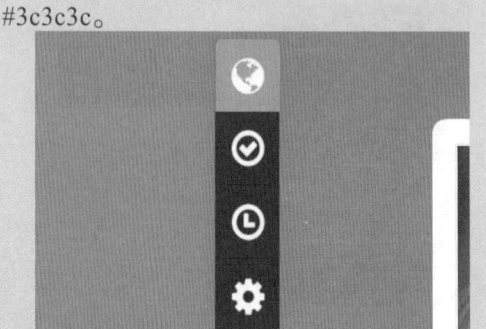

20 ▶ 使用相同方法完成其他素材的拖入。

21 ▶ 使用相同方法完成文字内容的制作。

22 ▶ 新建图层，使用"椭圆选框工具"绘制选区，执行"编辑>描边"命令。

23 ▶ 新建图层，使用"矩形工具"绘制出矩形，并适当旋转角度。

24 ▶ 合并相关图层，并复制图层，执行"编辑>变换>水平翻转"命令，适当调整位置。

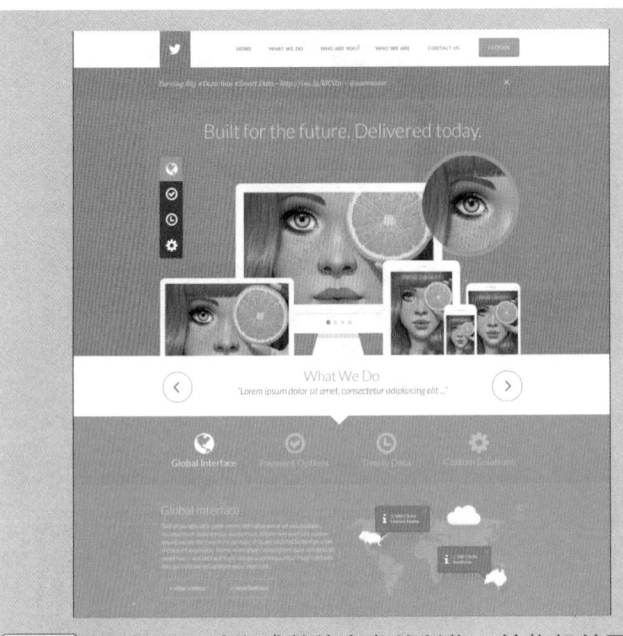
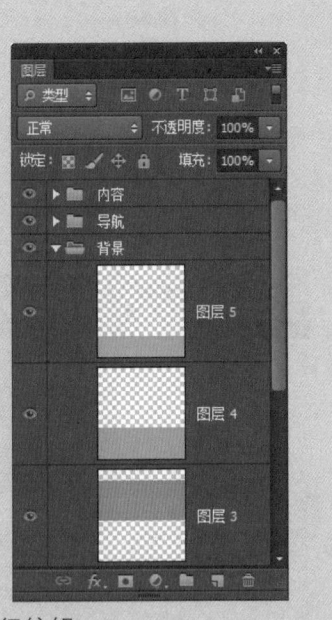

25 ▶ 使用相同方法完成其他内容的制作，并将相关图层进行编组。

提问：创建选区时需要的快捷键都有哪些？

答：按住 Shift 键创建选区与"添加到选区"的效果相同，按住 Alt 键创建选区与"从选区减去"效果相同，按住 Shift+Alt 键创建选区与"与选区相交"效果相同。

10.2.4 配色实例

对于食品题材的配色，一般会采用、红、橙、黄等鲜艳的颜色，带给人食欲。黑白色背景给人干净、明亮的印象。

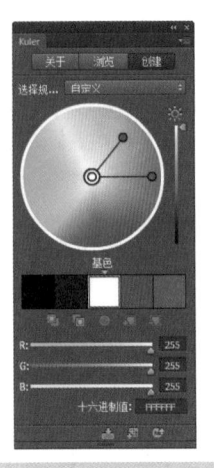

➡ **实例 50+ 视频：制作食品类网站**

确定页面文字颜色时，尽量使用黑色和白色，标题文字可以选择较大、较为明显的文字或颜色。

⌂ 源文件：源文件 \ 第 10 章 \ 食品类网站 .psd

🔊 操作视频：视频 \ 第 10 章 \ 食品类网站 .swf

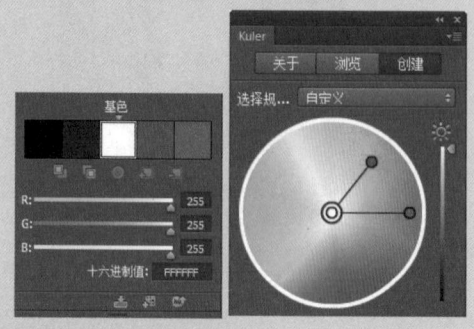

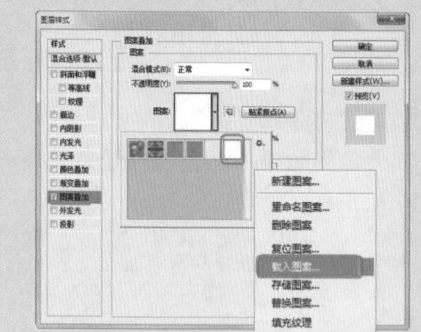

`01 ▶` 打开 Kuler 面板，设置"选择规则"为"自定义"，设置"基色"为白色，并设置其他颜色。

`02 ▶` 设置完成后，单击面板下方的"将此主题添加到色板"按钮，然后打开"色板"面板，发现主题颜色已加入色板。

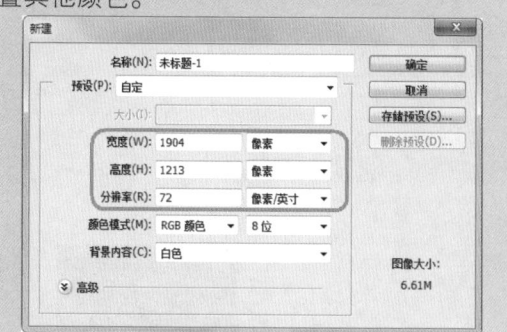

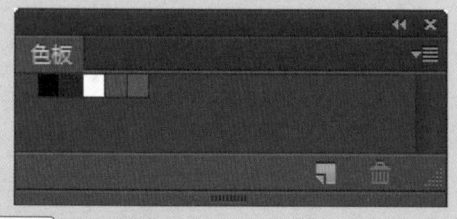

`03 ▶` 执行"文件 > 新建"命令，新建一个空白文档。

`04 ▶` 新建图层，填充为白色，打开"图层样式"对话框，选择"图案叠加"选项，设置参数值，载入图案"素材 \ 第 10 章 \ 图案 .pat"。

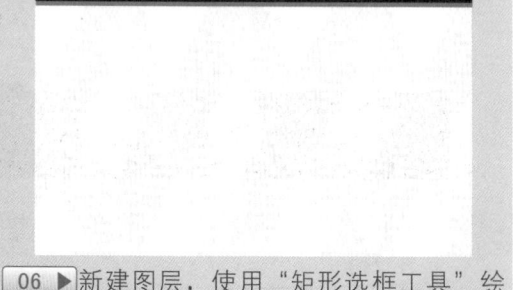

`05 ▶` 设置完成后，单击"确定"按钮，得到画布的纹理效果。

`06 ▶` 新建图层，使用"矩形选框工具"绘制选区，并填充色板中的颜色为 #080808。

07 ▶使用相同方法绘制其他的矩形。

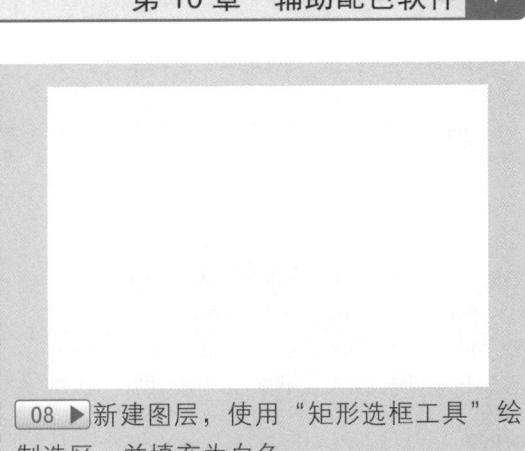

08 ▶新建图层，使用"矩形选框工具"绘制选区，并填充为白色。

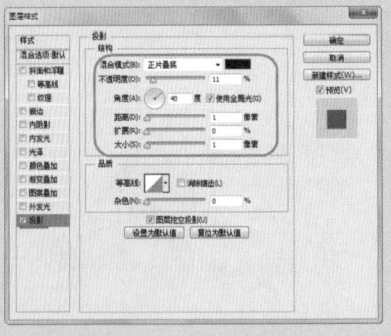

09 ▶打开"图层样式"对话框，选择"投影"选项，设置参数值。

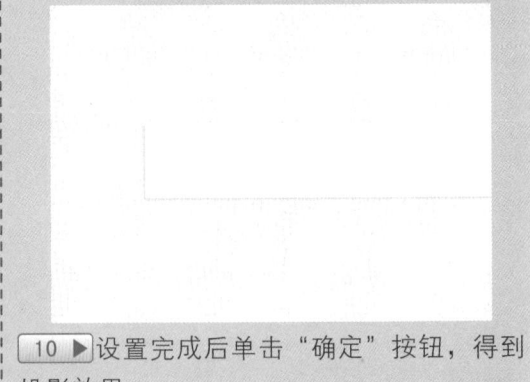

10 ▶设置完成后单击"确定"按钮，得到投影效果。

11 ▶使用相同方法完成文本框的制作。

12 ▶使用"矩形工具"配合"钢笔工具"绘制不规则像素块。

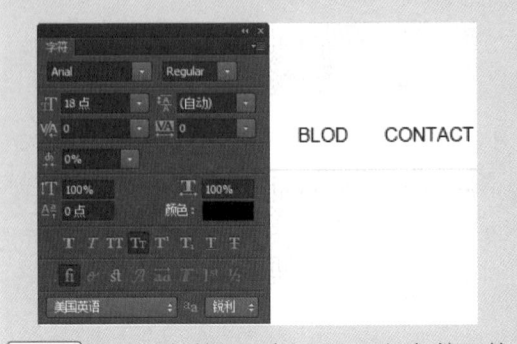

13 ▶打开"字符"面板，设置各参数，使用"横排文字工具"在画布中输入文字。

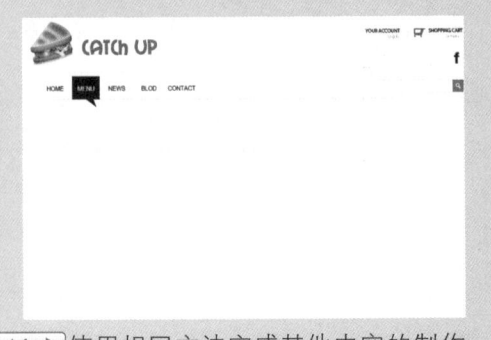

14 ▶使用相同方法完成其他内容的制作。

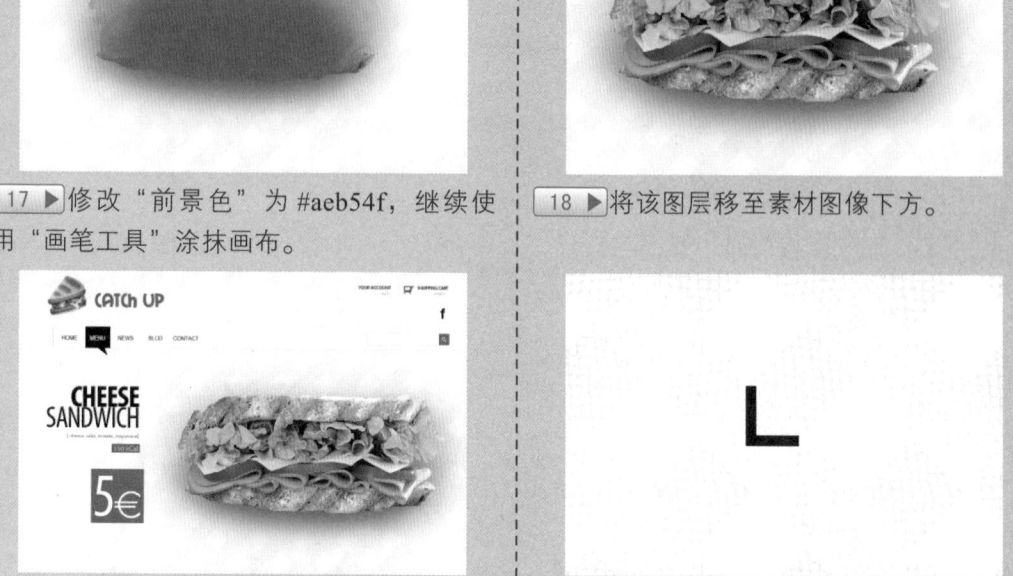

15 ▶ 执行"文件 > 打开"命令，打开素材图像"素材 \ 第 10 章 \005.png"，将其拖入到设计文档中。

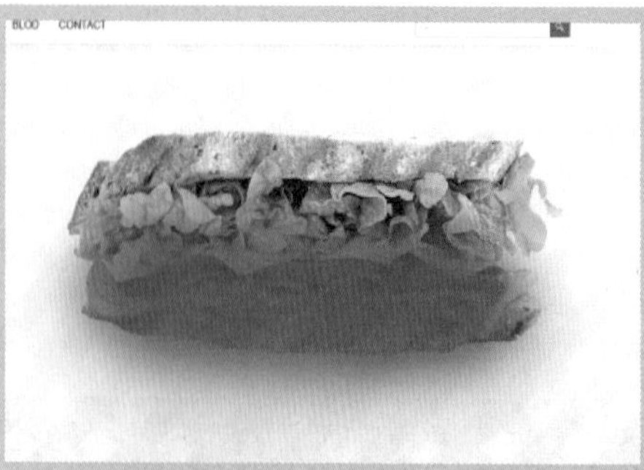

16 ▶ 新建图层，设置"前景色"为 #925d29，使用"画笔工具"适当涂抹。

17 ▶ 修改"前景色"为 #aeb54f，继续使用"画笔工具"涂抹画布。

18 ▶ 将该图层移至素材图像下方。

19 ▶ 使用相同方法完成文字内容的制作。

20 ▶ 新建图层，使用"矩形选框工具"绘制选区，并填充黑色。

21 ▶ 按快捷键 Ctrl+T，将其旋转 45°，复制该图层，将其水平翻转，适当调整位置。

22 ▶ 新建图层，设置"前景色"为 #e3dfdc，使用"直线工具"绘制一条直线。

23 ▶ 使用相同方法完成其他内容的制作。

24 ▶ 使用相同方法继续完成版底的内容。

25 ▶ 使用相同方法完成其他内容的制作。

提问：怎样将自定义的颜色主题上载到 Kuler？

答：用户可以使用"创建"选项卡下方的"将主题上载到 Kuler"按钮，将自定义主题上载到网络，让其他用户也可以使用你的配色方案。

10.3　本章小结

在设计中，我们常常会为色彩问题而烦恼，常常对色彩的理解和认识各抒己见，从而浪费精力和时间。本章主要为读者介绍了两款配色软件，分别是 ColorKey 和 Kuler。在软件的帮助下，我们可以方便地得到自己想要的配色方案，掌握了配色软件，可以摆脱关于配色问题的困扰，从而设计出更多的优秀作品。